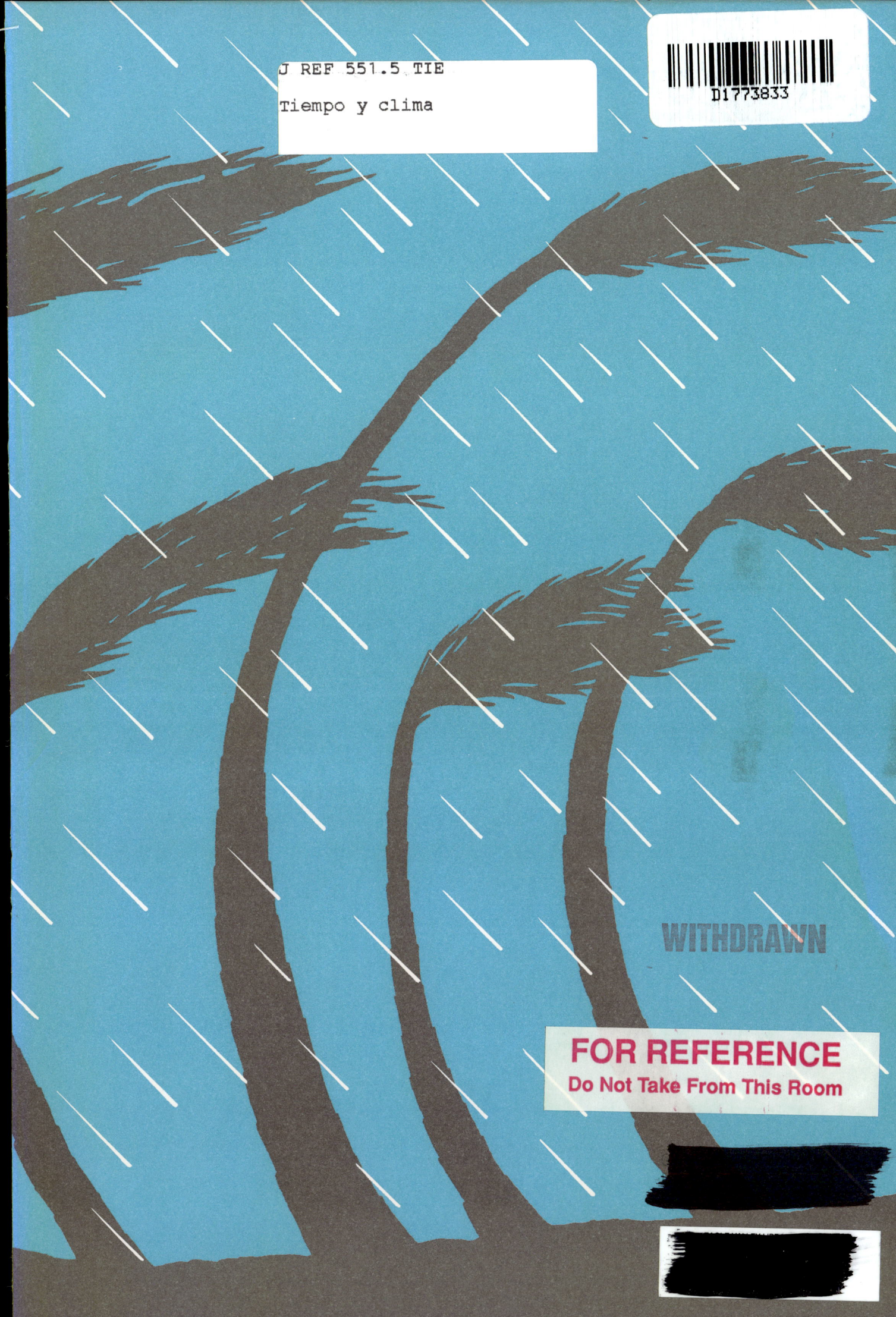

ENCICLOPEDIA ILUSTRADA
DE CIENCIA Y NATURALEZA

Tiempo y clima

TIME LIFE
ALEXANDRIA, VIRGINIA

ÍNDICE

1 El aire que nos rodea — 4
¿Cómo se originó la atmósfera? — 6
¿Cómo se divide la atmósfera? — 8
¿Dónde termina la atmósfera? — 10
¿Qué es la capa de ozono? — 12
¿Qué es la ionosfera? — 14
¿Por qué se forma la aurora? — 16
¿Qué son los cinturones de Van Allen? — 18
¿Por qué el sol no quema la Tierra? — 20
¿Por qué el cielo es azul de día pero rojo a la puesta de sol? — 22
¿Por qué hace más frío en las cimas de las montañas? — 24
¿Cuán contaminada está la atmósfera? — 26
¿Por qué hay lluvia ácida? — 28
¿Qué son los agujeros de ozono? — 30

2 El aire en movimiento — 32
¿Por qué circula la atmósfera? — 34
¿Por qué hay vientos dominantes? — 36
¿Qué causa las corrientes en chorro? — 38
¿Por qué hace viento? — 40
¿Por qué hay brisas regulares? — 42
¿Por qué hay vientos calientes en invierno? — 44
¿Qué es el siroco? — 46
¿Por qué sopla el bora del Adriático? — 48
¿Cómo se forman los tornados? — 50
¿Cómo se produce turbulencia en el aire? — 52
¿Cómo actúa el viento cerca de los edificios? — 54

3 Máquinas de tormentas — 56
¿Cómo se forman las nubes de lluvia? — 58
¿Por qué no todas las nubes son iguales? — 60
¿Qué son los cumulonimbos? — 62
¿Por qué los aviones de reacción dejan una estela? — 64
¿Por qué hay rayos y relámpagos? — 66
¿Por qué las nubes se asoman sobre las montañas? — 68
¿Cómo se forma la niebla? — 70
¿Qué es la garúa? — 72
¿Por qué llueve, graniza y nieva? — 74
¿Por qué se forman los chubascos tropicales? — 76

¿Cómo podemos conseguir que llueva? _____ 78
¿Qué sucede en una tormenta de hielo? _____ 80

4 La presión atmosférica 82
¿Qué es un sistema de alta presión? _____ 84
¿Qué es un sistema de baja presión? _____ 86
¿Por qué hay fuertes chaparrones? _____ 88
¿Por qué hay huracanes y tifones? _____ 90
¿Cómo se forman los huracanes y tifones? _____ 92
¿Cómo se observan los huracanes y tifones? _____ 94

5 Maravillas aéreas 96
¿Qué es el arco iris? _____ 98
¿Qué son los espejismos? _____ 100
¿Cómo se forman los halos del sol y de la luna? _____ 102
¿Por qué hay halos de montaña? _____ 104
¿Qué son los relámpagos en forma de bola? _____ 106

6 La observación del tiempo 108
¿Cómo funcionan los satélites de observación meteorológica? _____ 110
¿Por qué hay que observar la atmósfera superior? _____ 112
¿Cómo funciona el radar meteorológico? _____ 114
¿Cómo se recopilan los datos meteorológicos? _____ 116
¿Cómo se hacen los mapas del tiempo? _____ 118
¿Cómo se hace la previsión meteorológica diaria? _____ 120
¿Cómo afecta la Antártida al tiempo atmosférico? _____ 122

7 El clima de la Tierra 124
¿Cómo influyen en el clima las corrientes oceánicas? _____ 126
¿Qué son zonas climáticas? _____ 128
¿Qué son los monzones? _____ 130
¿Por qué hay épocas de lluvias en Asia? _____ 132
¿Por qué son tan áridos los desiertos? _____ 134
¿Qué es el efecto invernadero? _____ 136
¿Por qué el centro de la ciudad es menos frío que un suburbio? _____ 138
¿Qué es "El Niño"? _____ 140
¿Cómo ha cambiado el clima de la Tierra? _____ 142
¿Por qué hay glaciaciones? _____ 144

Glosario _____ 145

1
El aire que nos rodea

Aunque a menudo se da por sentado la existencia del aire, la atmósfera terrestre es el mayor tesoro del globo. Nacida poco después de la formación del planeta, hace unos 4.600 millones de años, la atmósfera surgió a medida que los gases se escapaban de los planetesimales que habían creado la Tierra al chocar entre sí. Hace unos 3.000 millones de años que las plantas empezaron a fotosintetizarse, cambiando la atmósfera inicial al liberar enormes cantidades de oxígeno.

A través del tiempo, la estructura de la atmósfera se hizo más compleja, con varias capas que alcanzan casi 1.000 kilómetros de altitud. Los fenómenos atmosféricos —como nubes, lluvias y nieve— tienen lugar en la capa inferior, llamada troposfera; en ella la presión del aire y la temperatura disminuyen a medida que aumenta la altitud. En cambio, más arriba, en la estratosfera, la temperatura aumenta con la altitud. A unos 25 kilómetros de la superficie terrestre, una fina capa de gas ozono protege la vida, al filtrar las nocivas radiaciones ultravioleta emitidas por el sol. Después se encuentra la mesosfera, y justo encima, la termosfera, compuesta de aire muy poco denso, y que incluye la ionosfera, una región de gases en estado de ionización que reflejan las ondas eléctricas terrestres, haciendo así posible la comunicación radioeléctrica. Entre 500 y 1.000 kilómetros de altura está la exosfera, inmediatamente antes de la magnetosfera, gobernada esta última aún por el campo magnético terrestre, pero ya sin atmósfera.

De la misma manera que la atmósfera cambió debido a la vida vegetal, también está ahora cambiando como resultado de la actividad humana. La contaminación de fábricas y automóviles, así como la de los aerosoles, ha puesto en peligro el delicado equilibrio de los gases. Los habitantes de la Tierra nos hemos empezado a dar cuenta que la atmósfera es a la vez frágil y de gran valor.

El sol naciente se ve enrojecido y distorsionado por la atmósfera de la Tierra. La atmósfera filtra y suaviza la radiación solar, haciendo posible la vida.

¿Cómo se originó la atmósfera?

Hoy la atmósfera de la Tierra es una mezcla de gases: 78 % de nitrógeno, 21 % de oxígeno y pequeñas cantidades de otros gases, como el dióxido de carbono. Pero cuando se formó el planeta no había oxígeno, y sus gases eran los que había al inicio del Sistema Solar.

La Tierra nació al chocar entre sí pequeños cuerpos rocosos, llamados planetesimales, procedentes del polvo y gases de la nebulosa solar. Poco a poco fueron formando nuestro planeta. A medida que el planeta iba creciendo, los gases atrapados entre los planetesimales escaparon, rodeando al globo. Con el tiempo, las primeras plantas empezaron a desprender oxígeno y la atmósfera inicial evolucionó en la capa de aire que tenemos en la actualidad.

Hace unos tres mil millones de años espesas alfombras de algas liberaron oxígeno a la atmósfera. Aún se conservan, como fósiles llamados estromatolitas.

El nacimiento de la atmósfera

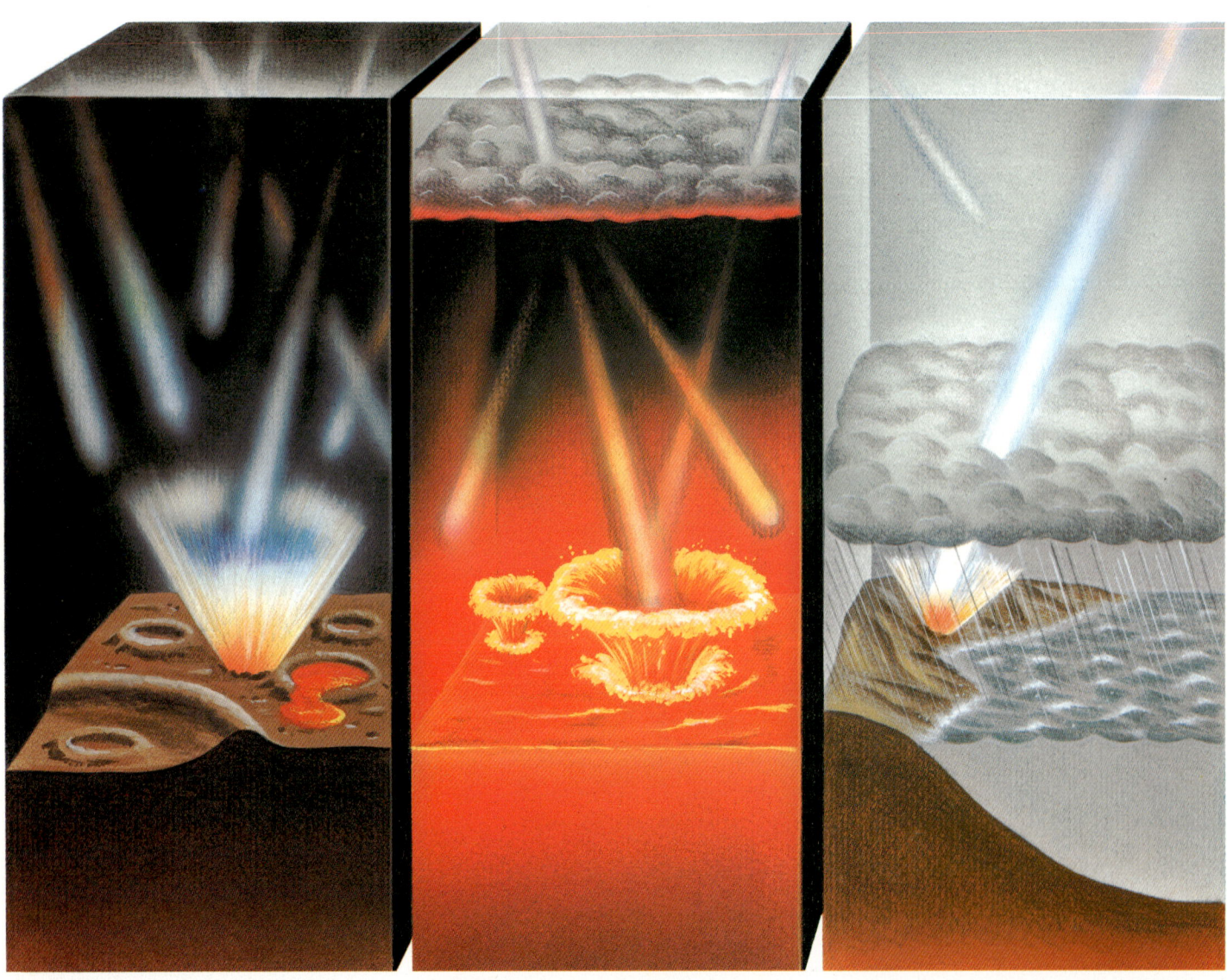

Hace 4.600 millones de años, pequeños planetesimales llueven sobre la jovencísima Tierra. Con los choques, salen gases de la nebulosa solar, atrapados dentro del planeta, y forman la atmósfera original de la Tierra, compuesta de nitrógeno, dióxido de carbono y vapor de agua.

El calor de este nacimiento es atrapado por las tupidas nubes de la atmósfera primitiva. Los "gases invernadero", tales como el dióxido de carbono y el vapor de agua, evitan que el calor se irradie al exterior, hacia el espacio. La superficie de la Tierra se funde en un mar ardiente de magma líquido.

Los océanos nacen a medida que disminuyen los choques planetesimales y que la Tierra empieza a enfriarse. El vapor de agua se condensa de las gruesas nubes, y durante eones una lluvia continua va llenando poco a poco las tierras bajas: los primeros mares.

Un génesis volcánico

Según una de las teorías, la actividad volcánica dominó la superficie de la Tierra recién nacida. La primera atmósfera se podría haber formado cuando los gases atrapados en la capa de silicio del planeta se escaparon a través de aberturas volcánicas.

Al principio, la Tierra sin aire.

Volcanes arrojando gases.

El aire empieza a despejarse a medida que el vapor de agua se condensa para formar los océanos. Con el tiempo, el dióxido de carbono se disuelve en los océanos dejando una atmósfera dominada por el nitrógeno. Sin oxígeno para formar una capa protectora de ozono, los rayos ultravioleta del sol llegan sin estorbo a la superficie de la Tierra.

En los primeros mil millones de años la vida aparece en los océanos primitivos. Las simples algas verdeazules están protegidas de las radiaciones ultravioleta por el agua del mar. Las algas utilizan luz solar y dióxido de carbono para producir energía, liberando oxígeno. Lentamente, el oxígeno empieza a juntarse en la atmósfera.

Pasan mil millones de años más, y ya hay una atmósfera rica en oxígeno. Gracias a reacciones fotoquímicas en la capa alta de la atmósfera se crea una capa delgada de ozono que actúa de filtro contra los nocivos rayos ultravioleta. Ahora la vida podrá salir del agua hacia la tierra firme, donde la evolución da lugar a una gran variedad de complejos organismos.

¿Cómo se divide la atmósfera?

El aire que rodea la Tierra no tiene fronteras visibles. Sin embargo, después de estudiarlo con satélites, cohetes y globos provistos de instrumentos, los científicos han llegado a la conclusión de que hay cinco capas bien diferenciadas. Empezando en la superficie de la Tierra, estas capas son la troposfera, estratosfera, mesosfera, termosfera y exosfera. A medida que aumenta la altitud, la densidad de la atmósfera disminuye, hasta perderse gradualmente en el vacío al llegar a varios centenares de kilómetros.

La exosfera, que comienza a unos 500 km de la superficie terrestre, consiste principalmente en moléculas de hidrógeno y de helio. Es demasiado delgada para ser considerada parte de la atmósfera protectora de la Tierra. No hay una frontera clara entre la exosfera y el espacio exterior. La temperatura ronda los 999° Kelvin (una escala científica en la que 0° Kelvin equivale a −273 °C). Como el aire es tan ligero en las capas altas de la atmósfera, incluso temperaturas muy altas tienen poca repercusión en los vehículos espaciales.

La termosfera, de 80 a 500 km de la superficie terrestre, tiene una densidad atmosférica en su parte superior que no llega a una billonésima parte de la existente al nivel del mar. La ionosfera, dividida en zonas representadas por letras, empieza aquí y va descendiendo hasta la mesosfera.

La mesosfera, de 50 a 80 km de la superficie terrestre, es la región más fría de la atmósfera. Incluye la parte inferior de la ionosfera. La composición de la mesosfera es básicamente la misma que la de las capas inferiores.

La estratosfera es una región muy estable que se encuentra entre 15 y 50 km por encima de la superficie terrestre. Como casi no tiene vapor de agua, en ella se forman pocas nubes. A unos 25 km de altitud, la capa de ozono absorbe la mayoría de los rayos ultravioleta del sol. La temperatura aumenta con la altitud.

La troposfera varía en espesor según la estación y la latitud, alcanzando un máximo de unos 15 km en el ecuador. Cerca del 80 % de la masa total de la atmósfera se encuentra en esta capa. La temperatura disminuye con la altitud.

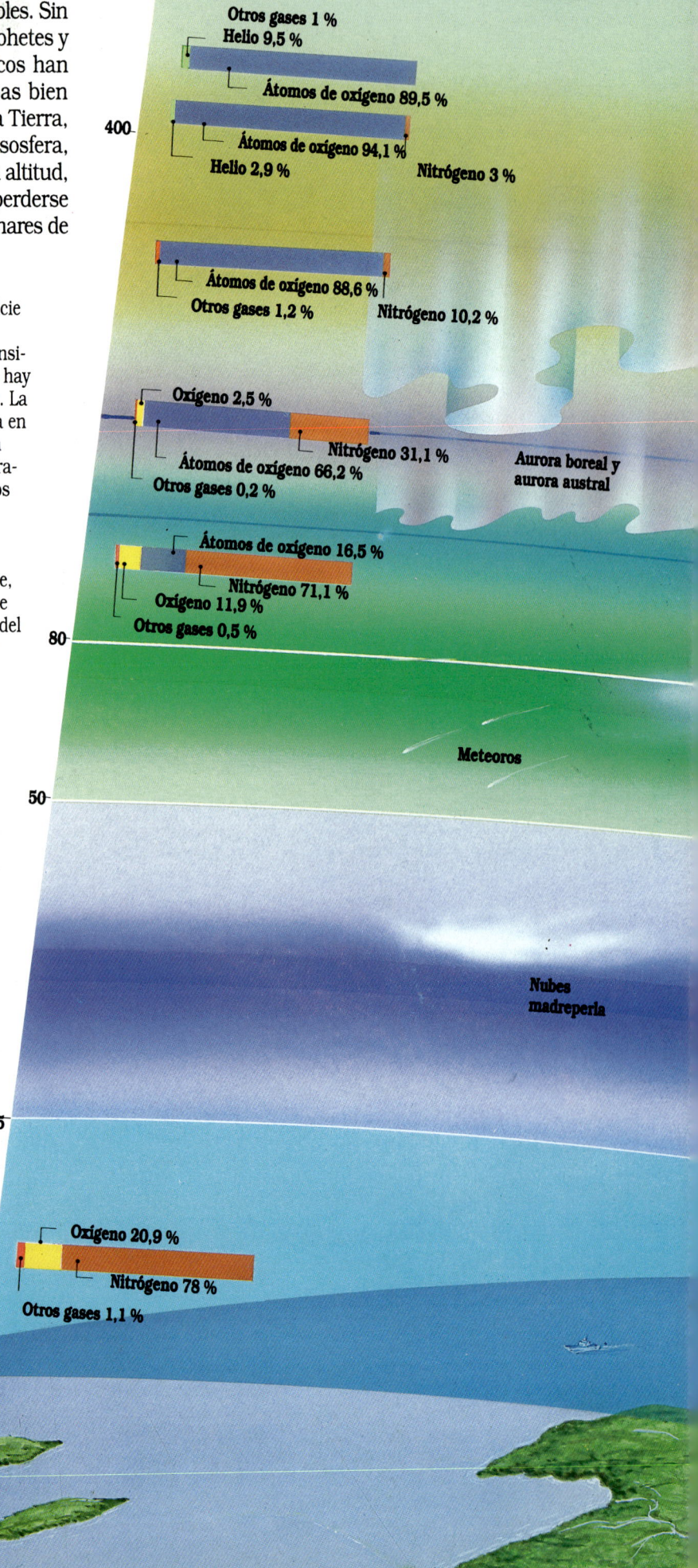

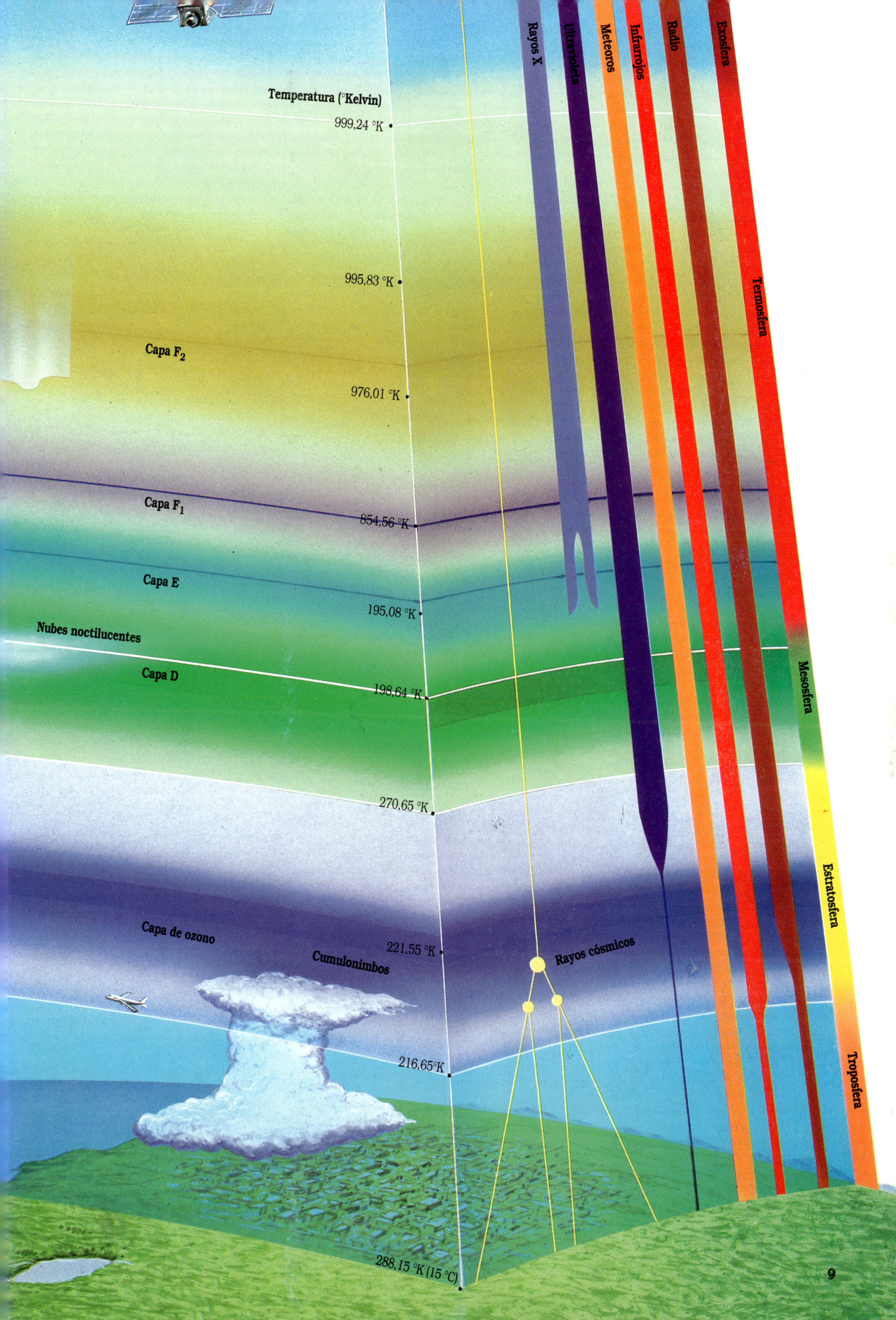

¿Dónde termina la atmósfera?

Vista desde el espacio, la atmósfera es un velo etéreo, apenas unido a la Tierra por la fuerza de la gravedad. Desde el suelo, en cambio, la capa de aire parece interminable, llegando a ser azul intenso en la frontera con el espacio. De hecho, la atmósfera tiene un espesor de varios centenares de kilómetros, y no tiene un final claro y preciso.

La densidad de la atmósfera es máxima en la capa inferior, la troposfera, y disminuye a medida que aumenta la altitud. En los 80 kilómetros que hay entre el suelo y el inicio de la termosfera, la composición del aire no varía, con un 99 % de nitrógeno y oxígeno. La termosfera abarca la mayor parte de la ionosfera, en la que el gas atmosférico está en intenso estado de ionización por efecto de los rayos solares; es decir, los átomos y moléculas se cargan eléctricamente al perder uno o varios electrones. En capas superiores, los rayos X y los rayos ultravioleta fragmentan las moléculas grandes, por lo que el nitrógeno y oxígeno escasean progresivamente. Por encima de los 500 kilómetros, en la exosfera, sólo quedan átomos de hidrógeno y de helio. Con la exosfera, acaba la atmósfera; después está la magnetosfera, una región inmensa, sin aire, dominada por la fuerza del campo magnético terrestre.

Vista desde el espacio, la atmósfera, de varios centenares de kilómetros de espesor, parece una delgada capa de neblina azul que arrope a la Tierra.

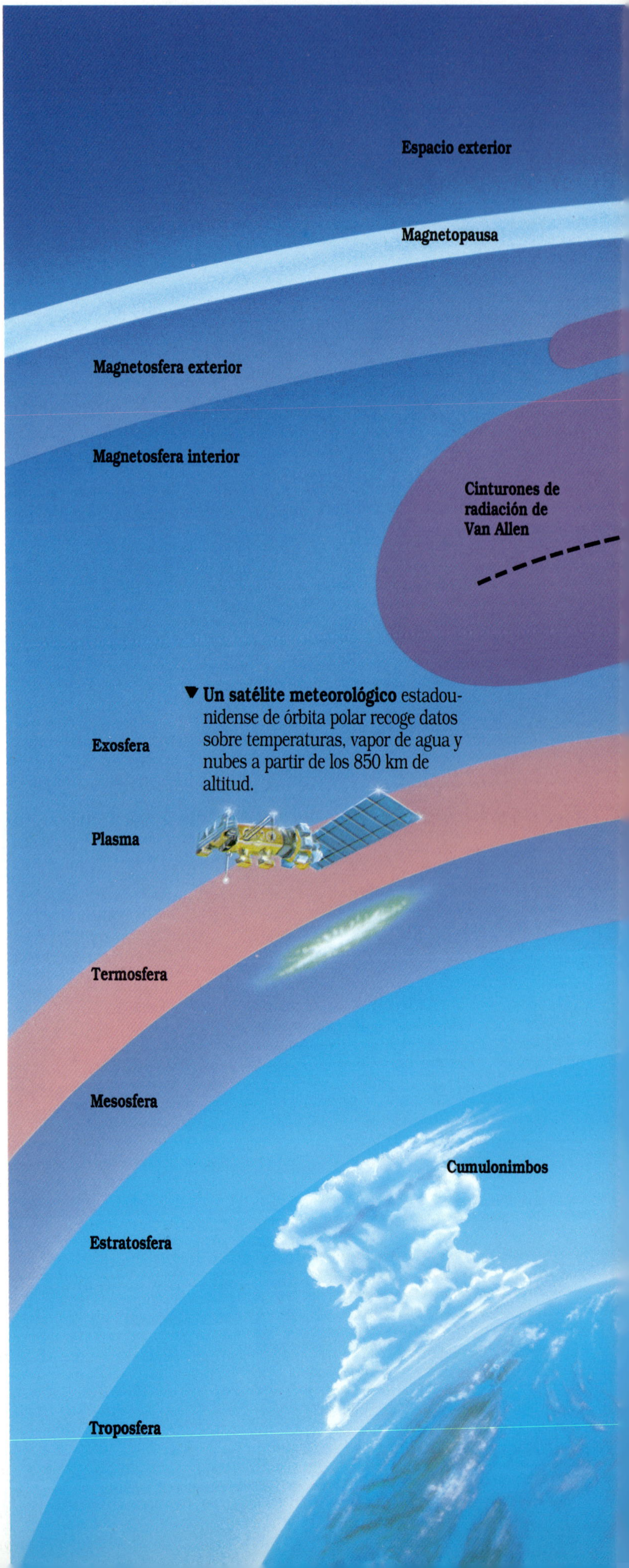

▼ **Un satélite meteorológico** estadounidense de órbita polar recoge datos sobre temperaturas, vapor de agua y nubes a partir de los 850 km de altitud.

Las partículas cargadas de la ionosfera, llamadas plasma, durante el día suben a la capa superior de la atmósfera. De noche, sin energía solar, el plasma cae de vuelta a la ionosfera.

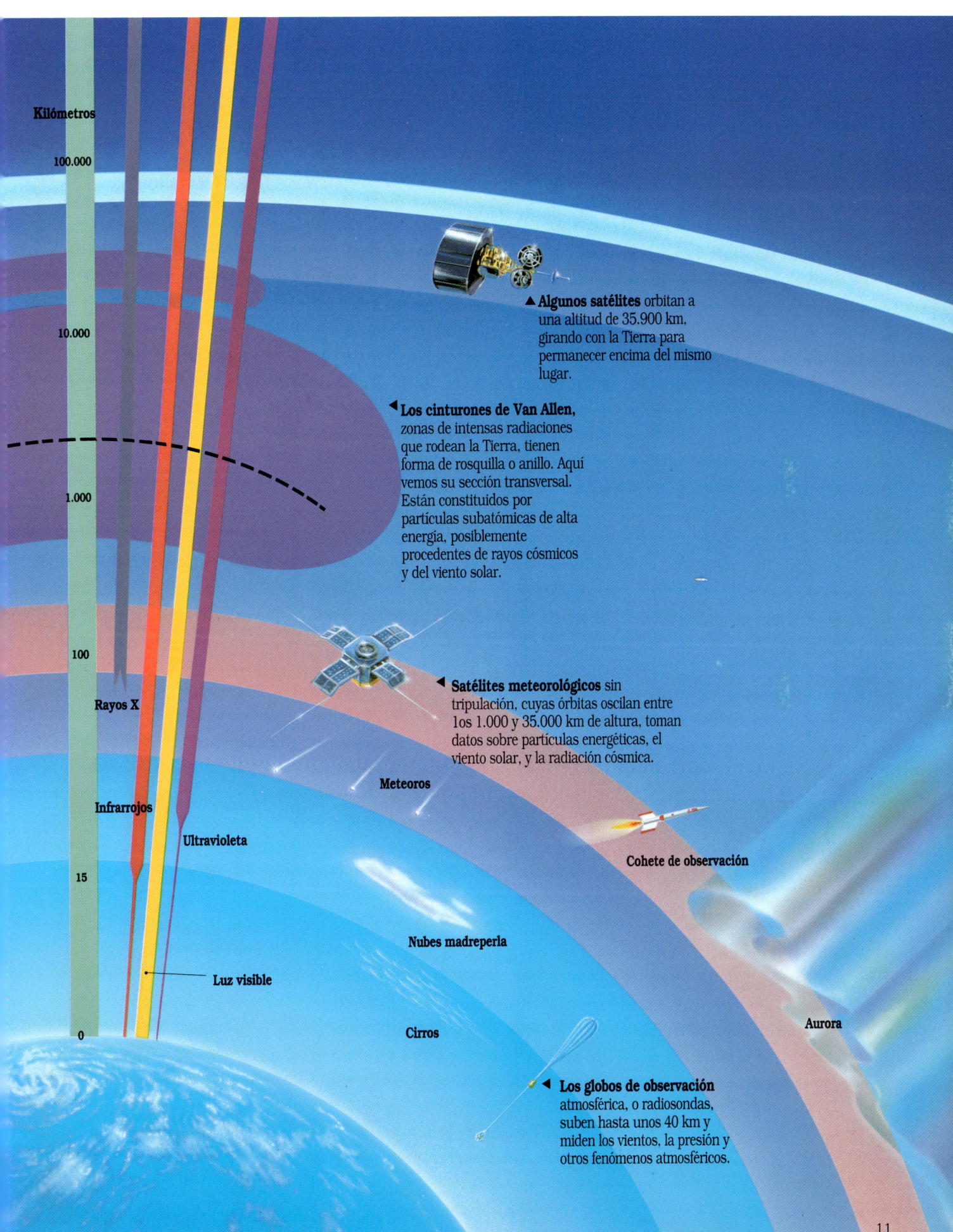

▲ **Algunos satélites** orbitan a una altitud de 35.900 km, girando con la Tierra para permanecer encima del mismo lugar.

◄ **Los cinturones de Van Allen,** zonas de intensas radiaciones que rodean la Tierra, tienen forma de rosquilla o anillo. Aquí vemos su sección transversal. Están constituidos por partículas subatómicas de alta energía, posiblemente procedentes de rayos cósmicos y del viento solar.

◄ **Satélites meteorológicos** sin tripulación, cuyas órbitas oscilan entre los 1.000 y 35.000 km de altura, toman datos sobre partículas energéticas, el viento solar, y la radiación cósmica.

◄ **Los globos de observación** atmosférica, o radiosondas, suben hasta unos 40 km y miden los vientos, la presión y otros fenómenos atmosféricos.

¿Qué es la capa de ozono?

El sol y las estrellas emiten muchos tipos de radiaciones que son dañinas para los seres vivientes. En particular están los rayos ultravioleta, un tipo de radiación invisible situada entre la luz violeta y los rayos X en el espectro electromagnético. Afortunadamente, la atmósfera de la Tierra impide que las radiaciones más perjudiciales lleguen a la superficie del planeta. Especialmente la capa de ozono juega un papel vital al absorber las ondas cortas ultravioleta emitidas por el sol, y evitar que lleguen a la Tierra.

La capa de ozono, que oscila entre los 10 y 55 kilómetros de altura, es una franja delgada de la atmósfera en donde la luz ultravioleta solar reacciona con moléculas de oxígeno para formar el gas ozono. El ozono representa menos de una millonésima parte del volumen total de la atmósfera: si estuviera a nivel del suelo, sometido a la presión de toda la atmósfera, sería una capa de 2,5 milímetros de espesor. Así y todo, sin este componente insignificante de la atmósfera aumentaría el cáncer de piel y la ceguera de los seres humanos, y las cosechas se marchitarían por la desintegración de las moléculas orgánicas debida a las radiaciones. En realidad, la misma vida probablemente resultara imposible en la Tierra sin la capa de ozono.

Una pantalla protectora del globo

El sol emite tres tipos de luz ultravioleta, que se clasifican como UV-A, UV-B, y UV-C. Los más perjudiciales son los rayos UV-C, que son los absorbidos por la capa de ozono.

La circulación del ozono

A pesar de que la producción máxima de ozono tiene lugar encima de las regiones ecuatoriales, a 30 km de altitud, las mayores concentraciones se han localizado encima de las regiones polares, a 18 km de altitud. El ozono es transportado por corrientes atmosféricas de la estratosfera, que ascienden desde la troposfera, en la cual se generaron debido a los contrastes térmicos entre la tierra y los océanos, y a las variaciones topográficas.

Un mundo desprotegido

La luz ultravioleta puede destruir material genético en la células vivas, causando cáncer y mutaciones. Si la Tierra no tuviera la capa de ozono, su superficie se parecería quizás a la de Marte, donde no hay ozono ni —según se cree— vida.

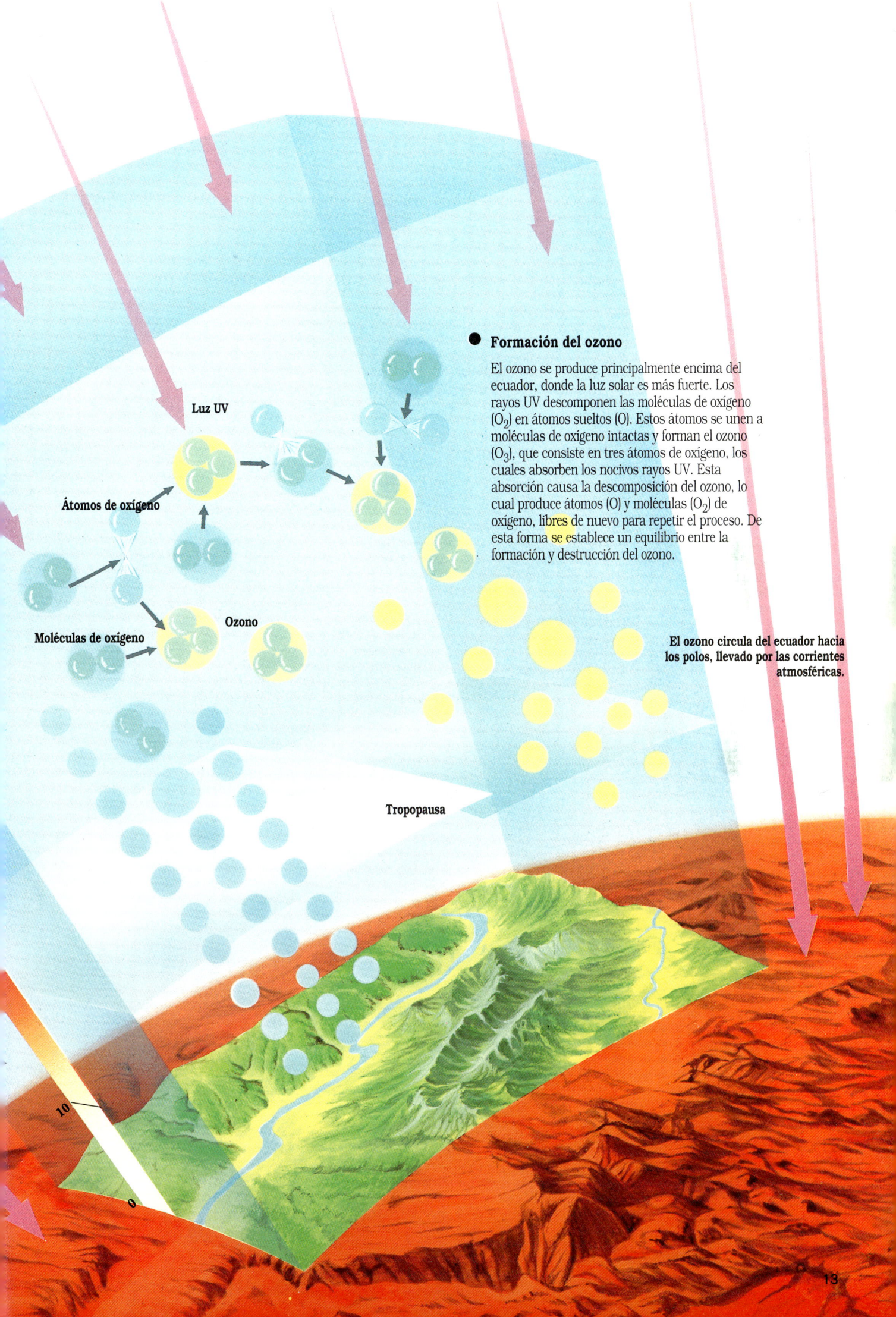

● **Formación del ozono**

El ozono se produce principalmente encima del ecuador, donde la luz solar es más fuerte. Los rayos UV descomponen las moléculas de oxígeno (O_2) en átomos sueltos (O). Estos átomos se unen a moléculas de oxígeno intactas y forman el ozono (O_3), que consiste en tres átomos de oxígeno, los cuales absorben los nocivos rayos UV. Esta absorción causa la descomposición del ozono, lo cual produce átomos (O) y moléculas (O_2) de oxígeno, libres de nuevo para repetir el proceso. De esta forma se establece un equilibrio entre la formación y destrucción del ozono.

El ozono circula del ecuador hacia los polos, llevado por las corrientes atmosféricas.

¿Qué es la ionosfera?

En una región que oscila entre los 65 y 1.000 kilómetros de altura, las moléculas de gas en la atmósfera chocan con partículas de alta energía procedentes del sol. Estos choques, en un proceso llamado ionización, quitan electrones a las moléculas. El resultado es un plasma que se mueve a alta velocidad y que está formado por iones, partículas con carga eléctrica.

La ionización tiene lugar en la ionosfera, que consta de tres capas, designadas D (la más baja), E, y F (la superior). Estas capas están subdivididas según la concentración de plasma en su interior. La concentración más baja se encuentra en la capa F_1 cuya altura varía entre unos 150 y 230 kilómetros. La mayor concentración de plasma está en la capa F_2, desde unos 230 a 480 kilómetros de altura. Dado que para producir iones se necesita energía solar, de noche la capa F_1 desaparece.

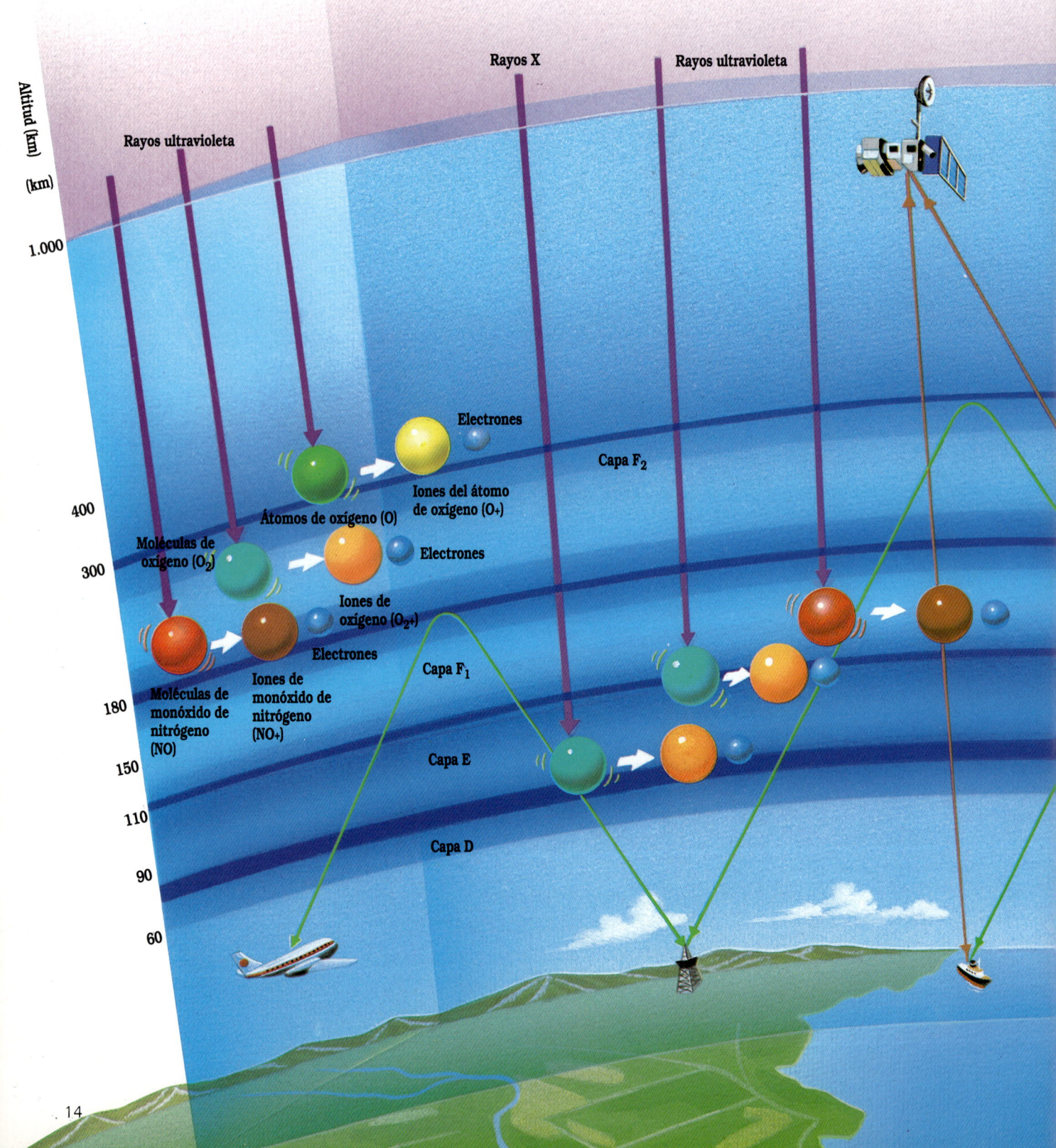

La ionosfera y la radio

La ionosfera hace posible las transmisiones de radio de onda corta alrededor del globo. Las ondas cortas radioeléctricas se reflejan en la capa F de la ionosfera, regresando a la Tierra a miles de kilómetros de distancia del lugar de emisión. Ondas más largas, como las que se utilizan en publicidad, rebotan en capas más bajas de la ionosfera y tienen menor alcance. Durante el día, el gran número de colisiones entre electrones libres y otras partículas de la capa D absorben energía de las señales de radio, empobreciendo enormemente la calidad de la recepción a grandes distancias.

La ionosfera variable

El tipo y densidad de iones y electrones en la ionosfera depende de la altitud y la hora *(diagrama)*. De día, la capa E de la ionosfera está claramente delimitada; de noche, no se nota. Asimismo, por la noche desaparece por completo una parte de la capa F, y el número de iones generalmente también disminuye. Además, hay cambios estacionales: en la capa F, pues la concentración de electrones es más alta en invierno que en verano.

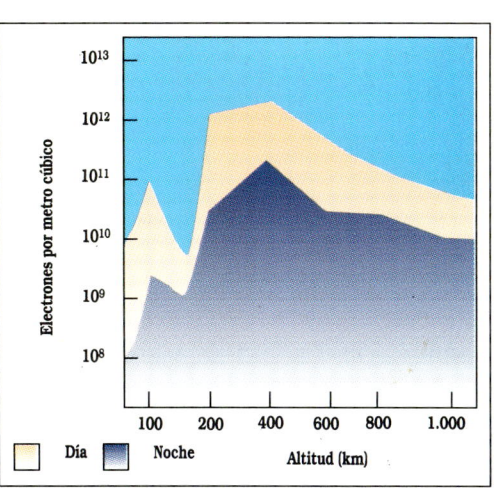

● Dentro de la ionosfera

En las capas E y D, los rayos X y las radiaciones ultravioleta quitan electrones a moléculas de oxígeno y nitrógeno. Las reacciones químicas resultantes producen iones de oxígeno (O_2+) y monóxido de nitrógeno (NO+). Los iones O_2+ y NO+ también se encuentran en la capa F, aunque en la capa F_2 hay sobre todo iones de átomos de oxígeno (O+).

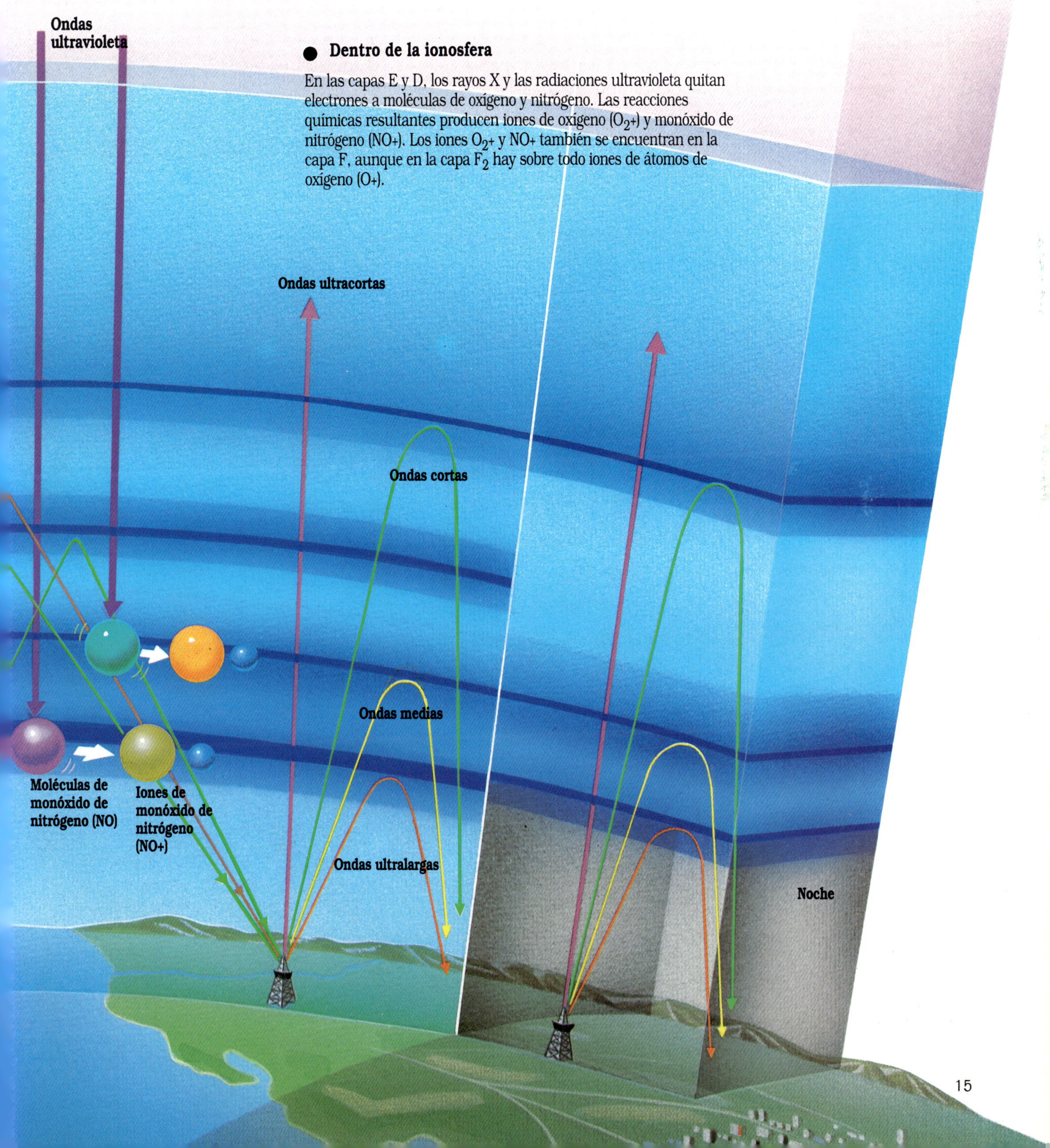

¿Por qué se forma la aurora?

Cerca de las zonas polares, tanto la del hemisferio Norte como la del sur, a veces podemos observar en el cielo el espectacular juego de luces conocido como aurora boreal y aurora austral. Estas auroras, que tienen su escenario entre los 80 y 500 kilómetros de altitud, se deben a la luz que emiten las partículas solares con carga eléctrica al colisionar con los átomos y moléculas de la ionosfera.

Estos protones y electrones solares viajan a la Tierra con el viento solar, un fuerte vendaval de partículas que se nos acerca a una velocidad de unos dos millones de kilómetros por hora. El viento solar también trae parte del campo magnético del sol, el cual al interaccionar con la magnetosfera terrestre facilita el descenso de las partículas hacia las regiones polares de la Tierra a lo largo de las líneas de fuerza del campo geomagnético.

El brillante colorido de una aurora boreal ilumina el cielo de Alaska.

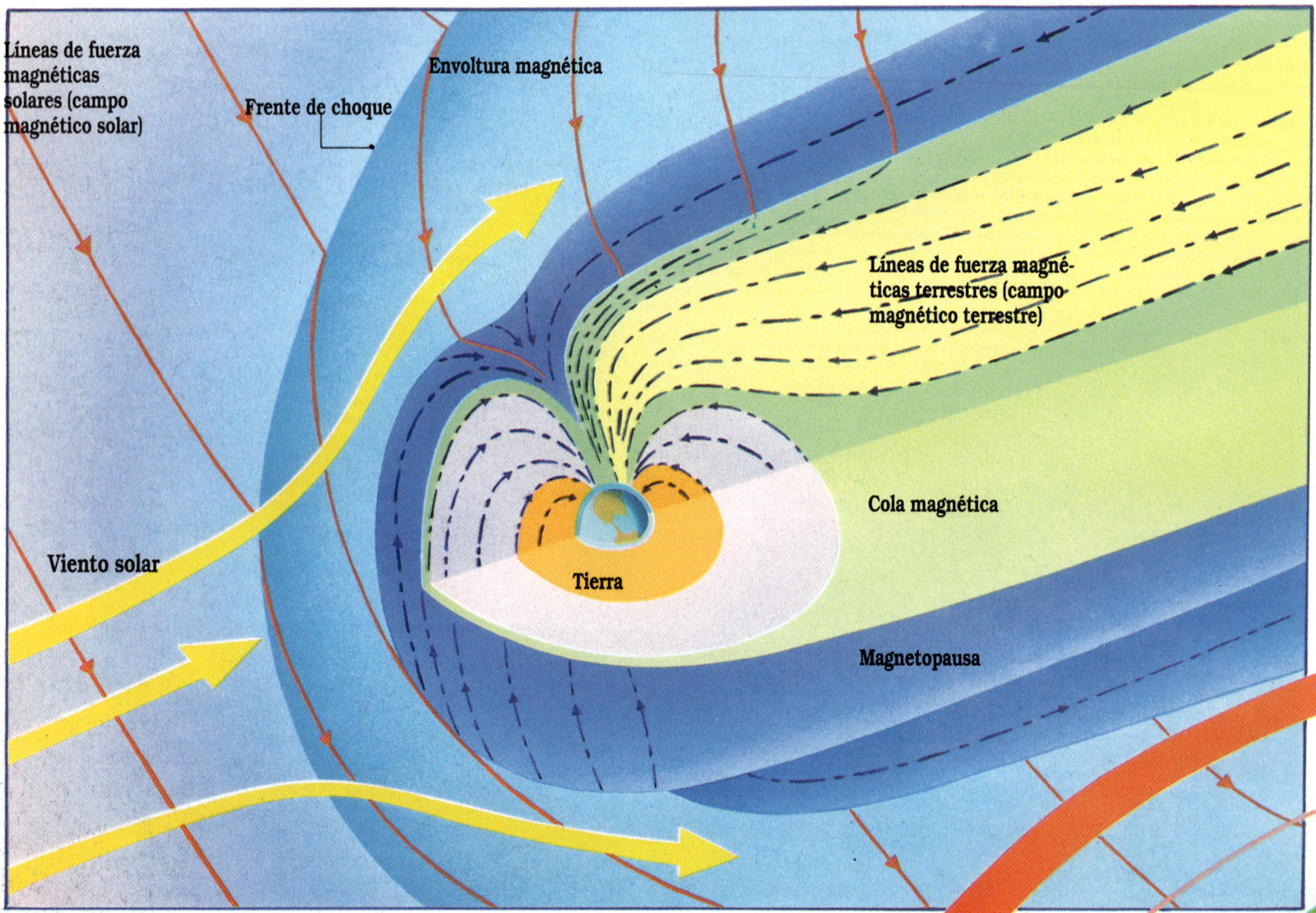

Una interacción de campos magnéticos

La presión del viento solar comprime el campo magnético terrestre, de forma que en la cara diurna de la Tierra la magnetosfera alcanza unos 65.000 km de altitud; mientras que en la cara nocturna, el viento solar la estira, llegando cien veces más lejos. El campo magnético solar se junta con el campo geomagnético en el límite de la magnetosfera en la cara no iluminada, y las partículas del viento solar son captadas por el magnetismo terrestre hacia los polos.

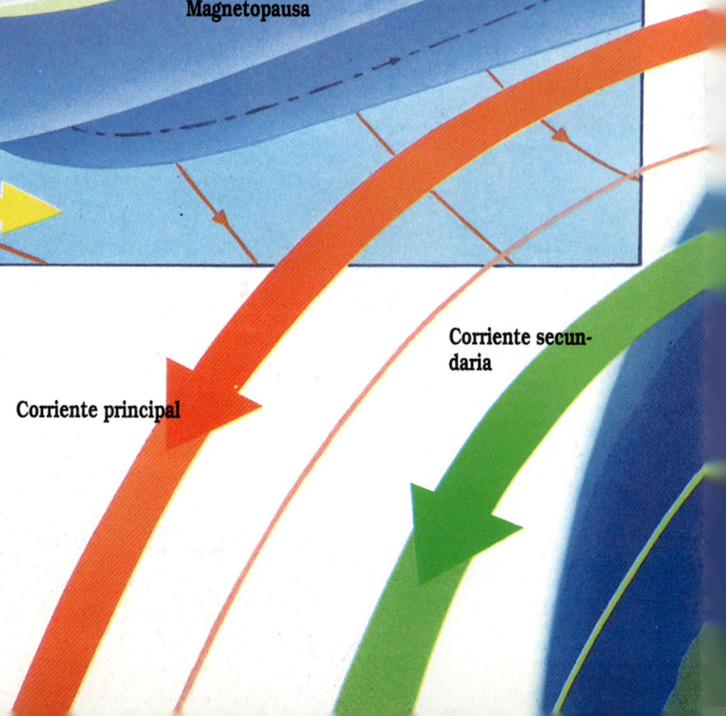

El generador auroral

Los protones del viento solar tienen una carga eléctrica positiva; los electrones, negativa. Las cargas contrarias les hacen fluir en direcciones opuestas: los protones hacia el lado matutinal de la magnetosfera, los electrones hacia su lado del atardecer. Tal flujo de partículas origina polos de signo contrario, estableciendo lo que, en rigor, es un generador eléctrico colosal. La corriente, alineada con el campo magnético, fluye a través de los óvalos aurorales de la magnetosfera, encima de los polos del planeta. La cantidad total de electricidad creada en el "generador auroral" supera un billón de vatios.

Estructura de la aurora

Los electrones atrapados por el campo magnético terrestre se mueven en espiral alrededor de las líneas de fuerza magnéticas. Al entrar en la atmósfera chocan con átomos y moléculas, excitándolos y provocando que emitan luz. Los electrones que llegan son frenados por el choque y emiten rayos X, mientras que los electrones de los gases excitados liberan aún más electrones en una cadena de colisiones. Los átomos de oxígeno excitados de este modo emiten una luz verde, mientras que las moléculas de nitrógeno la producen rojiza tirando a rosa.

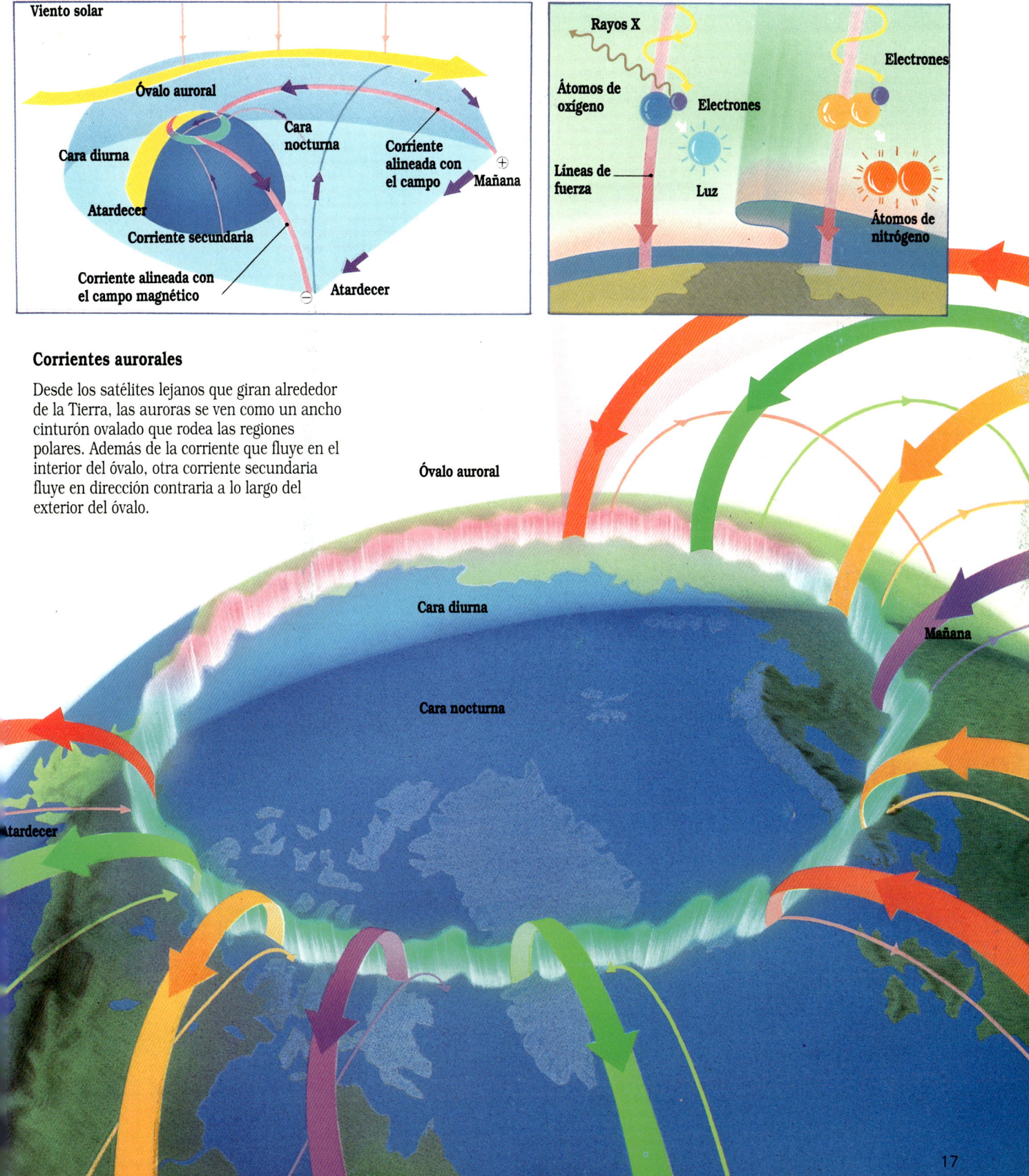

Corrientes aurorales

Desde los satélites lejanos que giran alrededor de la Tierra, las auroras se ven como un ancho cinturón ovalado que rodea las regiones polares. Además de la corriente que fluye en el interior del óvalo, otra corriente secundaria fluye en dirección contraria a lo largo del exterior del óvalo.

¿Qué son los cinturones de Van Allen?

En 1958, el lanzamiento del *Explorer1*, el primer satélite espacial estadounidense, corroboró el gran valor científico de la exploración espacial. A mil kilómetros de la superficie terrestre, un experimento a bordo de la nave detectó un cinturón de radiaciones cien millones de veces más intensas que las radiaciones que ocurren de forma natural en la superficie. Más tarde se detectó un segundo cinturón de radiación a una altura de 19.500 kilómetros.

Estas zonas radiactivas se conocen como cinturones de Van Allen, en honor del físico James van Allen, cuyos experimentos permitieron detectarlas. Están formadas por partículas con carga procedentes de rayos cósmicos y del viento solar atrapadas por el campo magnético terrestre. Cada una de estas zonas tiene forma de toro (superficie con la forma de una rosquilla) que rodea la Tierra dejando sendas aberturas encima de los polos. La diferencia entre los cinturones interior y exterior estriba en la composición y nivel de energía de las partículas atrapadas en ellos.

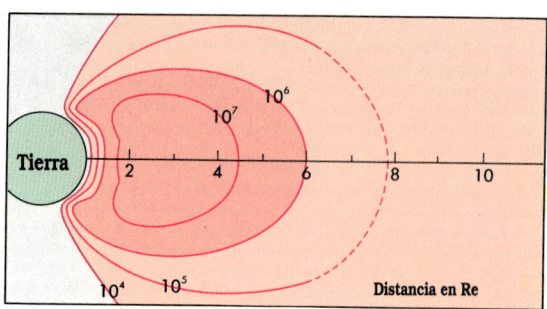

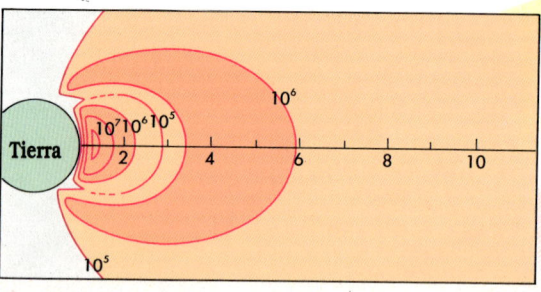

El diagrama superior muestra la presencia de protones de alta energía en los cinturones de Van Allen, y el diagrama inferior, la de electrones de alta energía. (Las zonas más oscuras tienen mayores concentraciones.)

¿Qué es un Re?

La altitud se puede medir en metros o kilómetros, pero también puede hacerse utilizando el radio terrestre (Re) como patrón. Un Re equivale a 6.370 km; a 8 Re, el límite exterior de los cinturones de Van Allen llega a 51.000 km de la Tierra.

● **Cinturón interno de Van Allen**

La mayoría de protones y electrones que hay en el cinturón interno de Van Allen se forman gracias a la desintegración de neutrones. Éstos, a su vez, son producto de los choques entre los rayos cósmicos y los átomos de helio y de hidrógeno que hay en la atmósfera superior. Estas partículas con carga son atrapadas por el campo magnético terrestre y se mueven a alta velocidad, en una trayectoria de deriva *(página siguiente)*.

Rayos cósmicos

Átomos de H y de He

Protones

Neutrones

Electrones

Cinturón interno de Van Allen

Cinturón exterior de Van Allen

Movimiento de deriva, en espiral y con rebote

Electrones a la deriva hacia el este

Protones a la deriva hacia el oeste

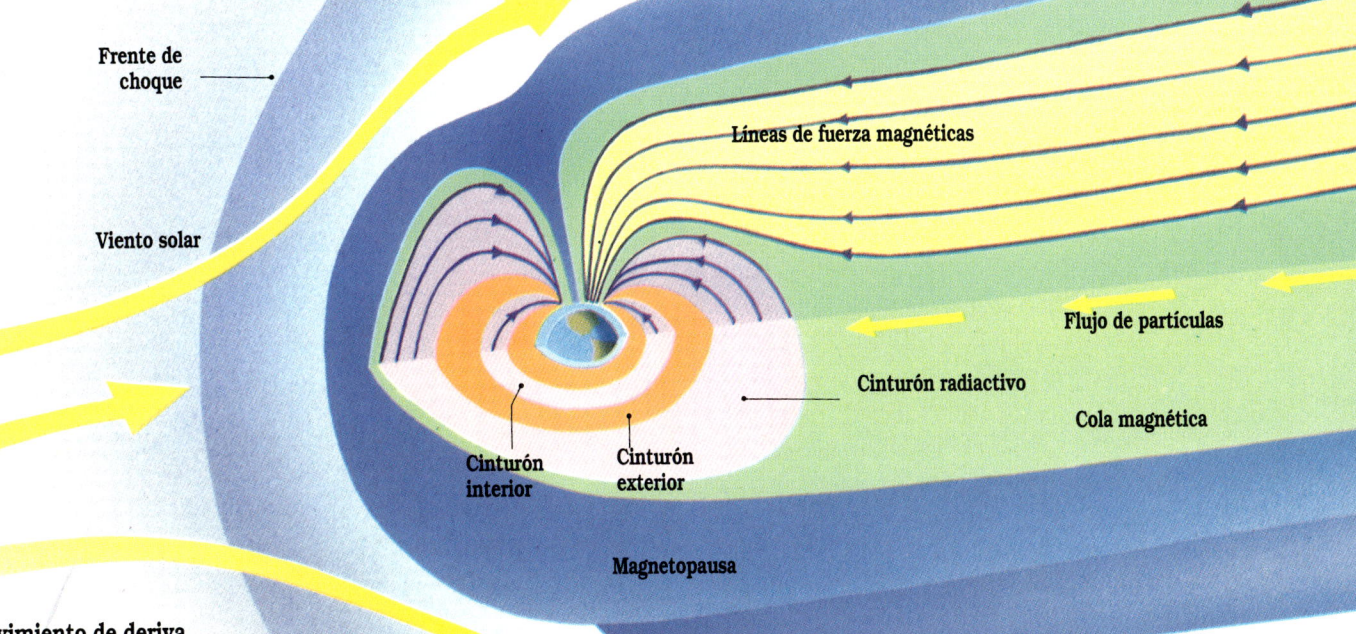

Movimiento de deriva

Los electrones y protones, desviados por el campo magnético terrestre, siguen, a alta velocidad, tres movimientos distintos de deriva. En primer lugar, las partículas describen trayectorias espirales alrededor de las líneas de fuerza magnéticas, hacia uno de los dos polos. En segundo lugar, mientras se mueven en espiral, son reflejadas de manera que rebotan entre los hemisferios. Por último, superpuesto a estos dos movimientos de giro y de rebote, hay una deriva este-oeste, con los electrones derivando hacia el este, y los protones, hacia el oeste.

● El campo magnético terrestre

La Tierra es como un imán gigante y sus líneas de fuerza constituyen la magnetosfera. La presión del plasma del viento solar comprime la magnetosfera en la cara diurna del planeta y la estira en la cara nocturna. Los electrones y los protones del plasma son atrapados en el campo geomagnético debido a su carga eléctrica. Los cinturones de radiación de Van Allen se extienden de 1.000 a 40.000 km de la Tierra.

● El cinturón exterior de Van Allen

Los cinturones interior y exterior difieren en la composición y nivel de energía de sus partículas. Las partículas del cinturón exterior proceden principalmente del viento solar, y no de los rayos cósmicos. El cinturón exterior tiene más protones que el interior, sin embargo, sus niveles de energía no son tan altos.

● Estructura de los cinturones

No hay una división clara entre los dos cinturones de Van Allen, el cinturón interior se mezcla gradualmente con el exterior. Las dos regiones se distinguen por la diferencia entre el tipo y nivel de energía de sus partículas.

¿Por qué el sol no quema la Tierra?

En el núcleo increíblemente denso y caliente del sol, 4,5 millones de toneladas métricas de materia se convierten en energía cada segundo. Sólo una minúscula fracción de esta energía llega a la Tierra: ¡40 billones de calorías cada segundo!

Con tanta energía solar como nos llega cada segundo, si no hubiera atmósfera, en el ecuador la temperatura alcanzaría los 80 °C. Por suerte, el 34 % de las radiaciones solares regresan al espacio al reflejarse en las nubes, la atmósfera y la superficie terrestre. Además, las nubes y la atmósfera absorben otro 19 %. Sólo el 47 % nos llega al suelo. La mayor parte de esta energía se consume en la evaporación del agua para formar las nubes, que a su vez sirven para mantener la Tierra templada.

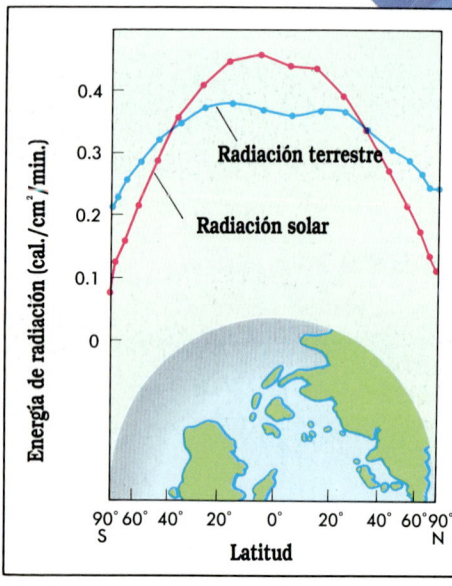

El sol no calienta la Tierra uniformemente. Tal como vemos en el diagrama, en el ecuador la Tierra recibe más radiación solar *(rosa)* que la que pierde *(azul)*, mientras que en los polos pierde más que la que recibe.

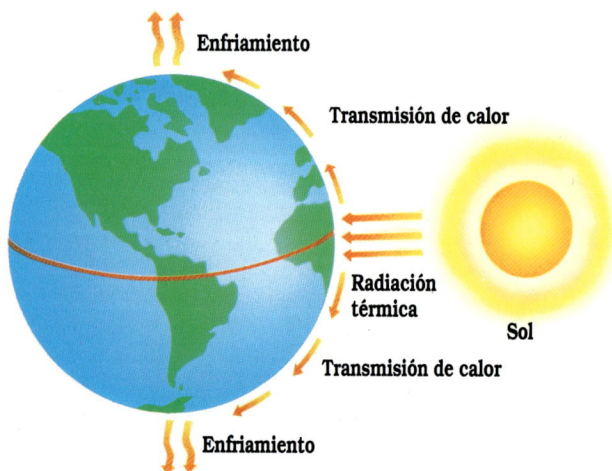

Circulación térmica

Con su movimiento, las corrientes oceánicas y la atmósfera llevan el calor del ecuador hacia los polos, evitando temperaturas excesivas en las latitudes centrales.

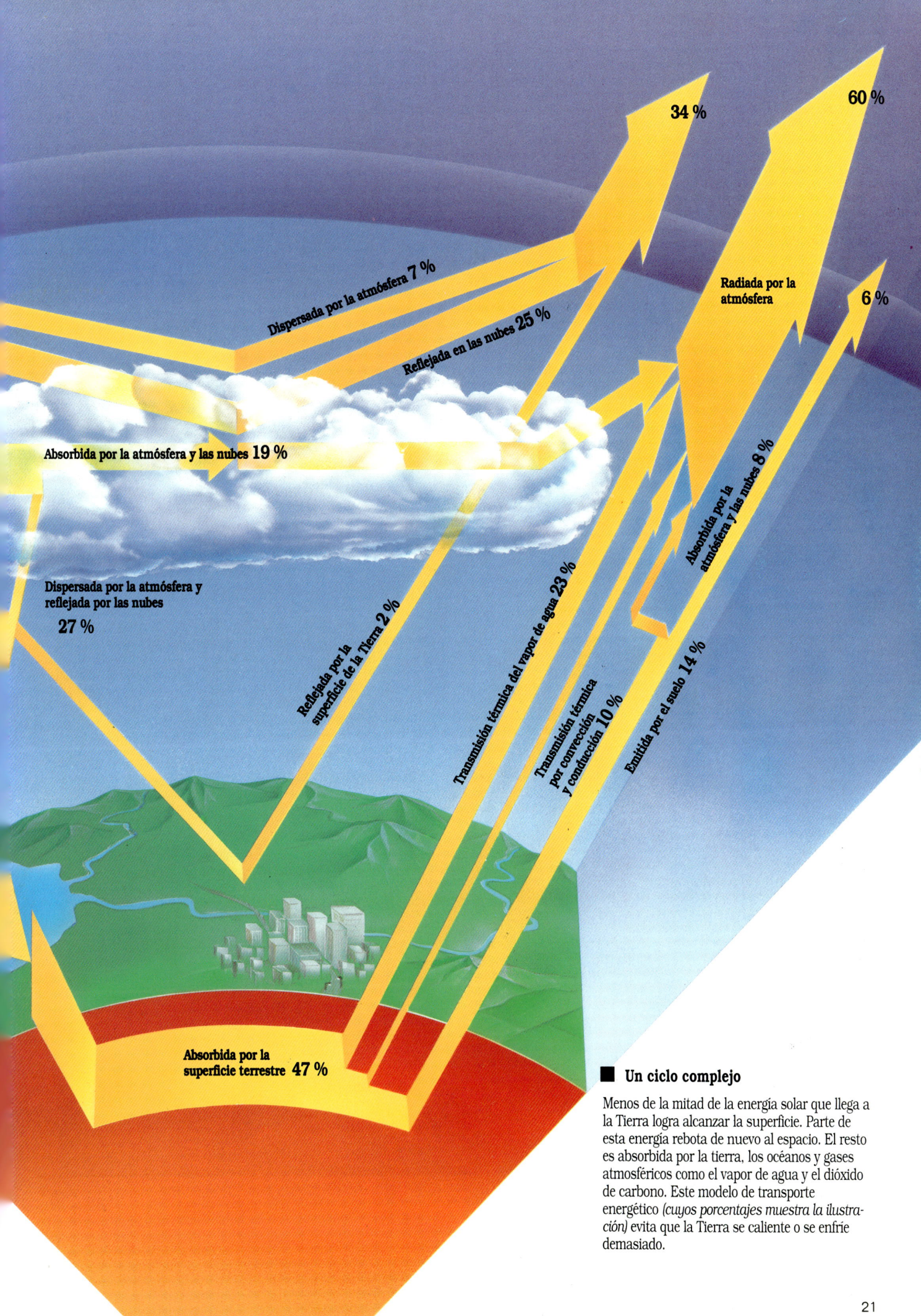

■ **Un ciclo complejo**

Menos de la mitad de la energía solar que llega a la Tierra logra alcanzar la superficie. Parte de esta energía rebota de nuevo al espacio. El resto es absorbida por la tierra, los océanos y gases atmosféricos como el vapor de agua y el dióxido de carbono. Este modelo de transporte energético *(cuyos porcentajes muestra la ilustración)* evita que la Tierra se caliente o se enfríe demasiado.

¿Por qué el cielo es azul de día pero rojo a la puesta de sol?

La luz del sol es blanca (es decir, tiene todos los colores juntos), pero en días soleados el cielo parece azul. Esto sucede porque cuando la luz solar penetra en la atmósfera choca con moléculas de aire y partículas de polvo, causando que luz con distintas longitudes de onda se subdivida en un proceso llamado dispersión. En un día claro el cielo parece azul porque las pequeñas partículas atmosféricas dispersan más la luz azul, de onda corta, que la luz roja, de onda larga. Sin embargo, a la salida o la puesta de sol, sobre todo cuando hay polvo en el aire, el cielo parece rojo; esto es debido a que cuando el sol está cercano al horizonte, su luz tiene un recorrido mayor a través de la atmósfera. La luz azul está refractada fuera del ángulo de visión, mientras que las grandes partículas de polvo dispersan la luz roja para crear hermosos atardeceres.

Los amaneceres carmesíes y las puestas de sol escarlatas se deben a la forma en que la atmósfera dispersa la luz roja, de onda larga.

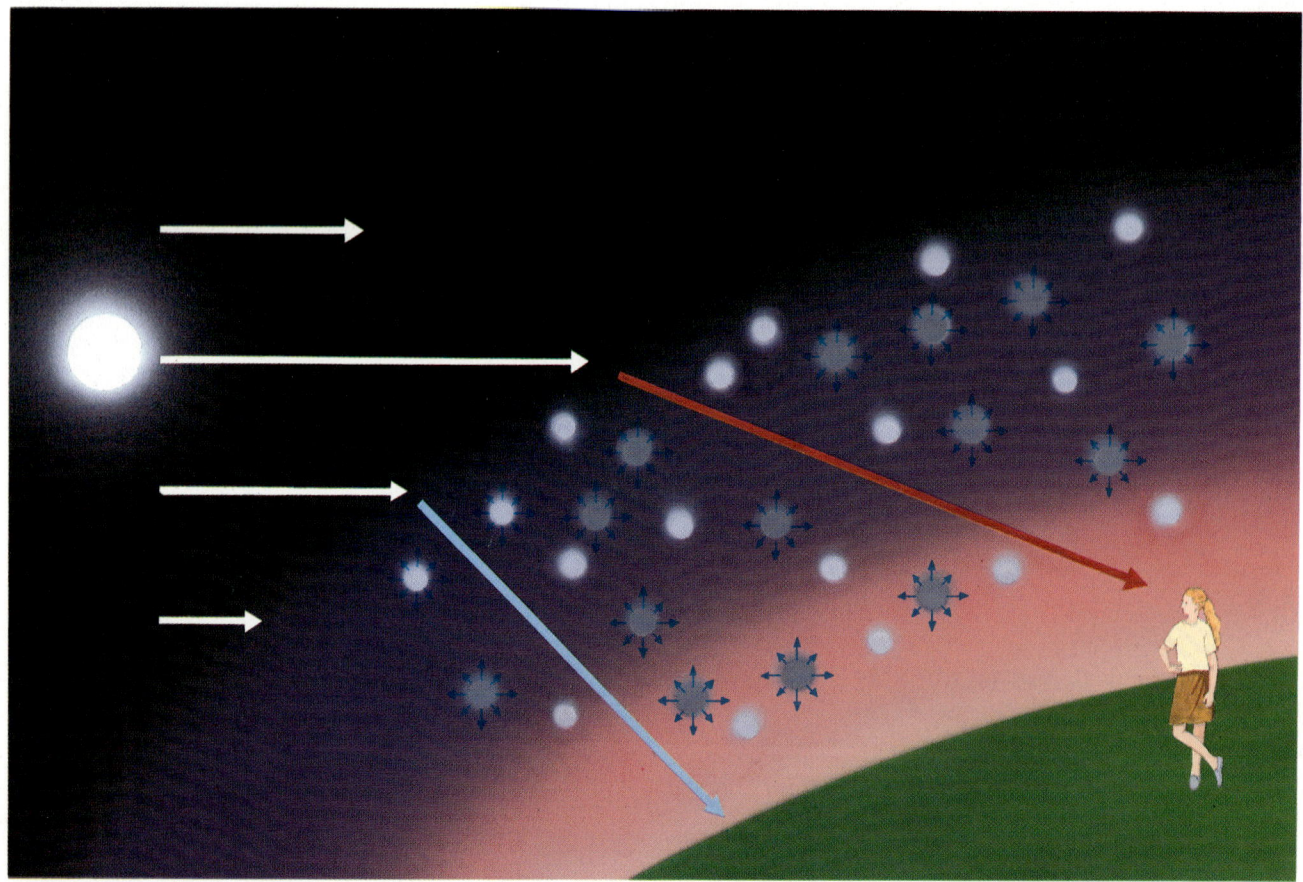

El largo camino de la luz roja

Cuando el sol está cerca del horizonte, su luz tiene un largo trayecto a través de la atmósfera. La luz azul es refractada fuera del campo visual. La luz roja es menos refractada y se dispersa al chocar con las moléculas grandes de polvo que hay en el aire.

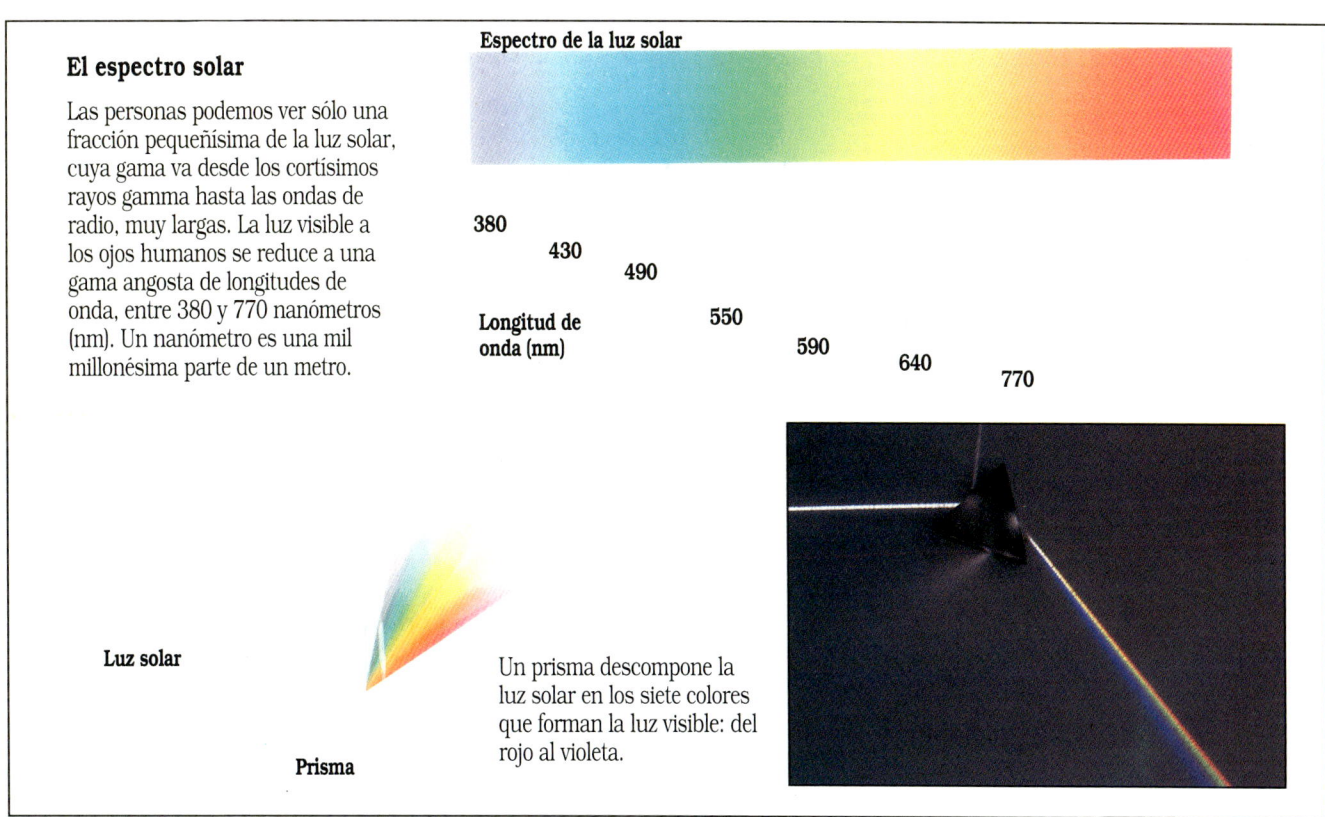

El espectro solar

Las personas podemos ver sólo una fracción pequeñísima de la luz solar, cuya gama va desde los cortísimos rayos gamma hasta las ondas de radio, muy largas. La luz visible a los ojos humanos se reduce a una gama angosta de longitudes de onda, entre 380 y 770 nanómetros (nm). Un nanómetro es una mil millonésima parte de un metro.

Espectro de la luz solar

380
430
490
Longitud de onda (nm)
550
590
640
770

Luz solar

Prisma

Un prisma descompone la luz solar en los siete colores que forman la luz visible: del rojo al violeta.

Un cielo azul

Cuando el sol está sobre nosotros, sus rayos sólo han de atravesar una capa delgada (¡comparativamente!) de atmósfera. En un proceso llamado dispersión de Rayleigh, las pequeñas moléculas de aire consiguen dispersar mejor la luz azul que la roja, provocando que nos llegue a la vista un mayor volumen de luz azul que de luz roja. Por eso, en un día radiante el cielo parece azul.

¿Por qué hace más frío en las cimas de las montañas?

A poca altura, la densidad de la atmósfera es máxima. A medida que aumenta la altura, disminuyen la densidad del aire y la presión atmosférica. La temperatura disminuye con la altura, puesto que el aire, menos denso, no puede absorber la misma cantidad de radiación térmica. Este descenso gradual de la temperatura, llamado gradiente vertical térmico, depende de la latitud, hora del día y estación del año, pero, como media, el aire se enfría unos 6,4 °C por kilómetro de altura.

También sucede que las masas de aire suben, se dilatan y se enfrían a ritmos distintos que el aire que las rodea. Este proceso se llama enfriamiento adiabático. O sea, que en una columna estable de aire, la parte superior estará más fría que la parte inferior, de acuerdo con el gradiente vertical de temperatura, pero si una parte del aire asciende, se enfriará según el gradiente adiabático.

En la cumbre del monte Fuji, a 3.776 m de altura, la presión atmosférica es dos terceras partes de la que hay a nivel del mar.

Altura significa frío

La radiación solar atraviesa la atmósfera para calentar la superficie de la Tierra. A su vez, la radiación infrarroja de la superficie calienta la atmósfera. En la ilustración vemos cómo la Tierra calienta la capa C de la atmósfera. La capa C irradia su calor hacia arriba y hacia abajo. Encima, la capa B se calienta gracias al calor desprendido por la capa C. A su vez, la capa B irradia calor hacia arriba y hacia abajo, calentando la atmósfera en ambas direcciones. Pero como se va perdiendo calor durante el proceso,

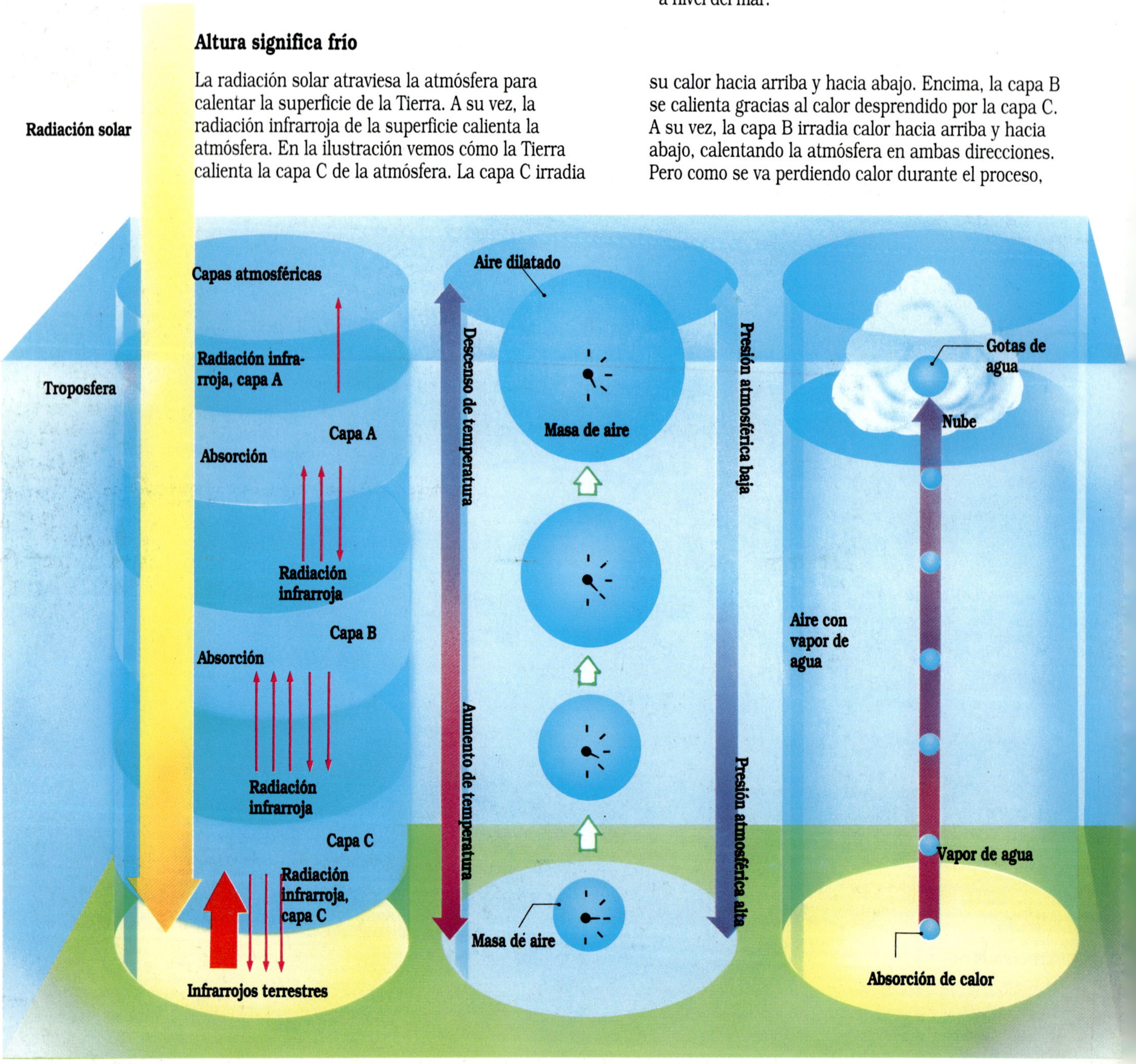

Una tendencia de calentamiento

La gráfica de la derecha muestra los cambios de temperatura experimentados desde el suelo hasta una altura de unos 50 km. A unos 11 km de altura, en la frontera superior de la troposfera, llamada tropopausa, la temperatura deja de disminuir y empieza a aumentar con la altura. En la estratosfera, la capa de ozono proporciona aún más calor. El ozono absorbe los dañinos rayos solares ultravioleta, cuya energía calienta la estratosfera.

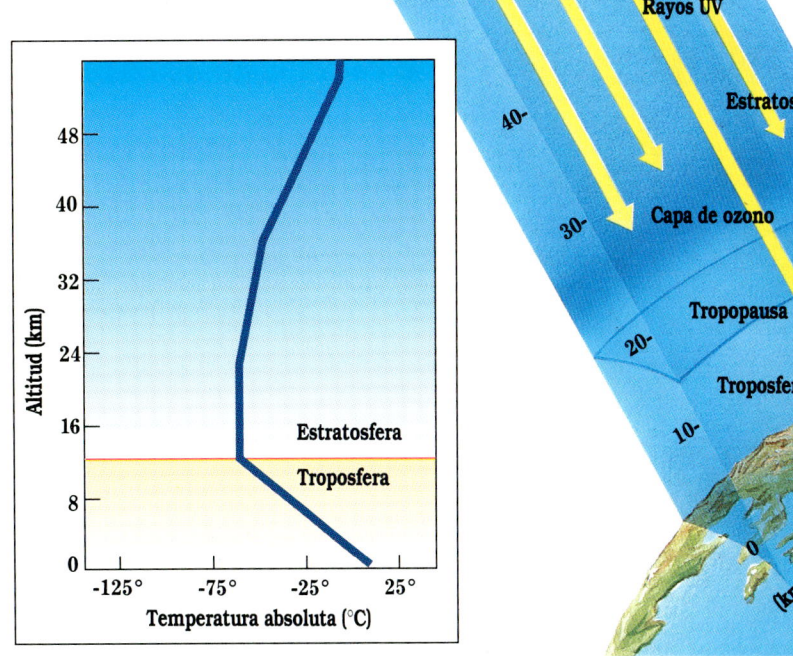

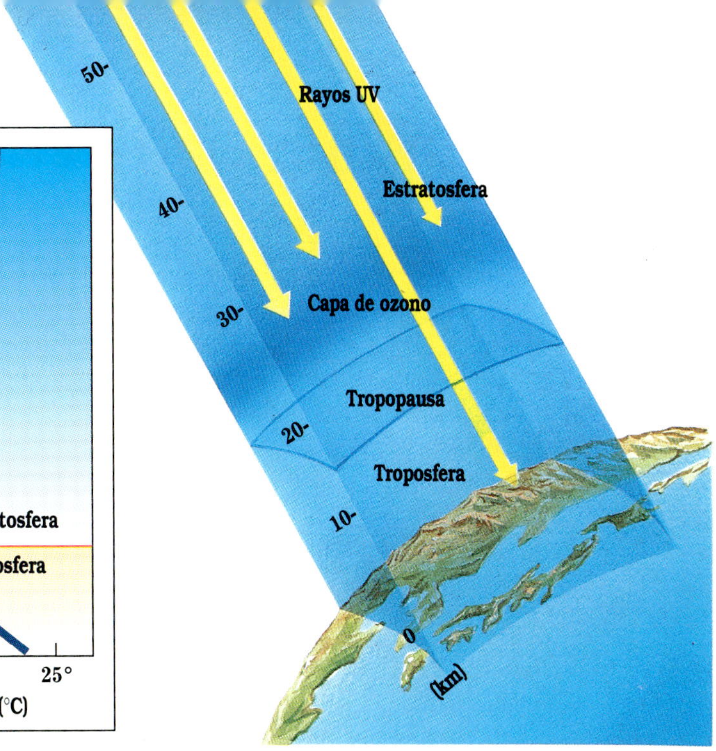

cada vez llega menos calor del suelo a la atmósfera superior. Debido a la menor densidad de las altas latitudes, el aire que sube también se enfría a medida que se dilata; este proceso se llama enfriamiento adiabático.

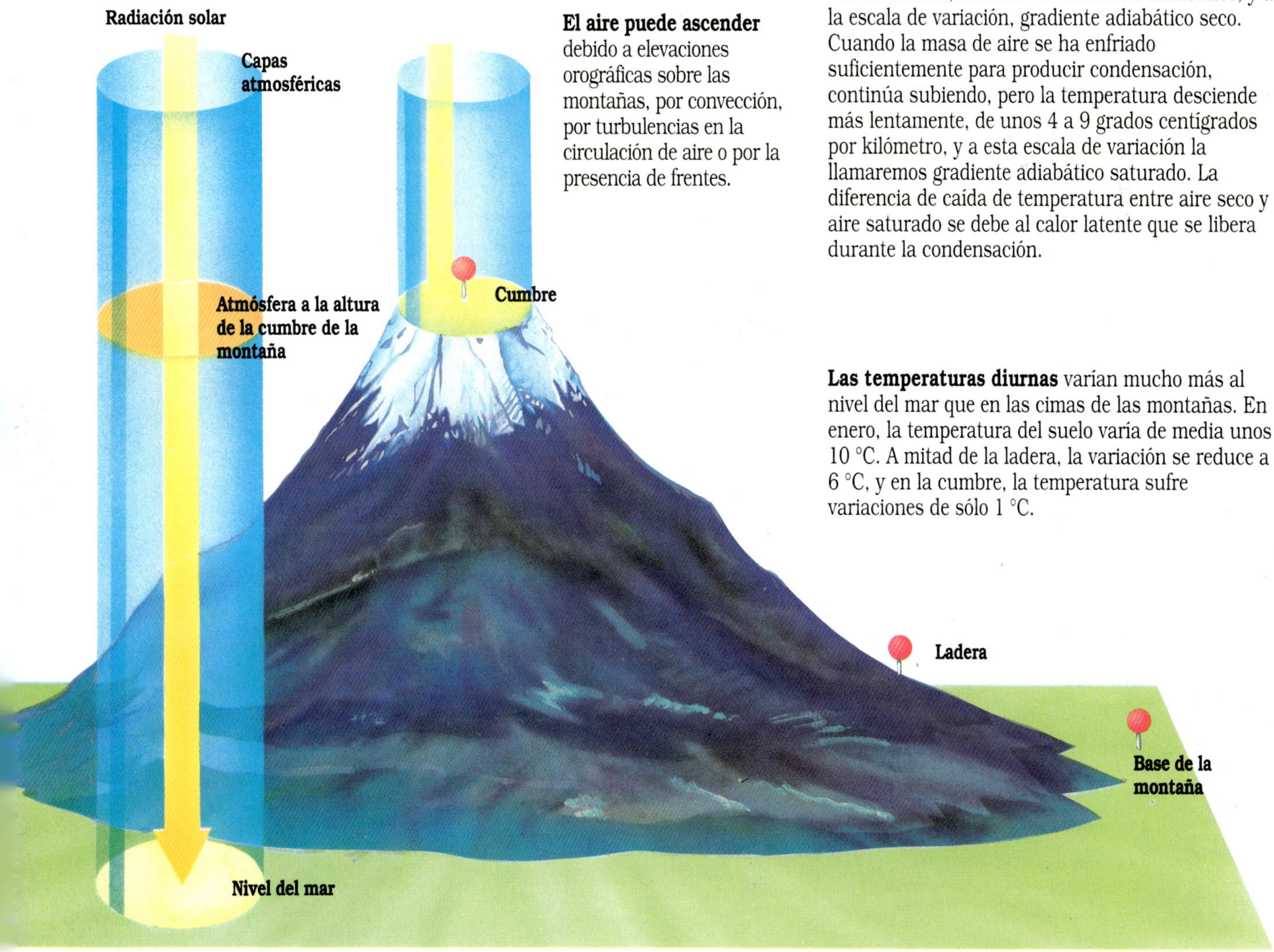

El aire puede ascender debido a elevaciones orográficas sobre las montañas, por convección, por turbulencias en la circulación de aire o por la presencia de frentes.

Enfriamiento adiabático

Cuando una masa de aire sube, su temperatura baja. Este decrecimiento térmico se debe a que el aire se dilata según disminuye la presión a medida que aumenta la altitud. Este proceso consume energía, lo cual origina un descenso de la temperatura de unos 10 °C por kilómetro como media. Este proceso, en el cual el trueque de energía se produce sin intercambio con el exterior, se llama enfriamiento adiabático, y a la escala de variación, gradiente adiabático seco. Cuando la masa de aire se ha enfriado suficientemente para producir condensación, continúa subiendo, pero la temperatura desciende más lentamente, de unos 4 a 9 grados centígrados por kilómetro, y a esta escala de variación la llamaremos gradiente adiabático saturado. La diferencia de caída de temperatura entre aire seco y aire saturado se debe al calor latente que se libera durante la condensación.

Las temperaturas diurnas varían mucho más al nivel del mar que en las cimas de las montañas. En enero, la temperatura del suelo varía de media unos 10 °C. A mitad de la ladera, la variación se reduce a 6 °C, y en la cumbre, la temperatura sufre variaciones de sólo 1 °C.

¿Cuán contaminada está la atmósfera?

La atmósfera está llena de todo lo que sea suficientemente ligero para ser transportado por el viento. Una gran parte de esta contaminación sucede de forma natural como resultado de incendios forestales, tempestades de polvo y arena o erupciones volcánicas. Pero últimamente, la contaminación del aire se ha incrementado de forma espectacular debido a la actividad humana en el planeta. A medida que la población del globo aumenta, residuos de los procesos industriales y agrícolas llegan a los cielos. Los motores y hornos que queman petróleo, carbón y gas natural —es decir, combustibles fósiles— desprenden una gran variedad de agentes contaminantes. Algunos compuestos químicos, como los clorofluorocarbonos de las neveras y de los pulverizadores aerosoles, no sólo contaminan sino que además destruyen la capa de ozono de la atmósfera.

Un catálogo de contaminantes

Los óxidos de azufre son compuestos de azufre y oxígeno generados por los combustibles fósiles.

Los óxidos de nitrógeno, producidos al quemar combustibles fósiles, crean el *smog* (voz inglesa que designa las nieblas y humos que se forman en las áreas industriales) fotoquímico.

El cloruro de hidrógeno es un gas volátil, de fuerte olor, que se utiliza en algunos procesos industriales.

Partículas de polvo, resultado de multitud de procesos, flotan en el aire y pueden producir enfermedades del aparato respiratorio al ser inhaladas.

El humo y el hollín contienen carbono, alquitranes y sustancias tóxicas, como el cadmio y el plomo.

Los aerosoles son partículas diminutas que flotan en suspensión y que pueden contener gran número de sustancias perjudiciales.

Dióxido de azufre
Dióxido de nitrógeno
Contaminantes (partes por millón)
0.04
0.03
0.02
0.01
0
1970
1975
1980
1985
Año

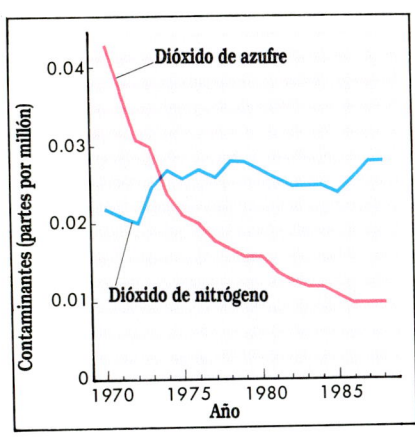

Como otros países, Japón ha conseguido reducir algún tipo de polución atmosférica, aunque no otros, tal como muestra el diagrama.

Contaminación urbana

El gráfico de la derecha muestra los niveles de polución atmosférica de algunas grandes zonas urbanas desde 1980 a 1985. Los números representan el peso (en microgramos) de contaminantes en un metro cúbico de aire. Con el incremento de población ocurre otro tanto en el uso de combustibles fósiles, aumentando la contaminación del aire.

Dióxido de azufre
Dióxido de nitrógeno
Partículas flotantes
Peso de contaminantes
180
160
140
120
100
80
60
40
20
0
Milán
Bruselas
Los Ángeles
Lisboa
Londres
Sydney
Nueva York
Amsterdam
Montreal
Tokio
Oslo

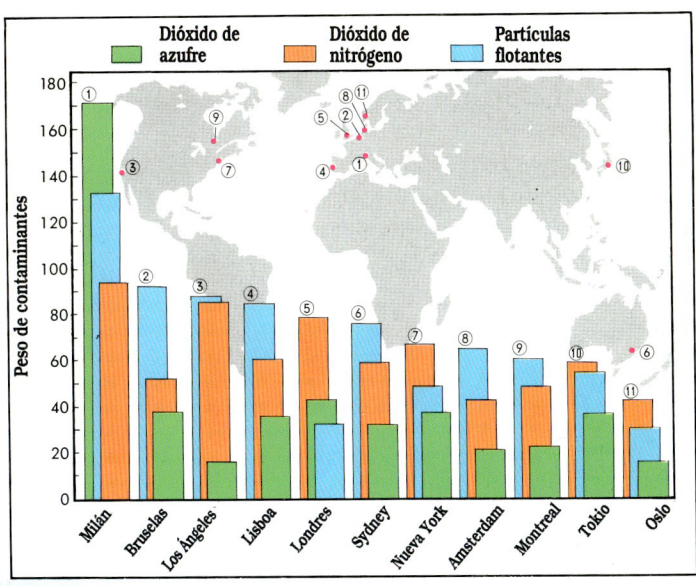

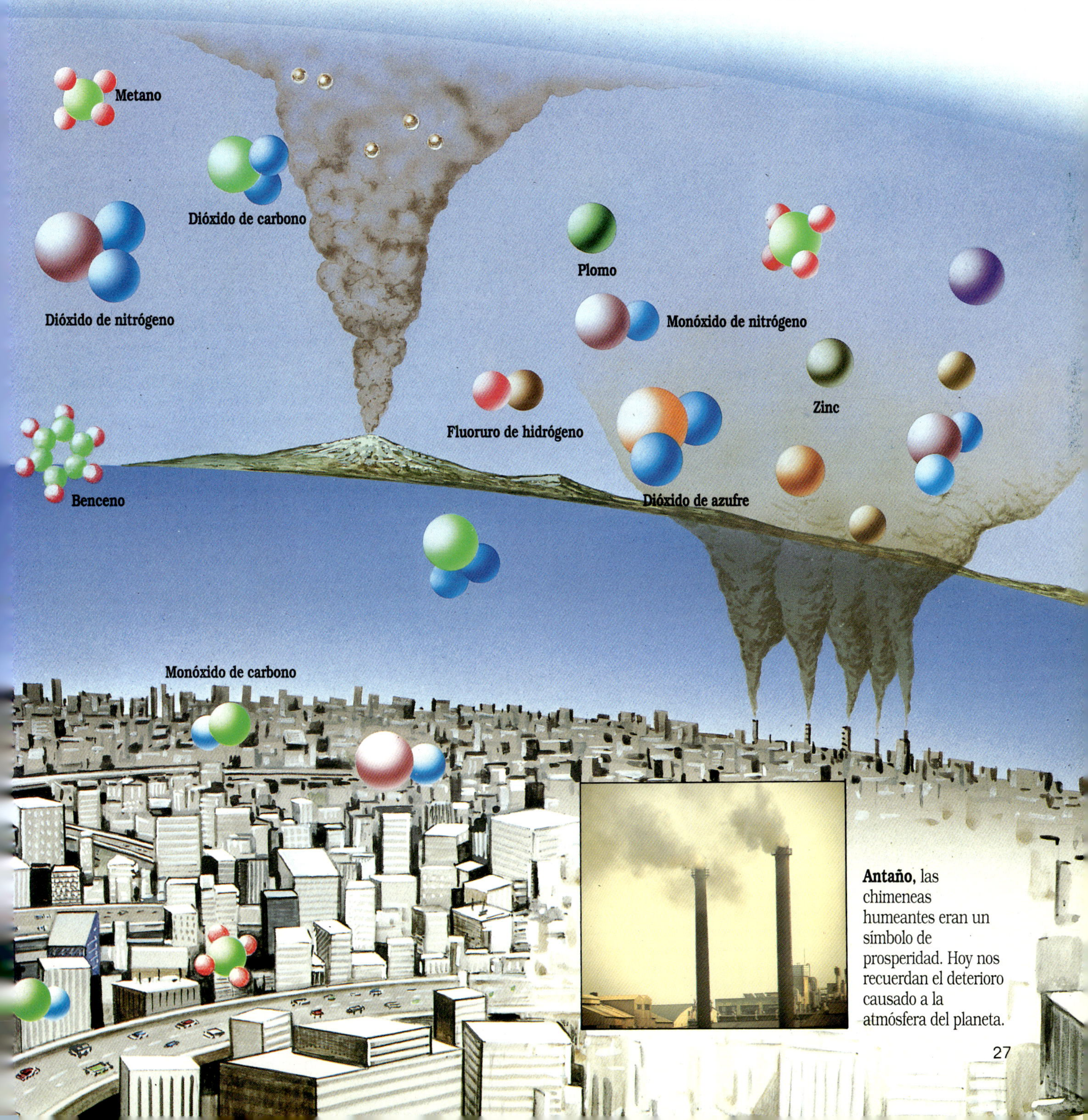

Metano
Dióxido de carbono
Dióxido de nitrógeno
Plomo
Monóxido de nitrógeno
Zinc
Fluoruro de hidrógeno
Benceno
Dióxido de azufre
Monóxido de carbono

Antaño, las chimeneas humeantes eran un símbolo de prosperidad. Hoy nos recuerdan el deterioro causado a la atmósfera del planeta.

¿Por qué hay lluvia ácida?

Incluso sin contaminación atmosférica, el monóxido de carbono que hay de forma natural en la atmósfera hace la lluvia ligeramente ácida. Pero últimamente, la contaminación atmosférica ha aumentado tanto la acidez de la lluvia y de la nieve, que estas precipitaciones atmosféricas se han convertido en un peligro mortal para muchísimos organismos, desde peces hasta bosques, por ejemplo.

El transporte y la industria, al quemar combustibles fósiles, liberan a la atmósfera contaminantes tales como óxidos de azufre y de nitrógeno, compuestos halógenos y una variedad de hidrocarburos. Estos contaminantes reaccionan con la humedad del aire y forman sustancias altamente ácidas, como el ácido sulfúrico, el ácido nítrico y el ácido clorhídrico. La lluvia y la nieve llevan estos ácidos a los ríos, lagos y bosques, convirtiendo la tierra y el agua en un medio inhóspito para la vida.

La lluvia ácida ha destruido grandes extensiones de bosques europeos *(arriba)*. Los bosques del noroeste de Estados Unidos también han sufrido enormes daños.

Dióxido de azufre (SO_2)

Óxidos de nitrógeno (NO, NO_2)

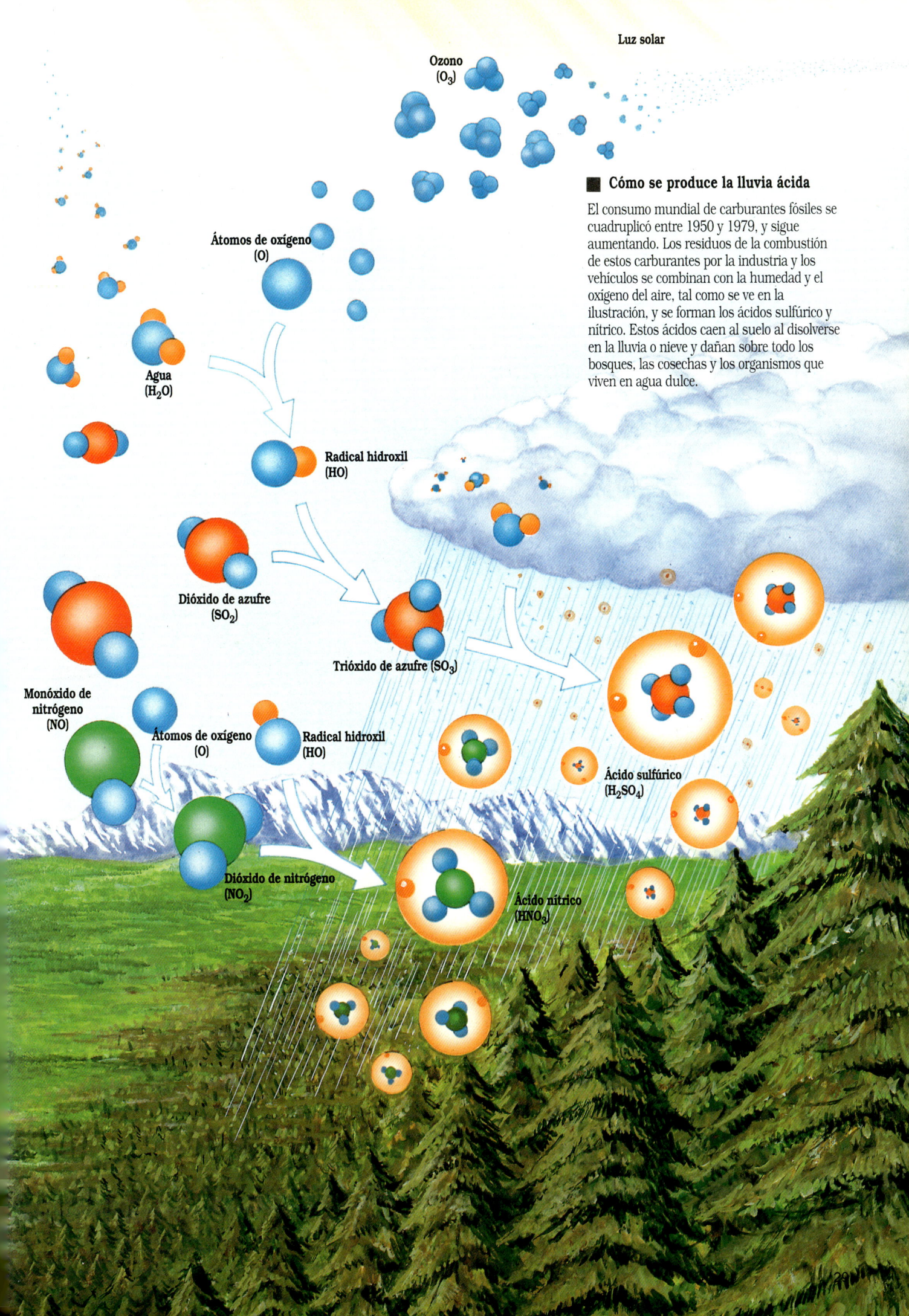

¿Qué son los agujeros de ozono?

A mediados de los ochenta se descubrió que la concentración de ozono se había reducido de forma alarmante en la región que hay sobre el polo Sur. El ozono, cuya molécula está formada por tres átomos de oxígeno, puede ser muy perjudicial a nivel del suelo; sin embargo, su papel en la estratosfera es vital para el planeta, al impedir que los rayos solares ultravioleta lleguen al suelo. Información recogida por los satélites muestra que durante la primavera del hemisferio Sur, en setiembre y octubre, aparece una región de aire empobrecido de ozono, el agujero de ozono, sobre el Antártico. Los científicos han llegado a la conclusión de que la destrucción de la capa de ozono se debe en gran parte a los gases contaminantes clorofluorocarbonos (CFC). El descubrimiento de los agujeros de ozono sobre el Antártico propició la medida mundial de prohibir la producción de CFC a partir del año 2000.

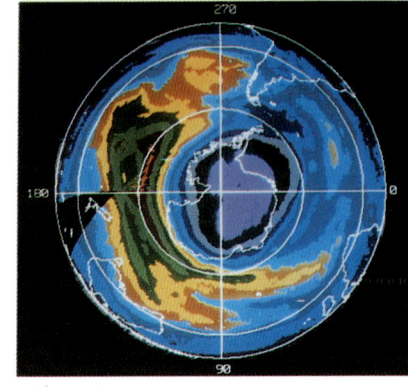

Un agujero de ozono (violeta) sobre la Antártida.

1. El ozono se crea cuando los rayos ultravioleta descomponen las moléculas de oxígeno (O_2), las cuales se combinan con oxígeno libre para formar el ozono (O_3). Los CFC que llegan a la estratosfera también son descompuestos por los rayos UV, liberando cloro (Cl). El cloro arranca un átomo de oxígeno al ozono, destruyéndolo y produciendo monóxido de cloro (ClO). Pero el átomo de oxígeno del ClO es atraído por los átomos libres de oxígeno, y se separa para formar O_2, dejando al cloro libre para destruir más ozono, y el proceso de formación y descomposición del ozono vuelve a empezar.

2. Encima del Antártico fuertes corrientes de aire que se forman durante el invierno y la primavera crean células de aire polar que no se mezclan con el aire que las rodea. La ausencia de luz solar durante el invierno impide que se forme nuevo ozono dentro de las células. La destrucción del ozono por culpa del cloro también se frena: debido al intenso frío (unos –80 °C), se forman cristales de hielo que permiten que el monóxido de cloro reaccione con el H_2O para formar grandes cantidades de ácido hipocloroso.

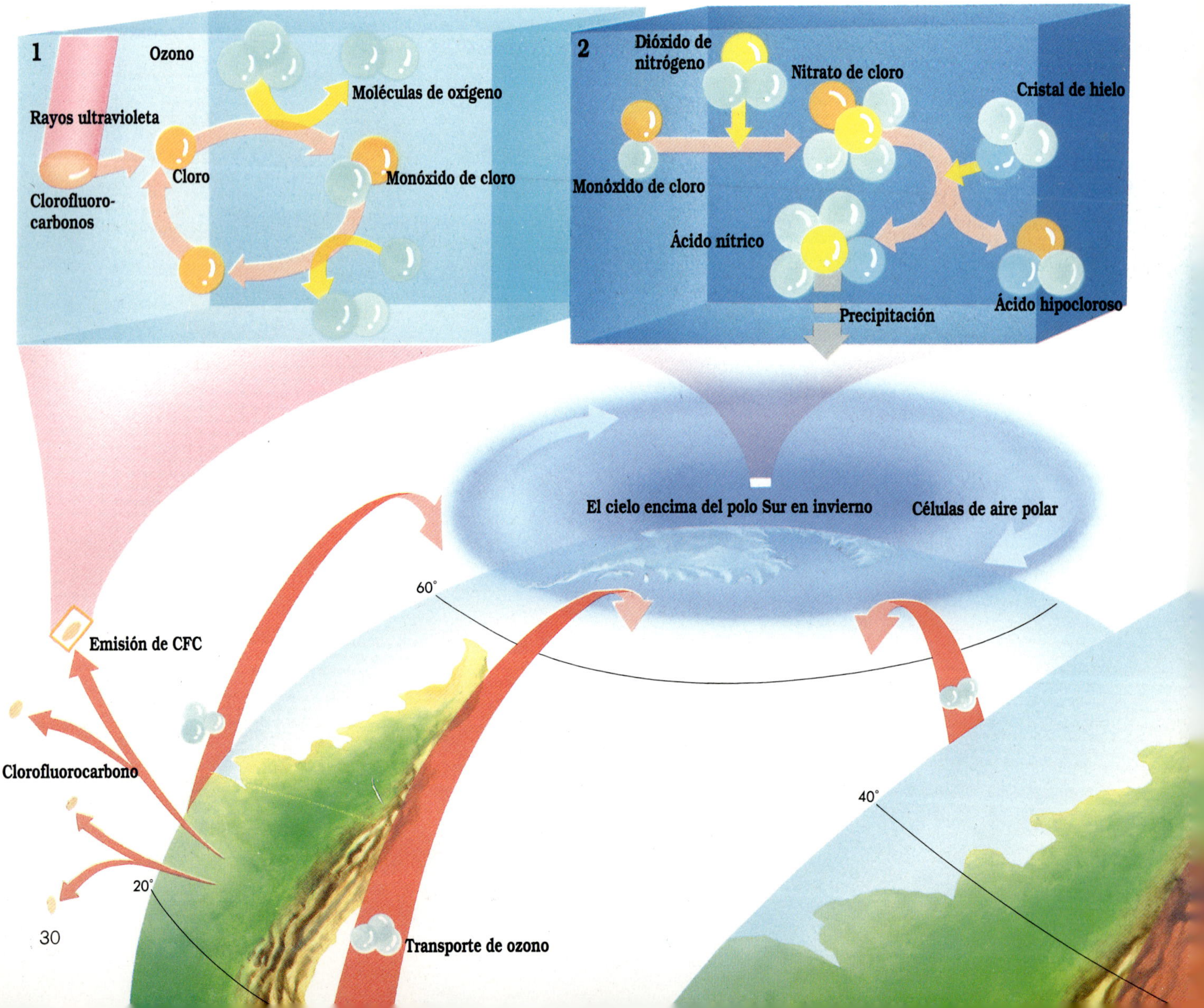

3, 4. La primavera trae al Antártico la destrucción del ozono: la luz del sol reaparece y descompone el ácido hipocloroso formado durante el invierno. Se libera cloro, que reacciona, tal como se muestra en la figura, destruyendo al ozono. De este modo, cada primavera se forman sobre el Antártico agujeros atmosféricos con niveles bajísimos de ozono, agujeros de ozono similares se podrían formar encima del poblado hemisferio Norte si no se reduce la contaminación de CFC.

Variaciones de los niveles de ozono

El gráfico de la derecha muestra los cambios diarios de niveles de ozono sobre el Antártico en 1986. El ozono disminuye en primavera (setiembre y octubre) y aumenta en verano con la luz solar constante y con la nueva formación de ozono.

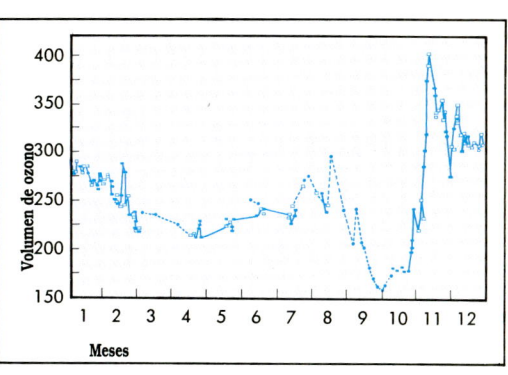

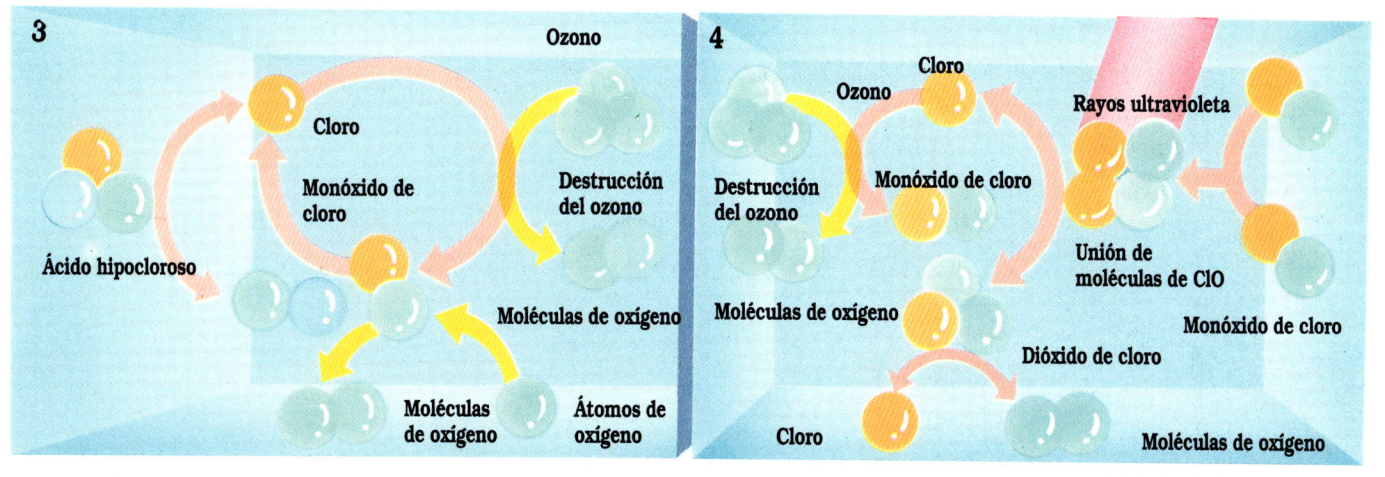

El ozono de la parte baja de la estratosfera es transportado del ecuador a los polos por las corrientes generadas en la troposfera. Estas perturbaciones son producidas sobre todo por la diferencia térmica entre la tierra y los océanos y las elevaciones topográficas.

Ozono

2 El aire en movimiento

El aire es lo que forma la atmósfera, una manta que protege la vida de la inclemencia del espacio exterior, pero casi no tiene sustancia. Sólo cuando el aire está en movimiento notamos su presencia.

Una brisa que seca la colada en el tendedero, los poderosos vientos alisios que cruzan los océanos y las corrientes en chorro de las grandes altitudes cuyo recorrido determina el tiempo que hace a nivel del suelo; todo forma parte del movimiento de la atmósfera terrestre. Fuertes corrientes de aire ascendentes del ecuador, calentado por el sol, ayudan a que suba la temperatura del resto del planeta y llevan polvo y arena alrededor del globo. Los vientos procedentes de los océanos llevan humedad a los continentes, lo que origina lluvia y nieve.

El aire se mueve porque el sol calienta la Tierra de manera desigual. La atmósfera recibe poco calor directamente del sol. En cambio, el sol calienta la Tierra, que a su vez irradia el calor hacia el aire que la rodea. A medida que el aire se calienta, asciende, originando debajo una zona de baja presión atmosférica que succiona aire más frío de otras zonas donde la Tierra quizá había absorbido menos radiación solar o había radiado menos de vuelta a la atmósfera. Esto puede suceder a muchos niveles. A escala local, el aire que se mueve entre un lago y su orilla arenosa crea una suave brisa. A escala global, el flujo de aire que se mueve de un ecuador tórrido a los helados polos genera la circulación general de la atmósfera.

Los vientos más fuertes son los de un tornado *(derecha)*. Estos enormes torbellinos, frecuentes durante la primavera en la parte central de Estados Unidos, son suficientemente fuertes como para levantar automóviles.

¿Por qué circula la atmósfera?

La atmósfera terrestre se mueve en bucles gigantes. En un tipo de bucle, las células de Ferrel, el aire circula a nivel del suelo hacia uno de los dos polos y asciende a zonas altas de la atmósfera. En otro tipo, las células de Hadley, la circulación se desarrolla en sentido inverso. Esta circulación se produce debido a que el sol no calienta la Tierra de manera uniforme. En los polos Norte y Sur, la Tierra da al espacio más calor que el que recibe del sol, mientras que en el ecuador, la Tierra recibe más calor que el que pierde. El resultado es que la atmósfera es más fría en los polos que en el ecuador.

Si la atmósfera terrestre no se moviera, el aire situado en los polos se enfriaría cada vez más mientras que el aire que está encima del ecuador se volvería más y más caliente. Lo que pasa en realidad es que el aire caliente ecuatorial asciende hacia el norte (o baja hacia el sur), dirigiéndose hacia los fríos polos, forzando así al aire frío a desplazarse por la superficie terrestre hacia el ecuador. Este proceso, llamado convección, transfiere la mayor parte del excesivo calor ecuatorial hacia los polos, impidiendo así que las temperaturas terrestres estén demasiado desequilibradas.

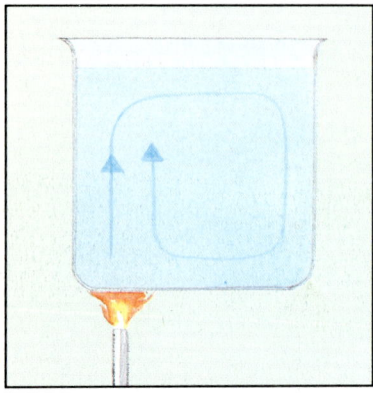

Al calentar agua se produce una convección, de la misma manera que cuando se calienta la atmósfera.

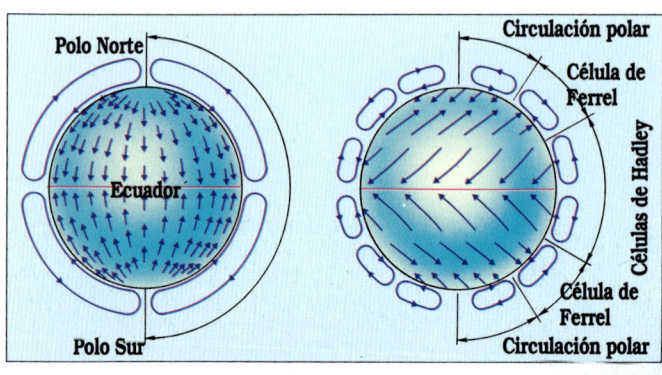

Si la Tierra no girase, la atmósfera sólo circularía entre el ecuador y los polos *(arriba, izquierda)*. Sin embargo, la rotación de la Tierra produce seis bucles, o células, en cada hemisferio *(arriba, derecha)*.

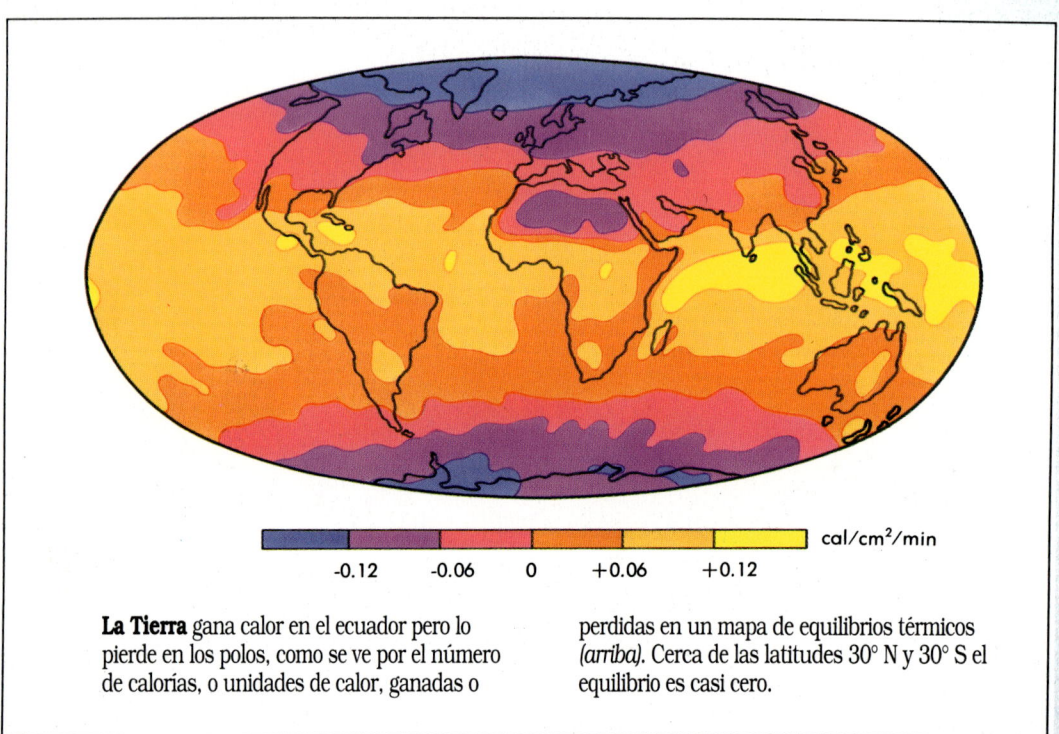

La Tierra gana calor en el ecuador pero lo pierde en los polos, como se ve por el número de calorías, o unidades de calor, ganadas o perdidas en un mapa de equilibrios térmicos *(arriba)*. Cerca de las latitudes 30° N y 30° S el equilibrio es casi cero.

Circulación general atmosférica

El aire caliente del ecuador asciende y se dirige hacia los polos. Al llegar a los 30° de latitud —norte o sur—, se ha enfriado lo suficiente como para ir cayendo de vuelta a la Tierra. Gran parte de esta masa de aire regresa al ecuador en la circulación conocida como célula de Hadley, pero el resto se desplaza hacia los polos. A unos 60° de latitud, esta masa de aire choca con el aire frío polar camino del ecuador. Asciende entonces y regresa hacia el ecuador por arriba, en un circuito llamado célula de Ferrel. El aire polar, al haber absorbido calor de la Tierra también asciende y regresa a su procedencia, formando una célula de circulación polar (arriba y abajo).

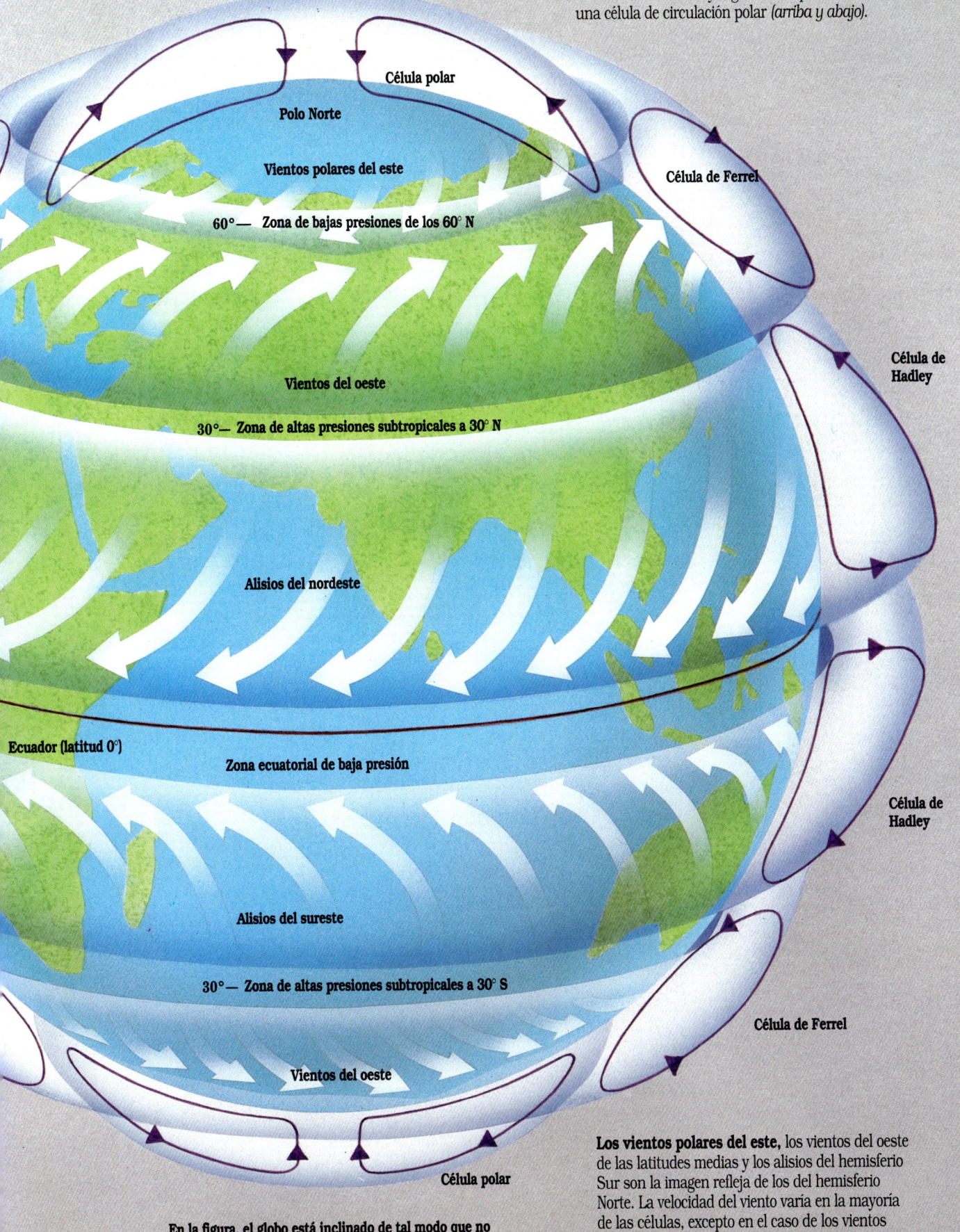

En la figura, el globo está inclinado de tal modo que no se pueden ver los vientos polares del este.

Los vientos polares del este, los vientos del oeste de las latitudes medias y los alisios del hemisferio Sur son la imagen refleja de los del hemisferio Norte. La velocidad del viento varía en la mayoría de las células, excepto en el caso de los vientos alisios, que son relativamente estables.

¿Por qué hay vientos dominantes?

Desde la antigüedad, navegantes de todas las culturas han utilizado los vientos dominantes para atravesar mares y océanos. Estos vientos dominantes soplan en una dirección casi constante en determinadas latitudes. Se forman con la circulación general de la atmósfera y con la rotación de la Tierra alrededor de su eje.

Si la Tierra no girase, los vientos circularían por meridianos, en línea recta hacia el norte o hacia el sur. Pero el giro de la Tierra crea una fuerza de rotación, llamada fuerza de Coriolis, que desvía los vientos. Debido a esta fuerza, el viento que sopla hacia el norte o hacia el sur sufre la acción desviadora hacia su derecha en el hemisferio Norte, y hacia su izquierda en el hemisferio Sur. Entre las latitudes 30° N y 30° S, los vientos que soplan hacia el ecuador se curvan hacia el oeste, originando los vientos dominantes del este (que soplan de este a oeste), también conocidos como vientos alisios. Por la misma fuerza, los vientos de las latitudes medias que se dirigen hacia los polos se desvían hacia el este, convirtiéndose en los vientos dominantes del oeste (que soplan de oeste a este). En latitudes altas, la fuerza de Coriolis origina los vientos polares del este.

Rotación y dirección del viento

Puesto que la Tierra no está inmóvil, la atmósfera no se mueve hacia el norte o sur, sino más bien hacia el este y el oeste. La rotación de la Tierra desvía la trayectoria del viento hacia su derecha en el hemisferio Norte (septentrional) y hacia su izquierda en el hemisferio Sur (meridional). En la célula de Ferrel septentrional *(fila del medio)*, por ejemplo, el aire que se desplaza hacia el norte se curva hacia el este.

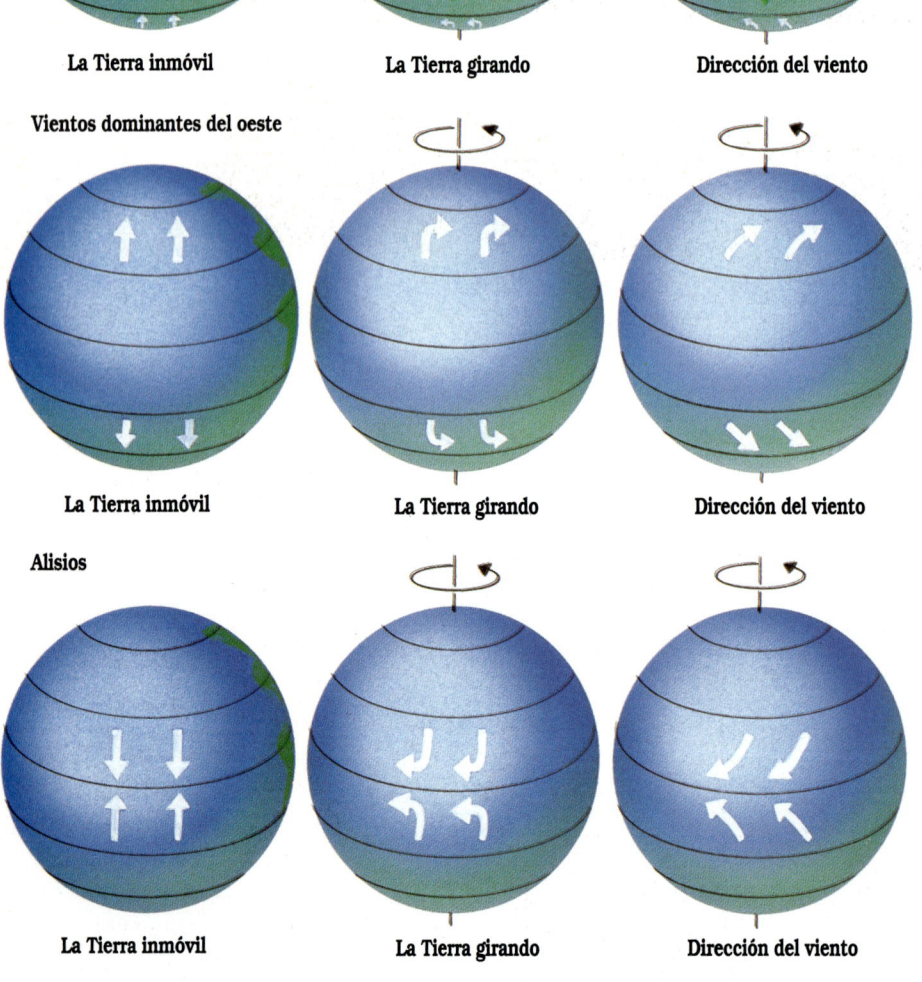

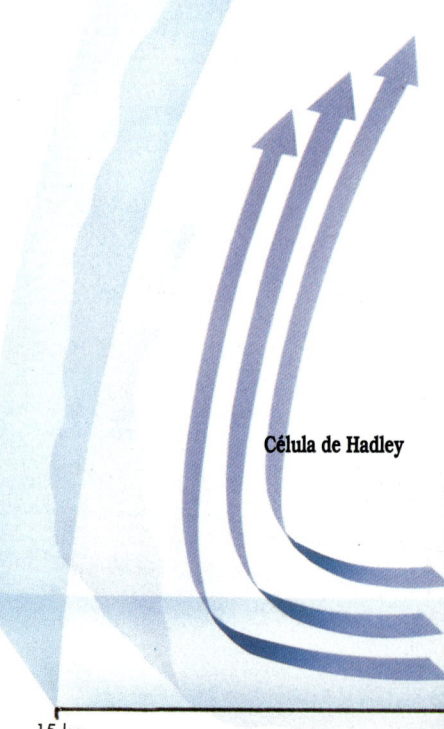

Célula de Hadley

15 km

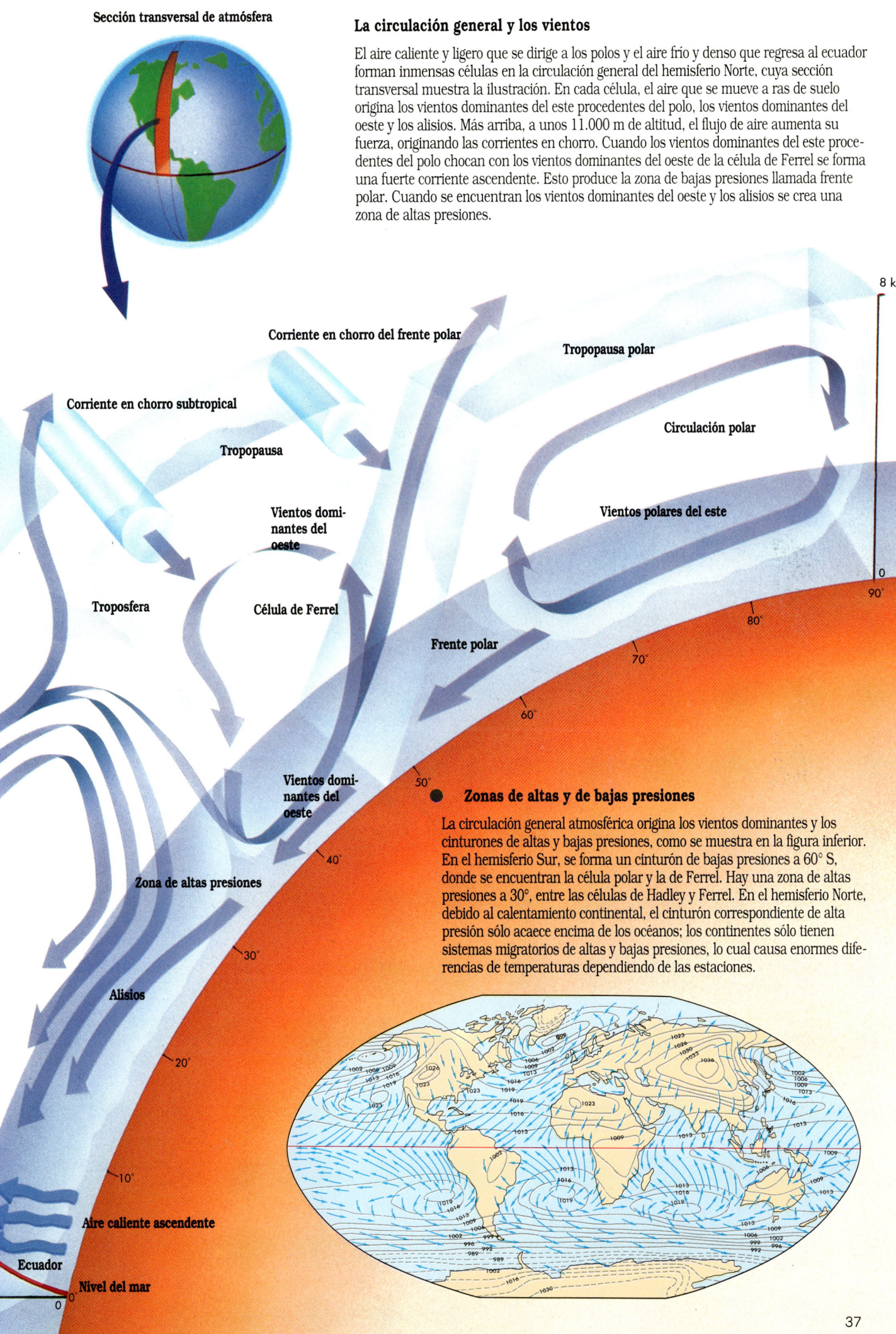

La circulación general y los vientos

El aire caliente y ligero que se dirige a los polos y el aire frío y denso que regresa al ecuador forman inmensas células en la circulación general del hemisferio Norte, cuya sección transversal muestra la ilustración. En cada célula, el aire que se mueve a ras de suelo origina los vientos dominantes del este procedentes del polo, los vientos dominantes del oeste y los alisios. Más arriba, a unos 11.000 m de altitud, el flujo de aire aumenta su fuerza, originando las corrientes en chorro. Cuando los vientos dominantes del este procedentes del polo chocan con los vientos dominantes del oeste de la célula de Ferrel se forma una fuerte corriente ascendente. Esto produce la zona de bajas presiones llamada frente polar. Cuando se encuentran los vientos dominantes del oeste y los alisios se crea una zona de altas presiones.

● Zonas de altas y de bajas presiones

La circulación general atmosférica origina los vientos dominantes y los cinturones de altas y bajas presiones, como se muestra en la figura inferior. En el hemisferio Sur, se forma un cinturón de bajas presiones a 60° S, donde se encuentran la célula polar y la de Ferrel. Hay una zona de altas presiones a 30°, entre las células de Hadley y Ferrel. En el hemisferio Norte, debido al calentamiento continental, el cinturón correspondiente de alta presión sólo acaece encima de los océanos; los continentes sólo tienen sistemas migratorios de altas y bajas presiones, lo cual causa enormes diferencias de temperaturas dependiendo de las estaciones.

¿Qué causa las corrientes en chorro?

En la troposfera superior, a una altura que oscila entre los 8 y los 15 kilómetros, existen fuertes vientos que soplan de oeste a este a unas velocidades de 320 kilómetros por hora. A éstos se les conoce con el nombre de corrientes en chorro o, simplemente, chorros. Se forman en los límites del sistema tricelular de la circulación general de cada hemisferio, al encontrarse masas de aire de temperaturas muy distintas. Estos enormes contrastes de temperatura crean grandes diferencias de presiones, las cuales originan fuertes vientos. En invierno aumentan las diferencias de temperatura, y las corrientes en chorro aún son más potentes.

Durante el verano nórdico, encima del océano Índico y de África, se forma una corriente en chorro de carácter inverso, que sopla de este a oeste. En Asia, la tierra absorbe tal cantidad de radiación solar durante el verano, que el aire de esta zona se calienta más que el ecuatorial. Al ascender, esta masa de aire caliente origina una corriente en chorro de sentido inverso al usual, la cual produce los monzones de la India.

La presencia de nubes cirros sobre Egipto señala la posición de la corriente en chorro subtropical en el hemisferio Norte.

Las corrientes en chorro rodean la Tierra

Las corrientes en chorro tienen su eje a la altura de la tropopausa, la zona fronteriza entre la troposfera y la estratosfera. El chorro polar se crea en el límite entre la circulación polar y la célula de Ferrel, mientras que el chorro subtropical lo hace en la frontera de las células de Ferrel y Hadley.

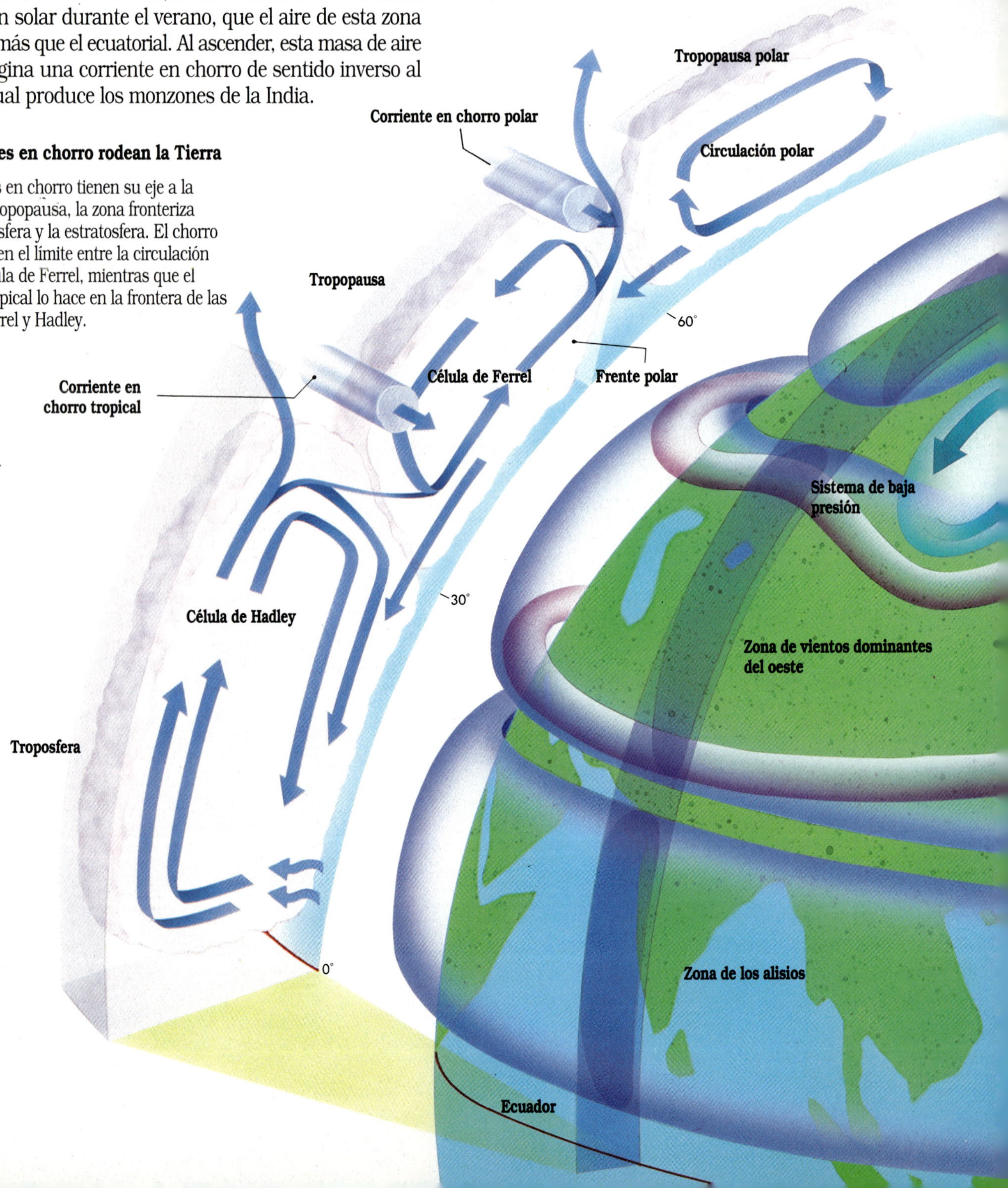

Invierno

Con el cambio de estaciones, las corrientes en chorro serpentean norte y sur alrededor de la Tierra. En enero, en el hemisferio Norte la corriente en chorro subtropical se sitúa a una latitud de unos 30° *(arriba, izquierda).*

Verano

Para julio, se ha desplazado hasta unos 40° de latitud *(arriba, derecha).* En invierno, la corriente en chorro subtropical sopla más fuerte, y a menudo se junta con la polar, dando lugar a fuertes tormentas.

La corriente en chorro polar serpentea entre sistemas de bajas y altas presiones *(arriba).* La corriente en chorro subtropical fluctúa menos, puesto que se encuentra con menos obstáculos en su trayectoria.

El movimiento de zigzag de la corriente en chorro polar puede producir, a gran altitud, un sistema de altas presiones. Entonces, y a la misma altitud, puede originarse un sistema de borrascas, haciendo que la corriente se divida en dos menores.

- Polo Norte
- Zona de vientos polares del este
- Corriente en chorro polar
- Sistema de alta presión
- Corriente en chorro subtropical
- Sistema de alta presión

¿Por qué hace viento?

Vientos producidos por convección

La presión del aire aumenta con la temperatura. Así, cuando una masa de aire caliente se encuentra junto a una masa de aire más frío, las dos sufren distintas presiones. Esta diferencia origina las corrientes de convección *(figuras 1-4, abajo)* y se origina viento entre las dos zonas.

Equilibrio. Los puntos A y B *(izquierda)* tienen la misma temperatura y presión atmosférica, por lo tanto no sopla el viento entre ambos lugares.

Calentamiento desigual. El sol calienta el punto B, aumentando la temperatura del aire que está encima *(derecha)*. El aire se dilata y asciende, aumentando la presión.

El viento es aire que se mueve con relación a la superficie de la Tierra, y se mueve debido a las diferencias de presión que hay en la atmósfera; sin ellas no habría viento. Estas diferencias de presión se forman encima de las regiones calentadas por el sol de forma desigual. Allí donde la Tierra está caliente, el aire se calienta y dilata, aumentando su presión respecto a la que reina en sitios más fríos.

Nos podemos imaginar al aire distribuido en capas o pisos, limitados por superficies cuya presión atmosférica es constante, llamadas superficies de presión constante o capas isobáricas *(figura de la derecha)*, con la capa más densa debajo de todas. Algunas veces el aire está quieto, y las capas son uniformes y planas, como en la figura 1. Pero cuando una zona *(amarilla, figura 2)* absorbe más calor, el aire se dilata, la presión aumenta, y las capas isobáricas también se dilatan y se curvan.

El aire se mueve entonces, yendo de las zonas de alta presión a aquellas de baja presión, produciéndose vientos a gran altura, como vemos en la figura 3. Cuanto mayor sea la diferencia de temperaturas entre dos lugares —lo cual conlleva mayor diferencia de presión—, más fuerte será el viento que sople entre ellos.

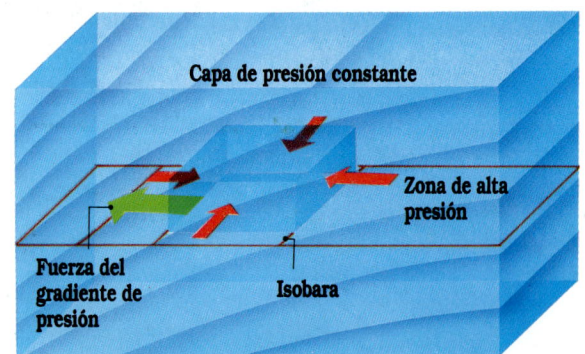

Bloques de aire que se desplazan

Para dibujar los mapas del tiempo, los meteorólogos utilizan un conjunto de superficies imaginarias, llamadas superficies de presión constante *(planos curvilíneos, arriba)*. Todos los puntos de una de estas superficies tienen la misma presión. Cuando una superficie de nivel, es decir, un plano imaginario paralelo a la Tierra *(borde rojo)*, cruza una superficie de presión constante, los científicos trazan una línea llamada isobara, la cual separa zonas con distintas presiones. Una masa de aire que esté entre isobaras *(bloque de azul oscuro)* se desplazará hacia la zona de menor presión, por el efecto de la fuerza del gradiente barométrico *(flecha verde)*.

Fuerzas que actúan en el viento

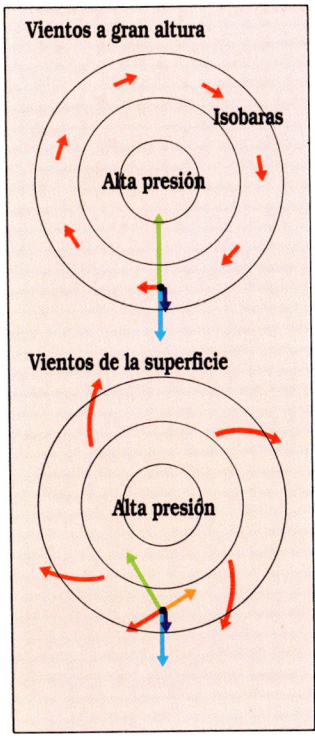

← Fuerza centrífuga
← Fuerza de Coriolis
← Fuerza de rozamiento
← Fuerza del gradiente de presión
← Vientos

Varias fuerzas dictan la dirección del viento en las zonas de alta y baja presión *(izquierda)*.

La fuerza del gradiente de presión siempre va de las zonas de alta hacia las de baja presión. Se contrarresta con la fuerza de Coriolis, que es la desviadora resultante de la rotación de la Tierra, y que actúa en el sentido opuesto a la fuerza del gradiente de la presión. También hay que tener en cuenta el efecto de la fuerza centrífuga, que actúa tirando del aire hacia el exterior, en las trayectorias fuertemente curvilíneas.

A gran altura, la fuerza del gradiente de presión, la fuerza de Coriolis y la fuerza centrífuga se equilibran, por lo cual el viento es paralelo a las isobaras: moviéndose en el sentido de las agujas del reloj en las altas presiones *(arriba, izquierda)*, y en sentido contrario en las bajas presiones *(arriba, derecha)*.

Sin embargo, cerca del suelo el viento corta a las isobaras, en lugar de ser paralelo a ellas, debido a la fuerza de rozamiento con la superficie terrestre. A nivel del suelo, el rozamiento disminuye la velocidad del viento, de forma que la fuerza del gradiente de presión lo desvía de las altas a las bajas presiones, haciendo que se escape de los anticiclones *(abajo, izquierda)*, y se meta en las depresiones *(abajo, derecha)*.

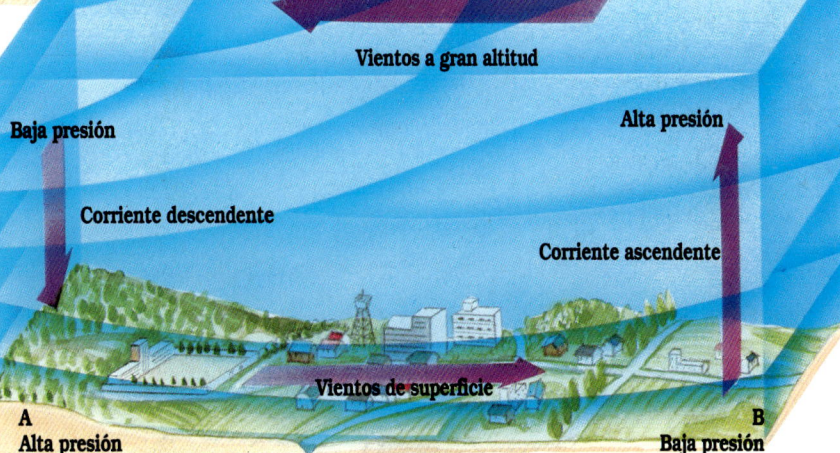

Formación de las fuerzas. La diferencia de presión entre los puntos A y B crea la fuerza del gradiente de presión, que empuja el aire de las zonas de altas presiones a las de bajas presiones. Esta fuerza desplaza parte de la masa de aire que hay encima de B hacia A, originando un viento, arriba, en la misma dirección *(flecha azul)*.

Vientos de superficie. El aire que llega a A aumenta la presión en este punto mientras que disminuye la presión que había en B. Esto genera un viento en la superficie, de sentido opuesto al que hay arriba. Una corriente ascendente en B y otra descendente en A completan el ciclo.

¿Por qué hay brisas regulares?

El viento es bastante impredecible, pero hay brisas que soplan de forma tan regular como la salida y la puesta de sol. Al contrario de la mayoría de los vientos, estas brisas dependen mucho más de los cambios locales de temperatura que de la presencia de anticiclones o borrascas. Cerca del mar o de grandes lagos, por ejemplo, la brisa marina y la brisa de la costa soplan debido a que, con el sol, la tierra se calienta más deprisa que el agua. Igualmente, la tierra se enfría más deprisa que el agua cuando el sol deja de brillar.

En un valle, el aire sube y baja cada día, a medida que las montañas que lo rodean se calientan o enfrían. Las corrientes ascendentes y descendentes que originan estos cambios de temperaturas producen las brisas de montaña y valle, que soplan, básicamente, cada día que sale el sol.

Brisas costeras

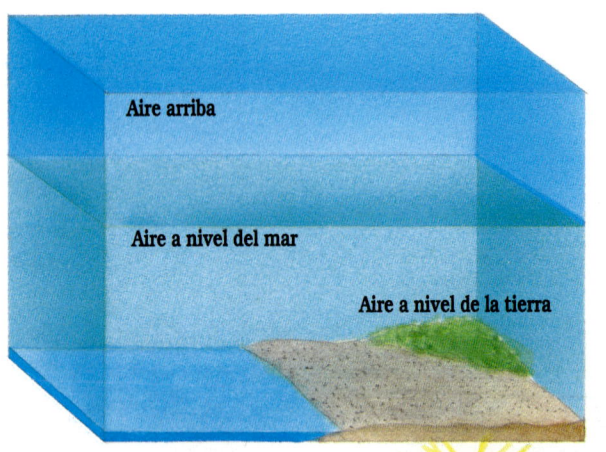

La calma matutina. Poco después de la salida del sol, el agua y la tierra tienen la misma temperatura. Sin diferencias de temperaturas no hay convección, por lo tanto no hace viento.

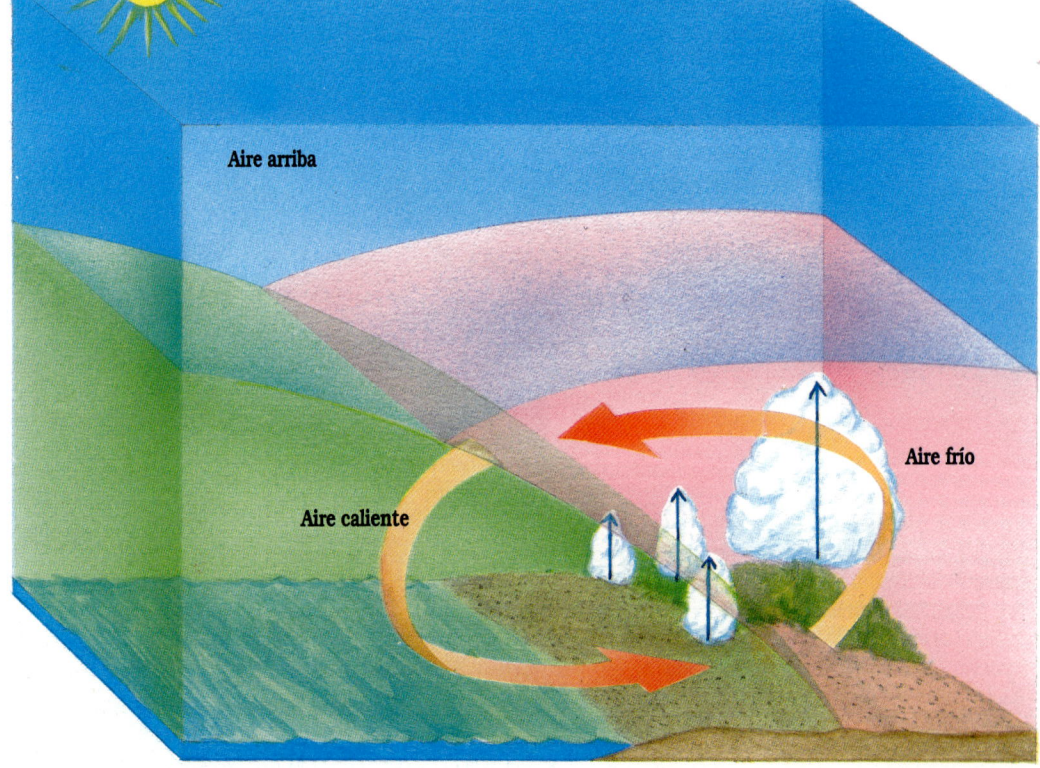

De día. El sol calienta tanto la tierra como el agua, pero sólo la temperatura de la tierra aumenta de forma apreciable. A su vez, la tierra calienta el aire que está en contacto con ella, el cual sube, dejando un vacío que se llena con aire frío del mar; este viento es la brisa marina.

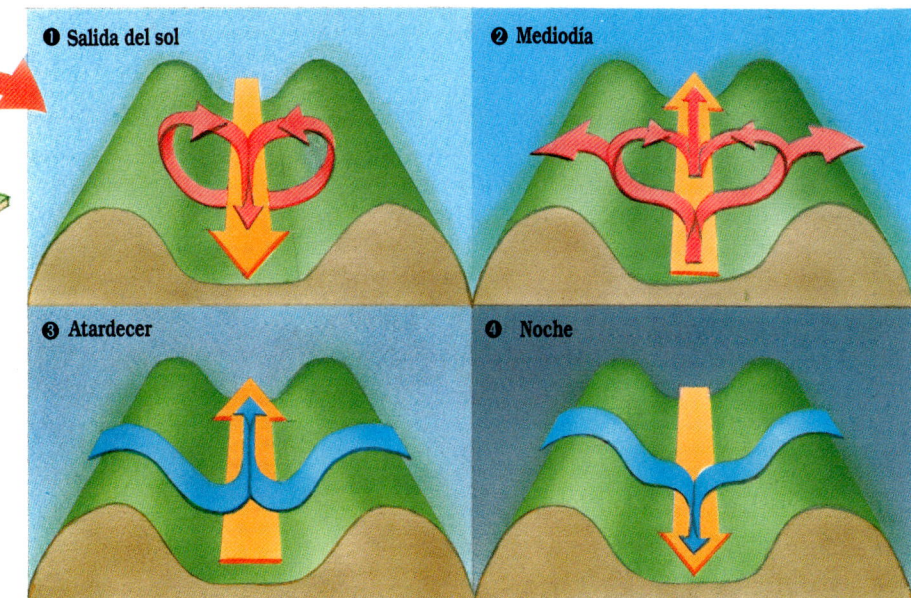

Brisas de montaña y valle

Cuando sale el sol, la ladera de una montaña y el aire que está en contacto con ella se calientan. Este aire caliente y ligero sube, arrastrando aire del valle: se produce la brisa de valle, que sopla todo el día *(derecha, 1 y 2)*. A medida que las laderas de la montaña se enfrían, durante la noche, también lo hace el aire en contacto con ellas. Este aire, frío y más denso, desciende hacia el valle, dando lugar al viento de montaña que sopla toda la noche *(derecha, 3 y 4)*.

El aire frío de la montaña desciende hacia el valle a la salida del sol (1), pero hacia el mediodía, el valle se ha calentado suficientemente para invertir el sentido de la brisa. Por la noche, la brisa se invierte una vez más con el aire frío, descendiendo de nuevo hacia el valle (4).

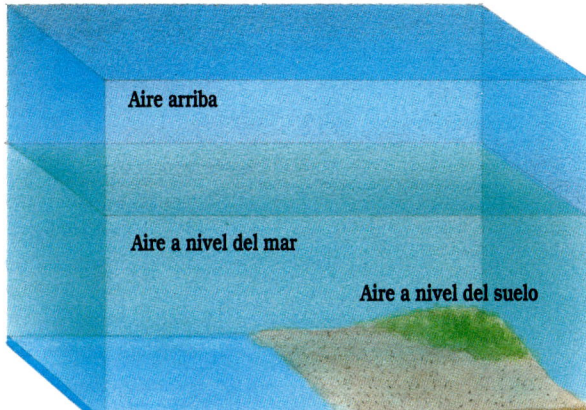

Variaciones de temperatura.
Este gráfico muestra cómo varían las temperaturas del agua y de la tierra en un día de sol. A pesar de que la temperatura del agua permanece casi constante, la temperatura de la tierra puede llegar a sufrir variaciones de 25 °C en el transcurso de un día. Las calmas matutinas y del atardecer ocurren en los puntos de intersección de ambas líneas.

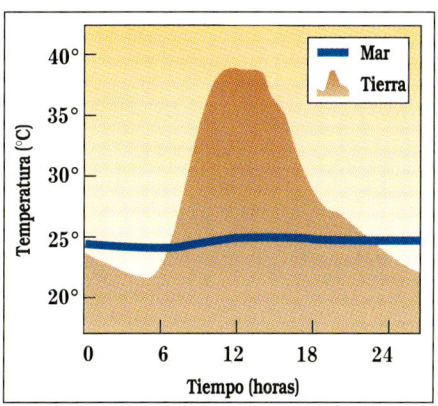

La calma del atardecer.
Después de la puesta de sol, la costa empieza a enfriarse, así como el aire que está en contacto con ella. Poco después el agua y la orilla tienen la misma temperatura. La brisa marina deja de soplar, es la calma del atardecer.

Por la noche. A medida que avanza la noche, la orilla se enfría más que la superficie del agua. El aire en contacto con el agua está más caliente que el de la orilla, y sube. El aire frío de la orilla se desplaza hacia el agua: es la brisa de tierra a mar.

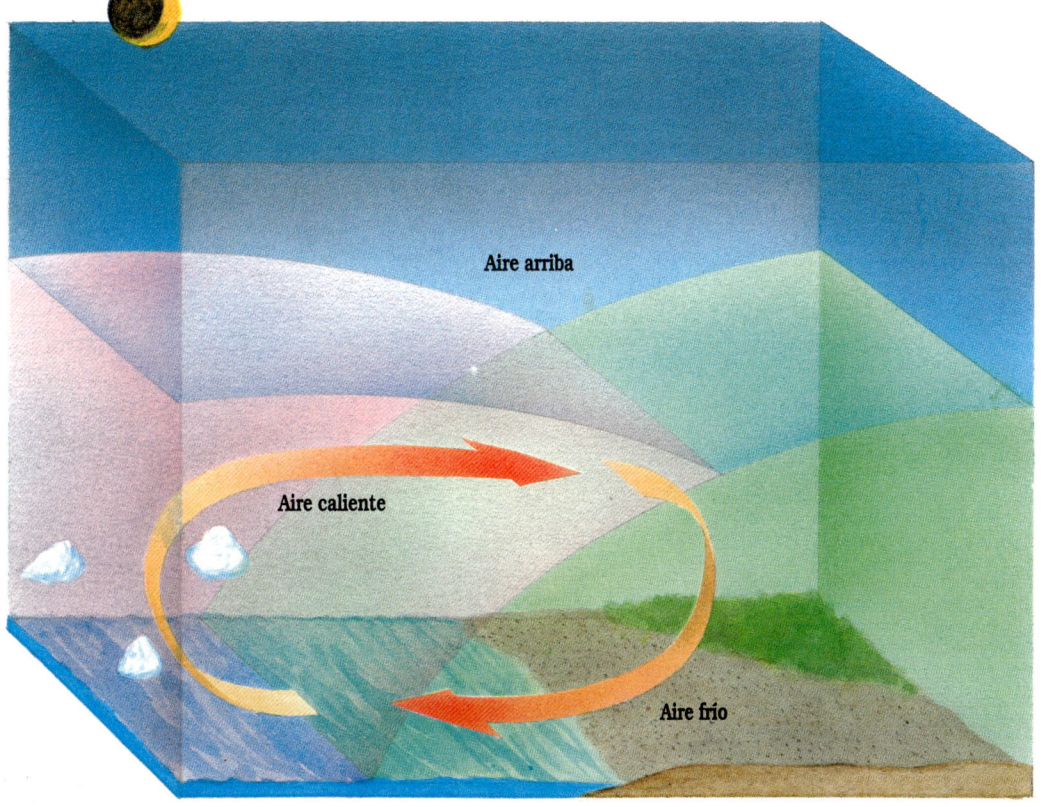

¿Por qué hay vientos calientes en invierno?

Uno de los vientos más extraños que hay es el foehn, un fuerte viento seco y caliente que baja en invierno por las laderas de gran parte de las cordilleras más heladas del mundo. Los foehns, llamados chinooks en Norteamérica, se originan al subir las masas de aire caliente desde las tierras bajas hacia las cumbres de las montañas. A medida que sube por la ladera de la montaña, el aire pierde gran parte de su humedad en forma de lluvia o nieve, y después de cruzar la cima, el aire desciende rápidamente por la otra ladera, comprimiéndose y calentándose. Al llegar al pie de la cordillera o montaña, el aire puede llegar a tener 15 °C más que arriba en la cima.

Un foehn puede representar tanto una bendición como una maldición. En Suiza, su calor hace madurar la fruta en otoño y permite que los agricultores del valle del Rin puedan cultivar maíz y viñedos. En las Montañas Rocosas, en el oeste de Estados Unidos y Canadá, los chinooks a menudo salvan al ganado de morirse de hambre, al derretir el manto de nieve que cubre los terrenos de pasto. Por otro lado, un foehn puede derretir la nieve a tal velocidad que cause terribles inundaciones.

El chinook de las Montañas Rocosas

Cuando un fuerte sistema de bajas presiones se ubica en las laderas del oeste de las Montañas Rocosas, atrae el viento caliente y húmedo del océano Pacífico a la cordillera *(rectángulo sobre el globo, a la derecha)*. El aire se enfría al subir por la ladera, y pierde su capacidad para contener tanto vapor de agua. Éste se condensa, sea en forma de nubes, lluvia o nieve. Tras cruzar la cordillera, el aire baja por la otra ladera, comprimiéndose a medida que desciende. Esto calienta el aire, causando el chinook caliente. Los chinooks soplan a lo largo de las Montañas Rocosas, desde Alberta, en Canadá, hasta el noroeste del estado de Nuevo México, al sur de Estados Unidos. Generalmente un chinook cubre una zona de 300 a 500 km de ancho, y puede aumentar la temperatura local en 10 °C o 20 °C en unos pocos minutos. Una vez, en Havre, Montana, en el oeste de Estados Unidos, la temperatura aumentó de -12 °C a 5,5 °C en tres minutos. Los chinooks han llegado a derretir, de la noche a la mañana, capas de nieve de 25 cm de grosor.

Los chinooks originan espectaculares variaciones de la temperatura. Durante un chinook de las Montañas Rocosas, a las once de la noche de un día de febrero, la temperatura subió hasta 13 °C *(véase abajo)*, lo cual representa una temperatura extremadamente caliente para estas latitudes en una noche de pleno invierno.

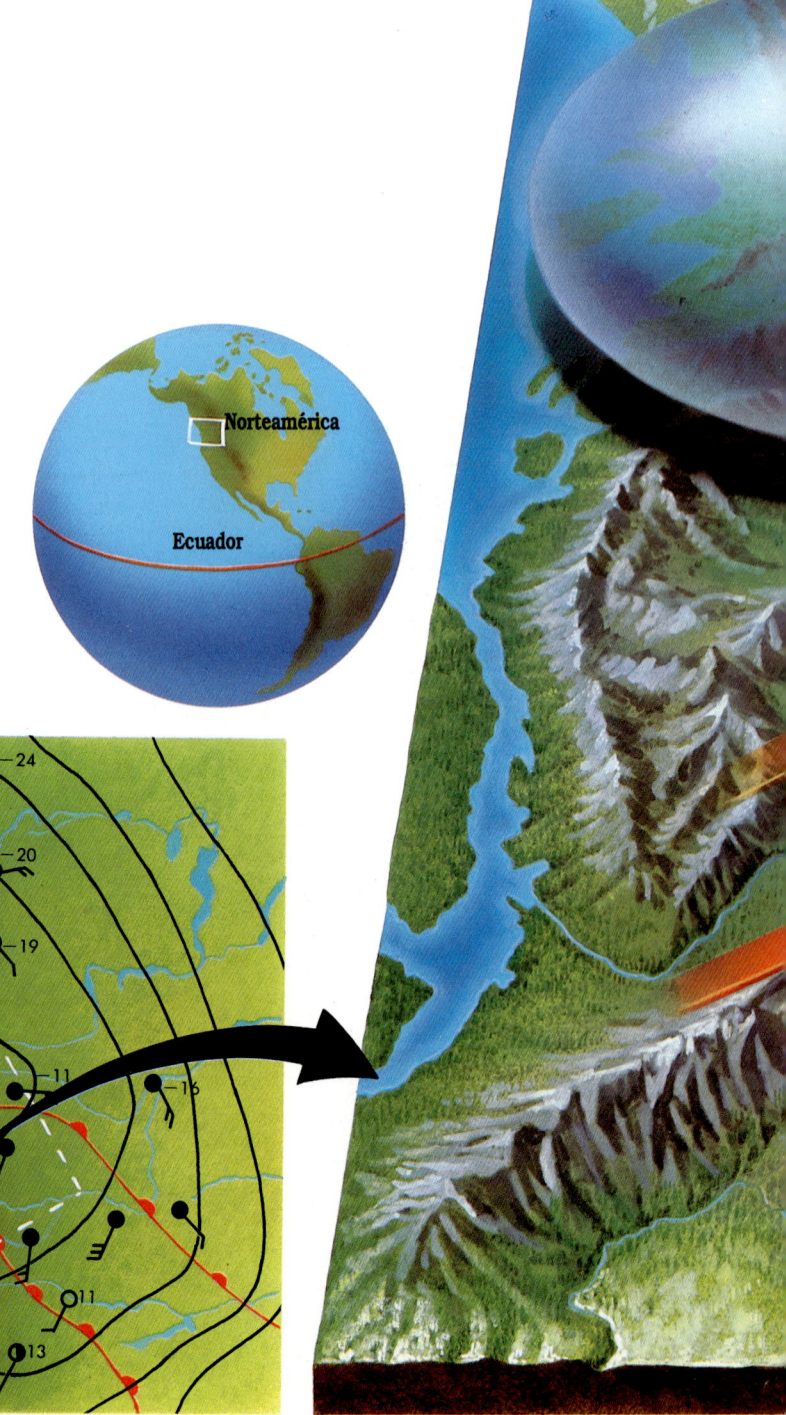

Anatomía de un foehn

A medida que una masa de aire caliente y húmeda sube por la ladera de una montaña, se enfría, y aumenta su humedad relativa *(escala izquierda)*. Al llegar al punto de saturación, se produce la condensación, formándose nubes, lo cual disminuye el ritmo de enfriamiento, y a menudo se producen precipitaciones. Tras pasar la cumbre, la masa de aire empieza a descender por la otra ladera, comprimiéndose a medida que baja. Esto causa un aumento de la temperatura de unos 10 °C por cada 1.000 m de descenso *(escala derecha)*. Un viento caliente y seco sopla hacia las llanuras que hay al pie de la cordillera.

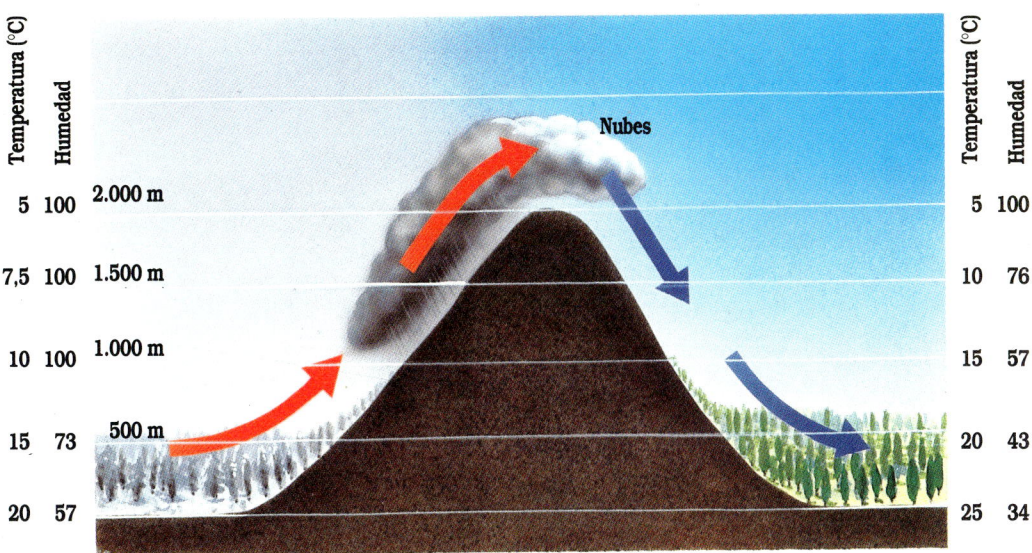

¿Qué es el siroco?

El Mediterráneo es el recorrido preferido por los sistemas de bajas presiones que se forman en el océano Atlántico. Estas bajas presiones atraen el aire del Sáhara, lo que origina el viento caliente y lleno de arena que en el sur de Europa se llama siroco. Si brilla el sol y sopla el siroco, las temperaturas pueden sobrepasar los 38 °C. Aunque en su viaje a Europa, el siroco se carga de humedad en el Mediterráneo, a menudo el tiempo que trae es bochornoso y caliente. Las lluvias que caen cuando sopla el siroco frecuentemente están saturadas de arena y polvo del desierto.

Nubes que se han formado a medida que el siroco húmedo sube por los acantilados y laderas empinadas de las montañas mediterráneas.

Una ruta de bajas presiones

Fuertes vientos se arremolinan hacia las bajas presiones que llegan al Mediterráneo desde el océano Atlántico. El más poderoso de estos vientos, el siroco, llega del sur, cargado de arena y de polvo del Sáhara. El siroco sopla generalmente en la primavera, cuando el aire del Sáhara es caliente y los sistemas de bajas presiones que llegan al Mediterráneo están en su punto fuerte.

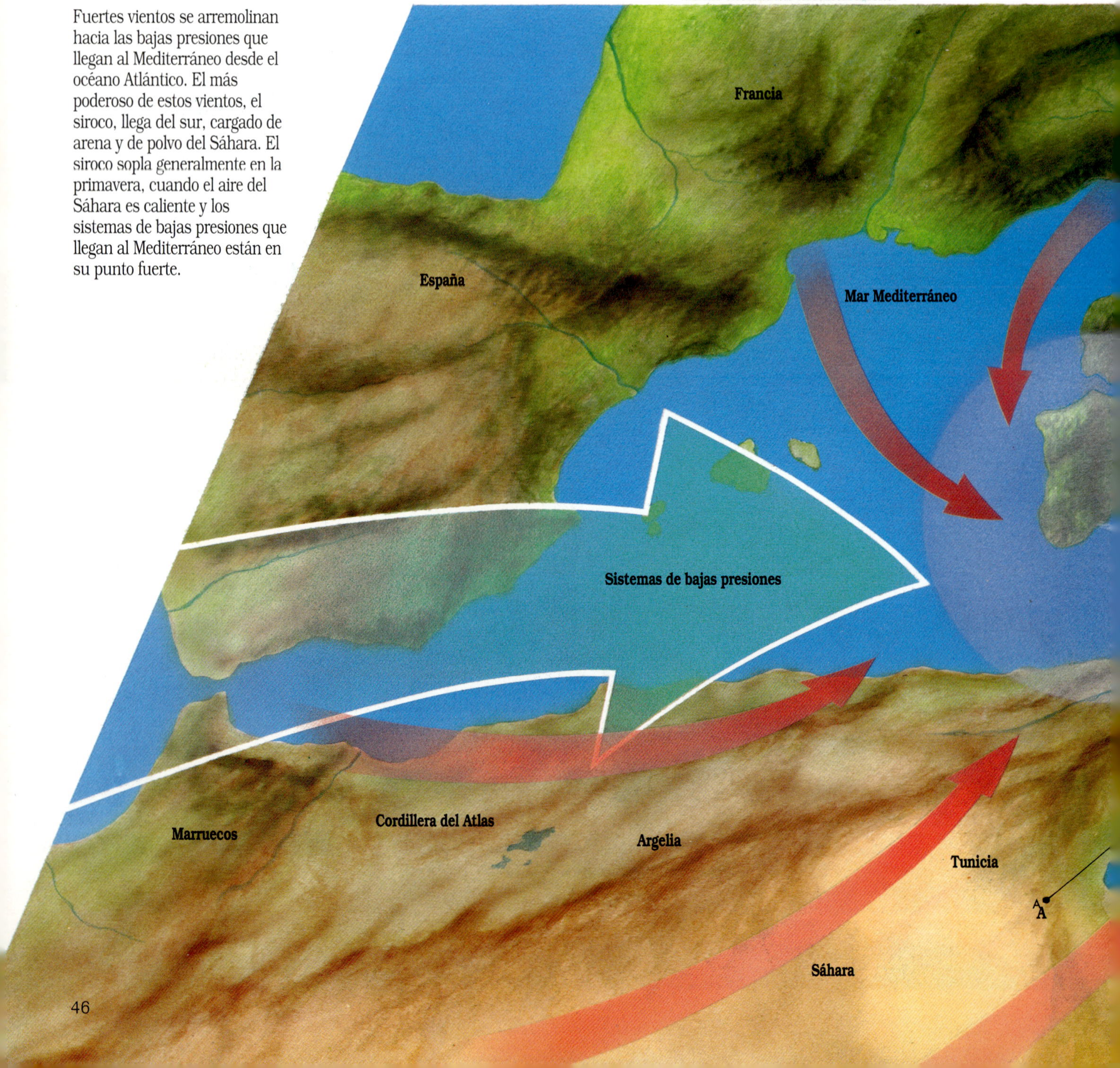

El foehn en Sicilia

El siroco se va cargando de humedad a medida que cruza el Mediterráneo *(mapa y detalle, abajo)*. Cuando este viento increíblemente húmedo asciende las montañas sicilianas, enseguida se forman nubes *(detalle)* y precipitaciones. El aire seco baja ahora por el otro lado de la montaña, comprimiéndose, lo cual produce más calor aún. El fohen mantiene el lado sur de Sicilia frondoso y húmedo, y su lado norte, seco y yermo.

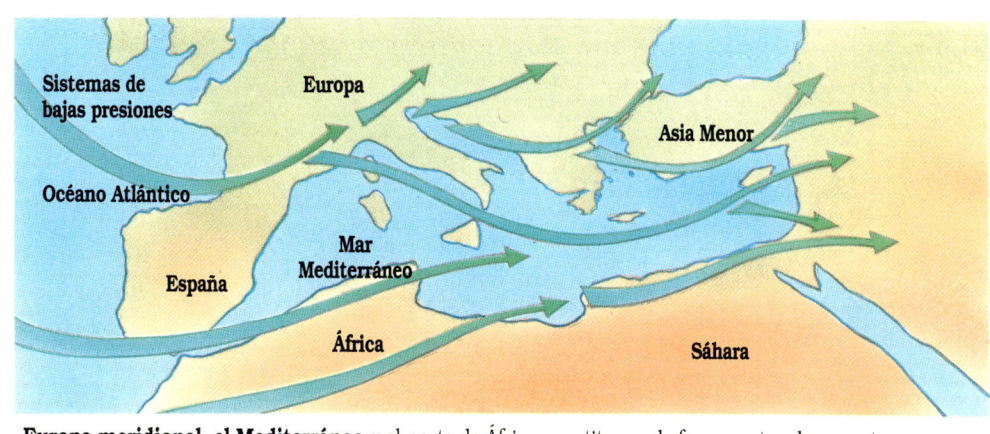

Europa meridional, el Mediterráneo y el norte de África constituyen de forma natural una ruta perfecta para los sistemas de bajas presiones procedentes del océano Atlántico.

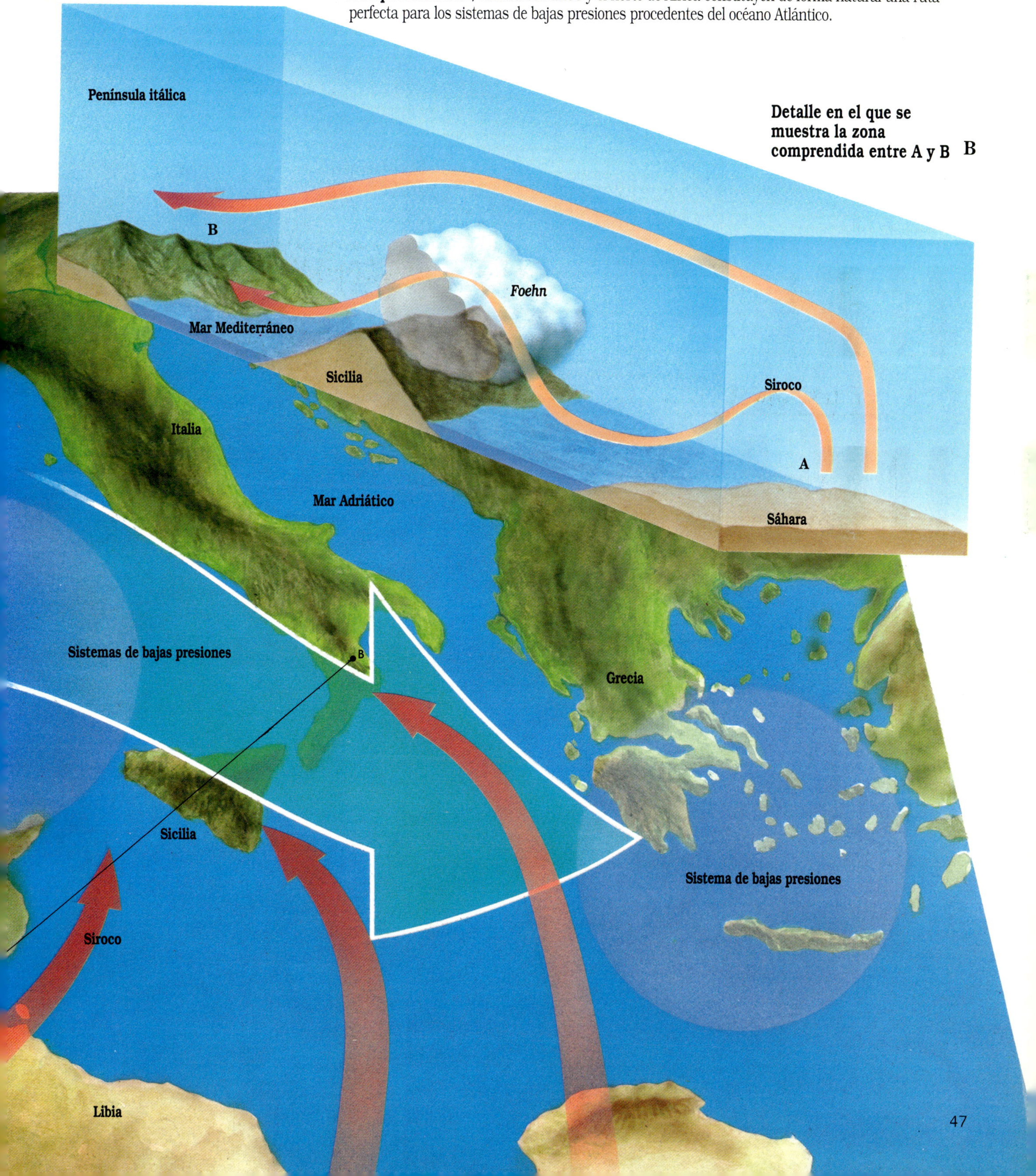

¿Por qué sopla el bora del Adriático?

1 **Un sistema de altas presiones** se forma sobre los altiplanos de las costas septentrionales del Adriático, las costas dálmatas. El anticiclón, con sus cielos despejados, permite que el calor se escape hacia la atmósfera, enfriándose así la masa de aire. Los Alpes Dináricos, de 2.000 a 2.500 m de altura, impiden que esta masa de aire llegue al Adriático.

2 **Un sistema de bajas presiones** se desplaza hacia el mar Adriático y arrastra consigo el aire frío atrapado arriba en los Alpes Dináricos. El bora sopla con violencia, sobre todo a través de los 80 km de una profunda depresión en la cordillera.

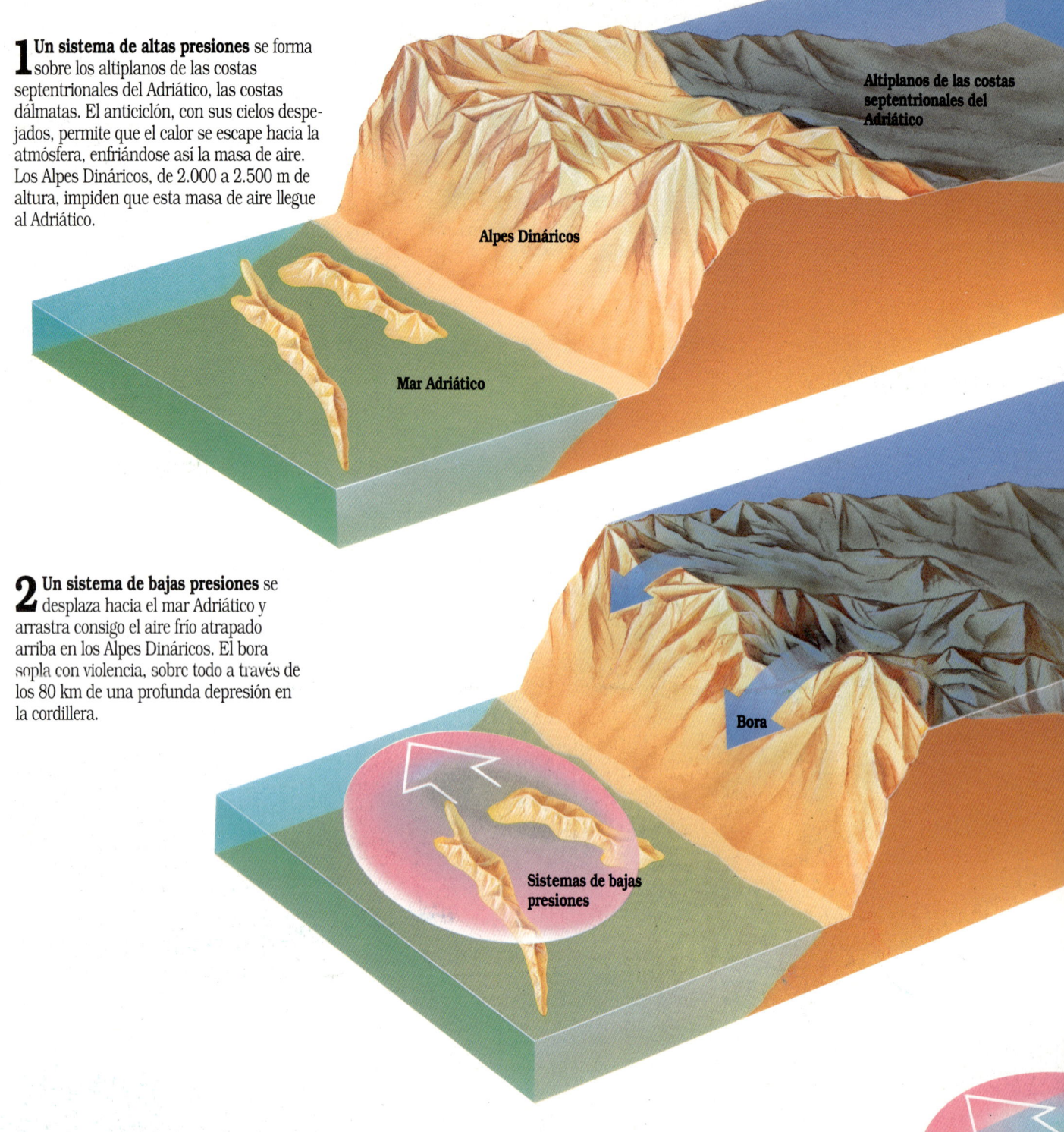

La costa este del mar Adriático es conocida por sus inviernos cálidos, debidos a las suaves brisas sureñas procedentes del Mediterráneo. Sin embargo, a veces, un aire helado sopla desde los Alpes Dináricos, trayendo el viento frío y seco, y a veces extremadamente violento, conocido como bora.

El bora empieza siendo una masa de aire frío atrapada en los altiplanos de la costa dálmata, sin poder escapar debido a las cumbres de los Alpes Dináricos. Un sistema de bajas presiones que esté de paso por el Mediterráneo, al desviarse hacia el norte, hacia el Adriático, puede arrastrar este aire frío por encima de las montañas, y llevarlo a las poblaciones costeras. Cuando el bora sopla, el aire casi siempre cálido y ligeramente húmedo de esta zona rápidamente se vuelve seco y helado. A veces el bora incluso lleva hielo y nieve, convirtiendo la circulación en una actividad inesperadamente traidora.

Donde el bora sopla con mayor violencia

Los Alpes Dináricos *(izquierda)*, en la costa septentrional del Adriático, alcanzan alturas de 2.500 m, atrapando aire frío continental detrás de sus cimas. Sin embargo, en los 80 km que hay entre Crikvenica y Senj, las montañas apenas llegan a los 1.200 m. Esta depresión de la cordillera presenta un canal perfecto para que el aire atrapado llegue a la costa, y es en este trecho donde el bora sopla con mayor fuerza y dureza.

La ciudad dálmata de Dubrovnik a menudo sufre las heladas ráfagas del bora.

3 **Por condensación,** se forman nubes, y llueve o nieva en la ladera de barlovento de la cordillera, la ladera este. El bora, seco y frío, sopla a enormes velocidades montaña abajo, y mientras desciende, se va ensortijando en remolinos y vórtices. El bora puede llegar a llevar nieve y hielo por encima de la cordillera hasta esta zona al oeste de los Alpes, generalmente cálida y benigna.

49

¿Cómo se forman los tornados?

Los tornados, resultado de serias tormentas, se desarrollan, tal como lo vamos a ver en estas páginas, en cuatro etapas a partir de sus dos ingredientes básicos. El primer ingrediente está formado por un frente frío que se encuentra con una masa de aire caliente y húmedo. Las fuertes corrientes ascendentes que entonces se crean originan enormes nubes de desarrollo vertical, los cumulonimbos. A medida que la llegada de más aire caliente las va engrosando, aparecen corrientes descendentes que acabarán en tormentas.

Pero no todas las tormentas producen tornados: es necesario el segundo ingrediente: la rotación. Si vientos muy fuertes atraviesan el cumulonimbo, pueden retorcer la corriente ascendente de forma que tengamos una masa de aire que gire. Este remolino succiona más aire caliente hacia la nube, lo cual hace girar el torbellino aún más velozmente. La espiral se estrecha, aumentando así su velocidad, de la misma manera que lo consigue una patinadora sobre hielo cuando pega los brazos al cuerpo. Rápidamente una nube en forma de embudo, con vientos de hasta 500 kilómetros por hora, se desprende de la nube madre, lista para absorber coches, destrozar edificios o lanzar a 5 kilómetros neveras de 35 kilos. La mayoría de los tornados ocurren en las grandes llanuras de Estados Unidos.

▲ **Un tornado** que, a su paso, levanta una nube de polvo.

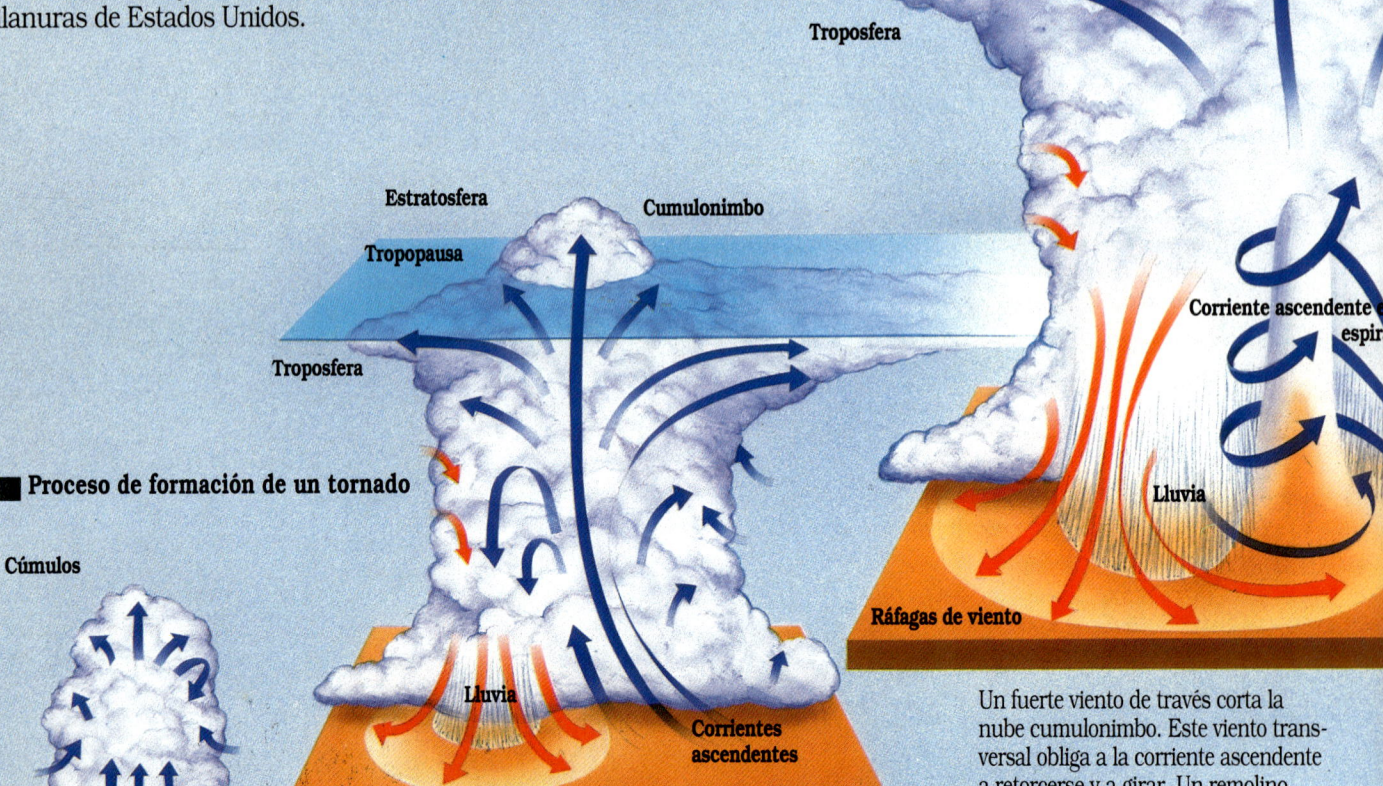

■ **Proceso de formación de un tornado**

Cúmulos

Cuando se encuentran aire frío y aire caliente, el aire frío baja. El aire caliente, al ascender, lleva humedad a las capas altas de la atmósfera, más frías, y la condensación forma los cúmulos.

Los cúmulos crecen más y más, y las corrientes ascendentes se vuelven más fuertes. Esto succiona más aire caliente, lo cual convierte los cúmulos en cumulonimbos, los generadores de tormentas. La cumbre de estos enormes gigantes llega hasta la estratosfera helada, de forma que el aire ascendente se enfría. Este enfriamiento crea fuertes corrientes descendentes que traen lluvia y que originan largas series de tormentas llamadas líneas de turbonada.

Un fuerte viento de través corta la nube cumulonimbo. Este viento transversal obliga a la corriente ascendente a retorcerse y a girar. Un remolino lento va formándose en el interior de la nube succionando más y más aire caliente hacia su interior. Las corrientes ascendentes se hacen más y más fuertes, así como las descendentes. La espiral se estrecha y gira más velozmente, creando un torbellino en forma de embudo con velocidades de más de 100 km por hora.

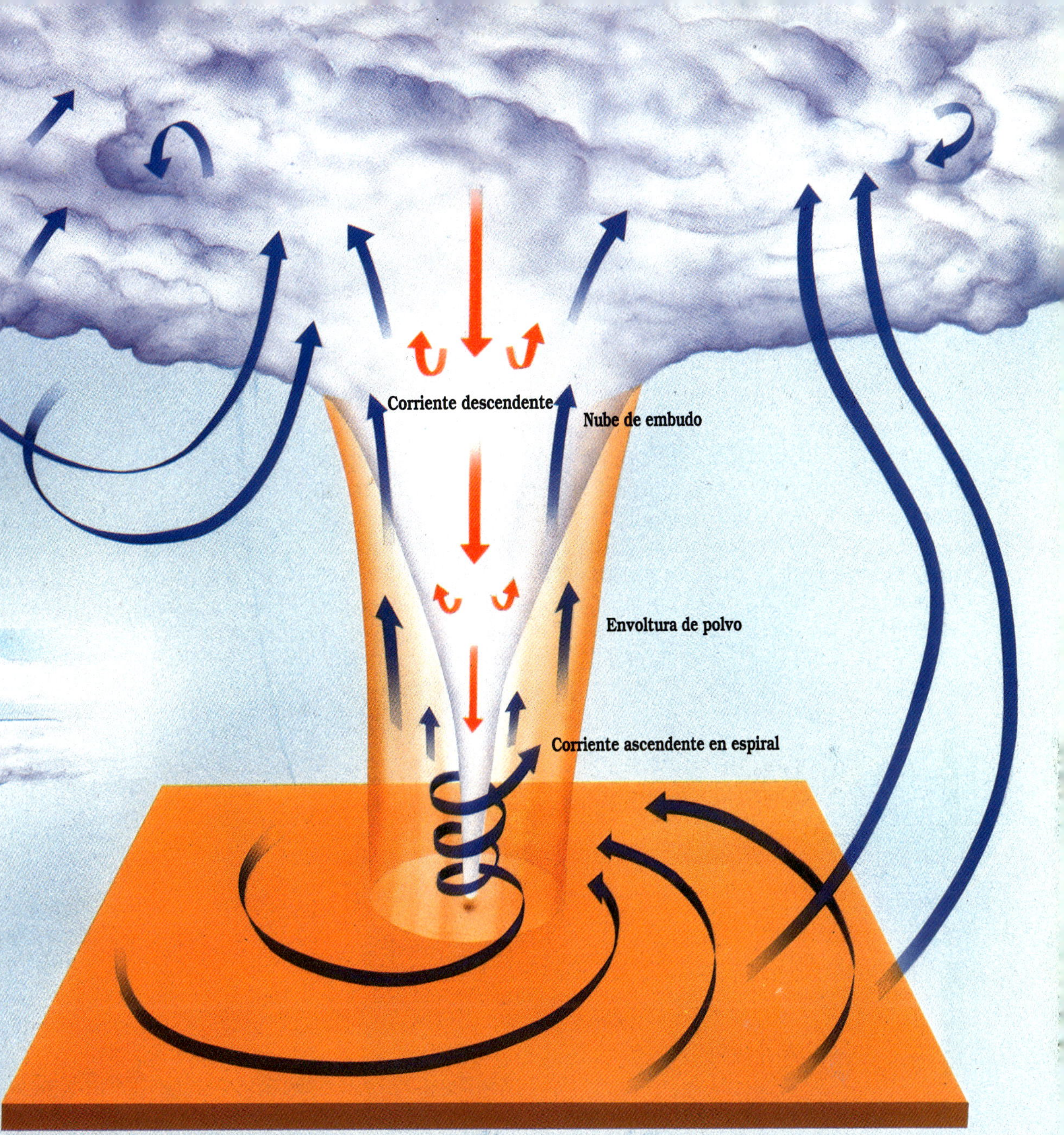

Corriente descendente

Nube de embudo

Envoltura de polvo

Corriente ascendente en espiral

Una vez originada la corriente ascendente como un torbellino, una nube en forma de embudo que gira con gran intensidad se empieza a estirar hacia abajo. A medida que se intensifica el tornado, la nube de embudo crece más y más. Finalmente el embudo llega al suelo con fuerza explosiva. En el interior de esta poderosa tormenta se forman corrientes descendentes débiles en la zona de menor presión. Es el núcleo de la tormenta.

● La línea de turbonada

Nubes cumulonimbo se forman a lo largo de un frente frío causando una serie de tormentas *(derecha)* llamada línea de turbonada. Una línea de turbonada típica tiene entre 20 y 40 km de ancho, con un alcance de hasta 150 km, y se desplaza a unos 50 km por hora. Los tornados a menudo se forman en el extremo sur de una línea de turbonada.

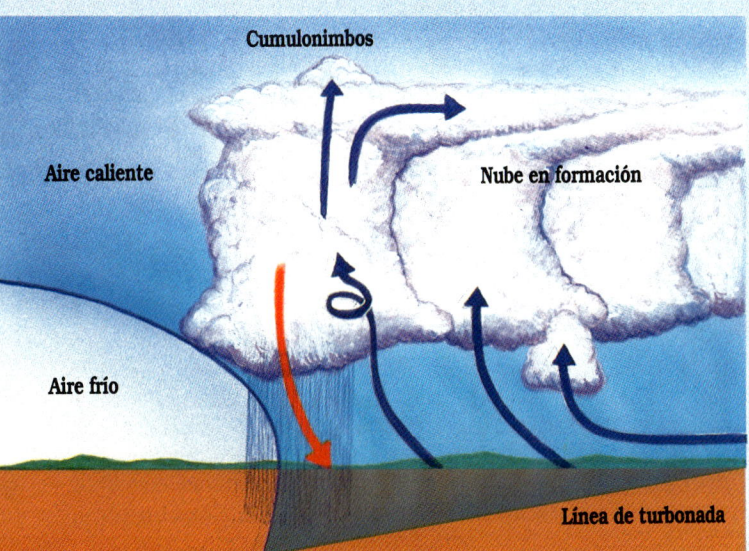

Cumulonimbos

Aire caliente

Nube en formación

Aire frío

Línea de turbonada

¿Cómo se produce turbulencia en el aire?

La mayoría de la gente que ha volado en avión ha notado el efecto poco agradable de los baches: ascensos y descensos debidos a la turbulencia del aire. Las fuertes corrientes ascendentes y descendentes, así como los remolinos que crean la turbulencia en el aire se originan cuando un flujo de aire continuo se interrumpe, sea debido a diferencias de temperatura o del terreno.

La turbulencia térmica —causada por diferencias de temperatura en el aire— se debe a que distintos factores geográficos de la superficie terrestre irradian el calor de forma no uniforme. Las carreteras y superficies arenosas calientan el aire en contacto con ellas mucho más deprisa de como lo hacen bosques o lagos. El aire caliente crea corrientes ascendentes, mientras que el aire frío las forma descendentes. Incluso en los lugares con temperaturas bastante uniformes, las montañas y los edificios pueden originar turbulencias al interceptar el flujo continuo de aire. Vórtices y remolinos se forman entonces en el aire que ha pasado por encima de estos obstáculos.

Una nube estacionaria que se arremolina señala la frontera entre el aire frío y el aire caliente que asciende procedente de la cumbre volcánica. Nubes de este tipo indican turbulencia térmica en el aire.

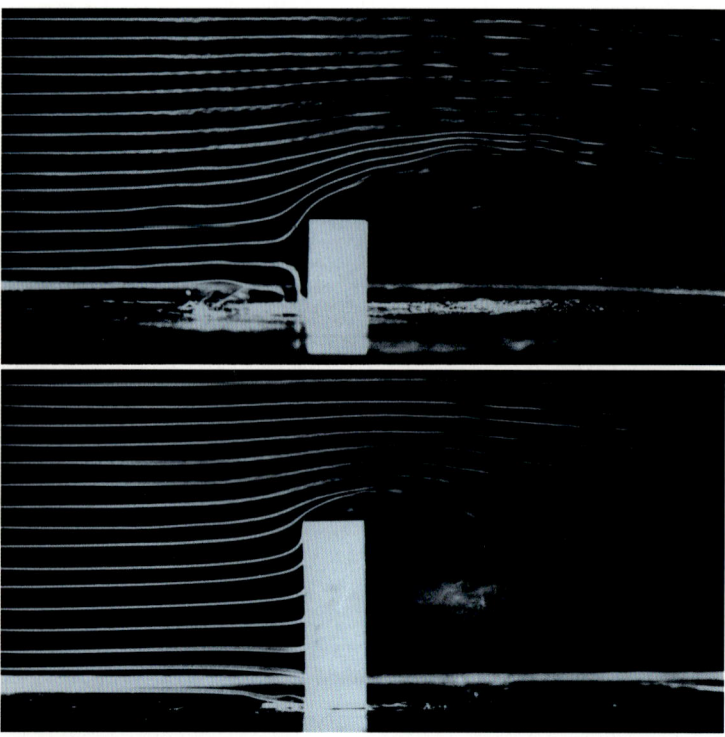

Los edificios altos causan turbulencia al alterar la trayectoria de los vientos de superficie uniformes. Debido a las elevaciones orográficas, el aire se ve obligado a subir. Arriba, en las fotografías, varias capas de humo nos muestran cómo se desvían las trayectorias del aire que sopla alrededor de los edificios, utilizando un modelo bajo *(arriba)* y uno alto *(abajo)*. En ambos casos, parte del viento que choca con el edificio se desvía hacia arriba. Las corrientes de aire sufren efectos similares al chocar con algunas montañas *(páginas 24-25)*.

Turbulencia térmica del aire

Un avión de reacción que sobrevuele superficies con distintos coeficientes de absorción de calor *(derecha)* puede verse afectado por la turbulencia térmica. Sobre grandes extensiones arenosas, las cuales se calientan velozmente bajo un sol radiante, se crean fuertes corrientes ascendentes caracterizadas por nubes. Como los bosques y los ríos se calientan más lentamente, a veces se producen corrientes descendentes sobre estos rasgos geográficos. Un cielo que alterne entre claros y nubes puede indicar un vuelo incómodo.

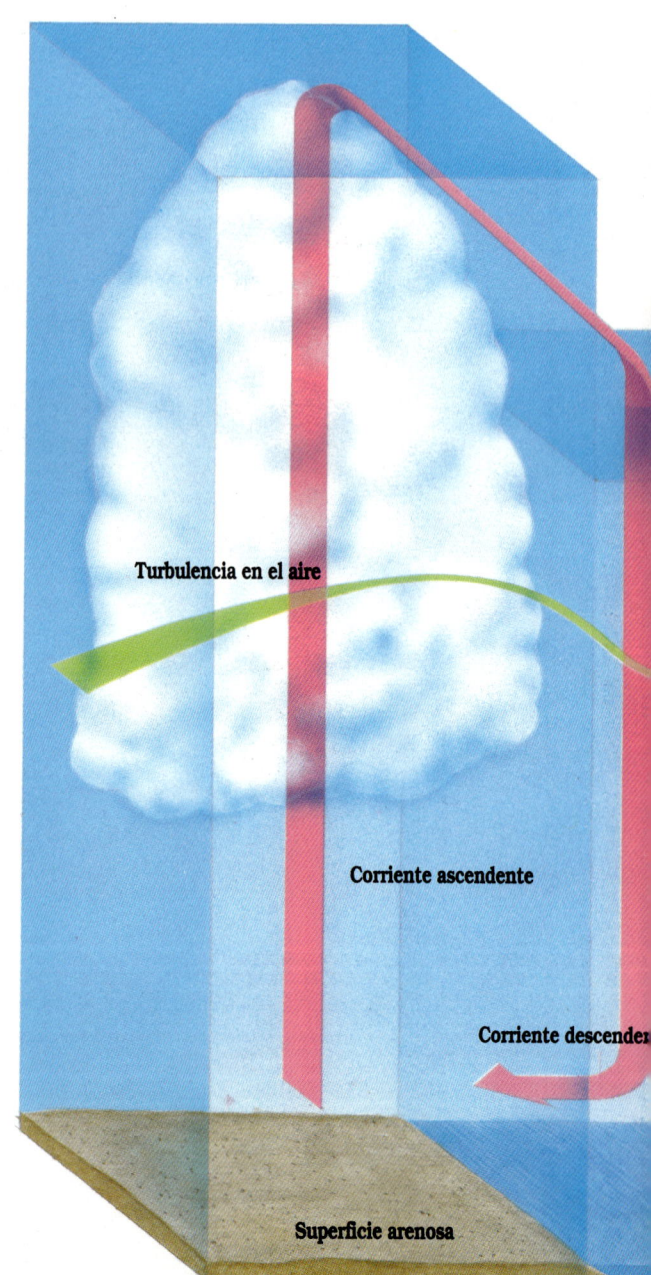

Turbulencia en aire claro

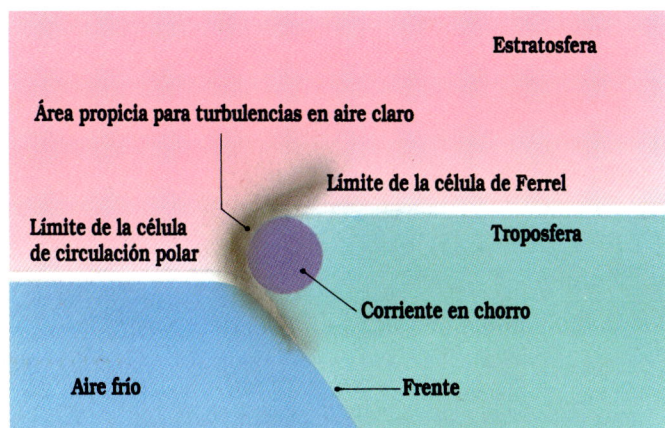

Generalmente un cielo despejado significa un cielo en calma, aunque esto no sea completamente cierto en las capas superiores de la atmósfera. Cerca del chorro del frente polar, a unos 10 km de altura, a menudo hay turbulencias, aunque el cielo esté despejado. Aquí, en la tropopausa —el límite entre la troposfera y la estratosfera—, donde se encuentran el aire frío de la célula de circulación polar con el aire más caliente de la célula de Ferrel, las masas de aire se mueven a velocidades muy distintas y se pueden originar grandes remolinos.

Ondas de montaña

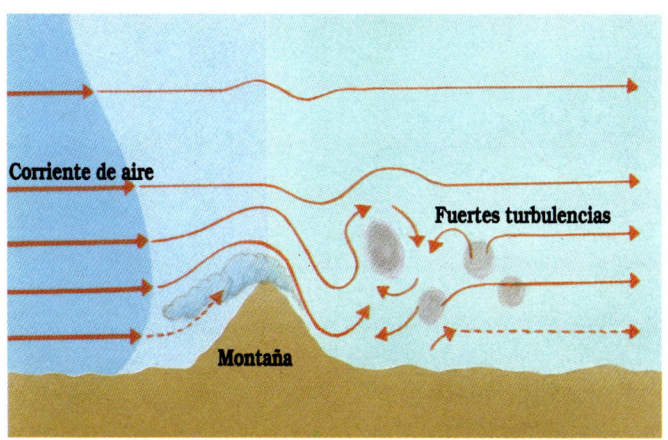

Cuando vientos fuertes soplan cerca de las cordilleras y hacia arriba, a veces quedan atrapados en una capa estable de aire a unos 3.000 m por encima de las cumbres, originando fuertes turbulencias. Al rebotar en esta capa, estos vientos descienden, giran bruscamente y vuelven a subir, formando fuertes remolinos de peligrosas turbulencias. Nubes con forma de lente encima de las cordilleras nos revelan la presencia de las ondas de montaña, bastante frecuentes, por ejemplo, sobre las Montañas Rocosas, en Norteamérica.

¿Cómo actúa el viento cerca de los edificios?

Frecuentemente en las calles de una ciudad con rascacielos, el viento sigue trayectorias extrañas e inesperadas. Un edificio alto en medio de construcciones más bajas presenta un obstáculo solitario si un viento fuerte sopla en la ciudad. Puesto que el viento no puede atravesar el obstáculo, se tiene que curvar y elevar para poder rodearlo y sobrepasarlo, dividiéndose en corrientes de aire descendentes u oblicuas.

Además, el viento desviado por varios edificios cercanos puede convergir en ráfagas capaces de levantar a las personas del suelo. En algunos tramos de la avenida Michigan de Chicago, Estados Unidos, hay pasamanos, con el fin de ayudar a los peatones para que no se los lleve el viento cuando éste empieza a soplar con violencia alrededor de los edificios.

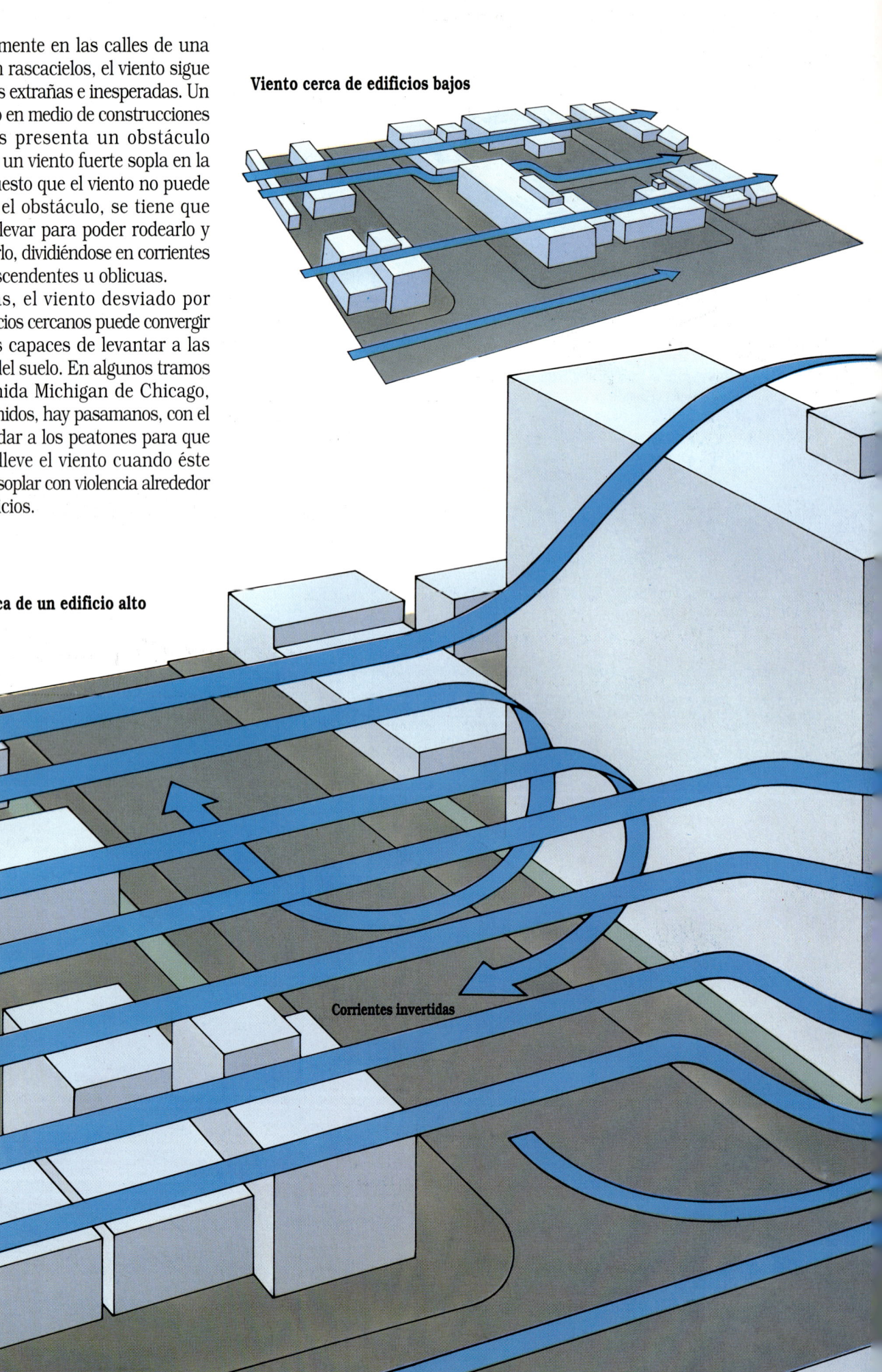

Viento cerca de edificios bajos

Viento cerca de un edificio alto

Corrientes invertidas

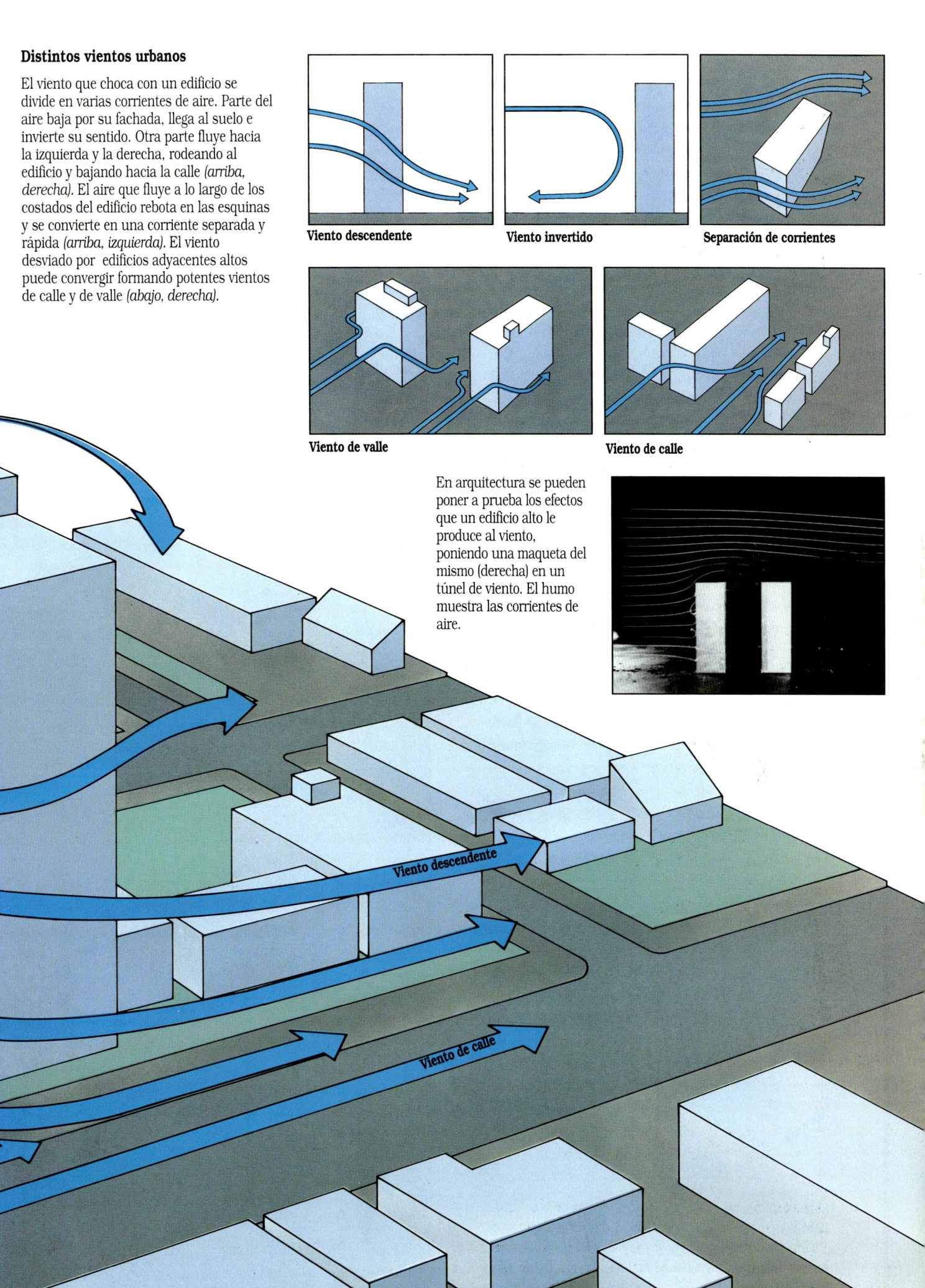

Distintos vientos urbanos

El viento que choca con un edificio se divide en varias corrientes de aire. Parte del aire baja por su fachada, llega al suelo e invierte su sentido. Otra parte fluye hacia la izquierda y la derecha, rodeando al edificio y bajando hacia la calle *(arriba, derecha)*. El aire que fluye a lo largo de los costados del edificio rebota en las esquinas y se convierte en una corriente separada y rápida *(arriba, izquierda)*. El viento desviado por edificios adyacentes altos puede convergir formando potentes vientos de calle y de valle *(abajo, derecha)*.

Viento descendente

Viento invertido

Separación de corrientes

Viento de valle

Viento de calle

En arquitectura se pueden poner a prueba los efectos que un edificio alto le produce al viento, poniendo una maqueta del mismo (derecha) en un túnel de viento. El humo muestra las corrientes de aire.

3
Máquinas de tormentas

En la atmósfera, las nubes son el signo visible del agua, gracias a la cual hay vida en nuestro planeta. Las impresionantes nubes de las tormentas, la fina niebla matutina y las delicadas estelas de los aviones de reacción son sólo algunas de las formas que toma el agua bajo diferentes condiciones atmosféricas. De todas las sustancias que hay en la Tierra, sólo una existe en la naturaleza en los tres estados, sólido, líquido y gaseoso: el agua. Debido a ello, las nubes están llenas de sorpresas, y en las distintas estaciones producen lluvia, nieve, granizo u otros combinados de precipitaciones.

A pesar de sus serenos contornos, las nubes, especialmente los cumulonimbos de las tormentas, tienden a tener gran actividad interna. Las corrientes pueden subir como un cohete y bajar como una exhalación. El vapor de agua se condensa en torrentes de lluvia, se congela en nieve, en cristallillos de hielo y se derrite de nuevo. Se forman corrientes eléctricas hasta que ya no se pueden contener, y saltan chispas produciéndose rayos y relámpagos más calientes que la superficie del sol.

El capítulo que sigue estudia las variadas formas de las nubes —en el cielo, en la superficie, en las cumbres de las montañas— y cómo llegan a producir la lluvia, el granizo, la nieve y los rayos y relámpagos que continuamente sacuden la Tierra.

Esta fotografía con exposición múltiple ha captado de forma notable la enorme velocidad de un rayo al caer sobre una ciudad. En una sola imagen, el fotógrafo captó múltiples destellos que habían ocurrido con sólo una fracción de segundo de diferencia.

¿Cómo se forman las nubes de lluvia?

La atmósfera puede contener cierta cantidad de vapor de agua procedente de los lagos, océanos y otras fuentes. Pero hay un límite a la cantidad de vapor de agua que puede contener el aire. Cuando el aire llega a ese límite, llamado saturación, el vapor de agua empieza a condensarse formando minúsculas gotas de agua. Las nubes no son nada más que gotas de agua y cristales de hielo que flotan juntos en el aire.

La temperatura del aire influye enormemente en la saturación. El aire caliente puede contener más vapor de agua que el aire frío; a medida que la temperatura baja, la humedad del aire aumenta, hasta llegar al punto de saturación o de rocío, temperatura a la cual comienza a condensarse el vapor de agua contenido en el aire. Así es como se forman las nubes. Cuando las gotas condensadas son grandes y pesadas, caen en forma de precipitación.

Nubes en tubos de ensayo

Cuando el émbolo de la jeringuilla se tira bruscamente para atrás, el aire del interior del matraz (derecha) se expande y enfría. A medida que baja la temperatura, el vapor de agua del aire se enfría, hasta que, al llegar al punto de saturación, se forman las gotitas que constituyen la nube del tubo de ensayo.

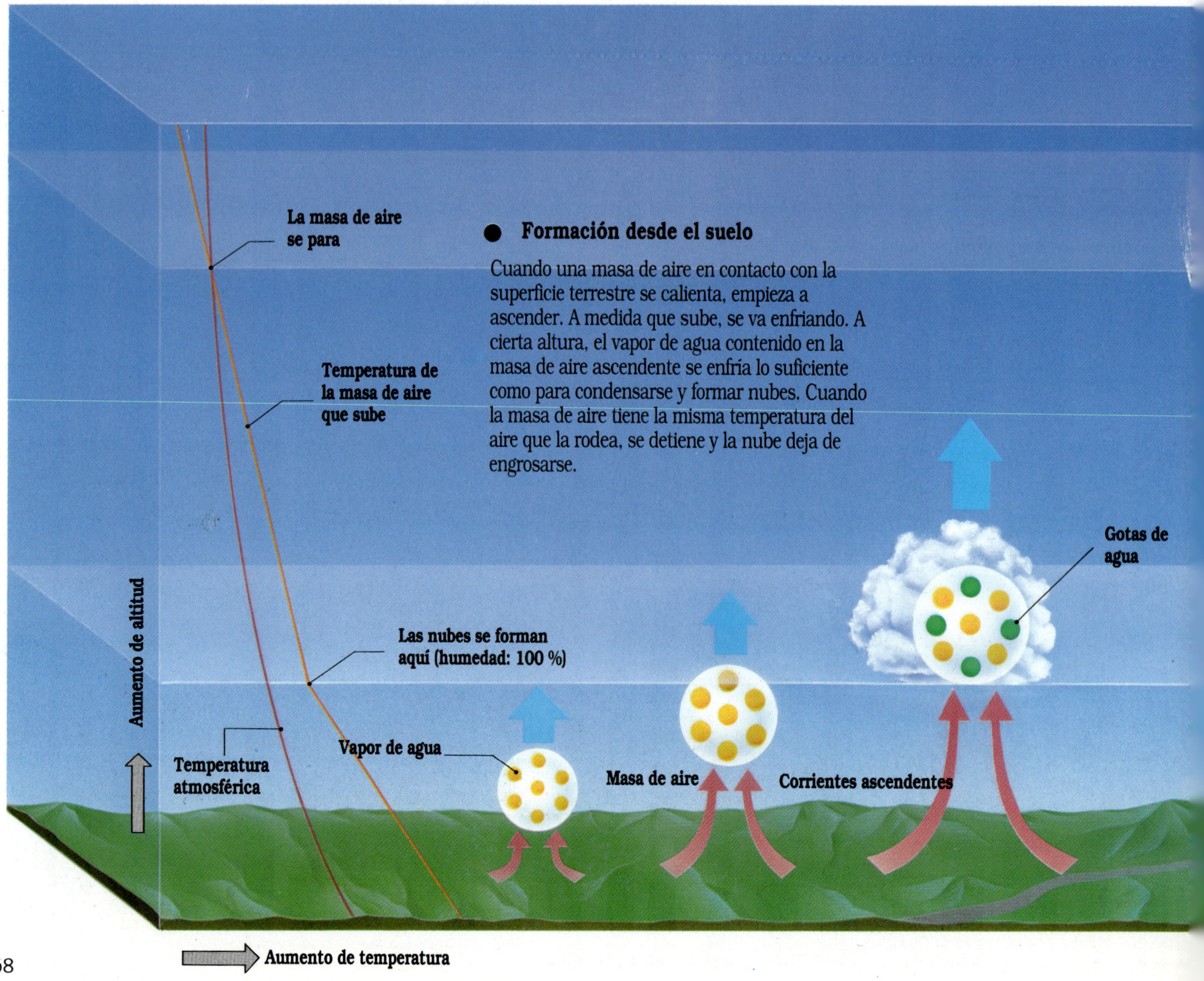

● **Formación desde el suelo**

Cuando una masa de aire en contacto con la superficie terrestre se calienta, empieza a ascender. A medida que sube, se va enfriando. A cierta altura, el vapor de agua contenido en la masa de aire ascendente se enfría lo suficiente como para condensarse y formar nubes. Cuando la masa de aire tiene la misma temperatura del aire que la rodea, se detiene y la nube deja de engrosarse.

- La masa de aire se para
- Temperatura de la masa de aire que sube
- Las nubes se forman aquí (humedad: 100 %)
- Temperatura atmosférica
- Vapor de agua
- Masa de aire
- Corrientes ascendentes
- Gotas de agua
- Aumento de altitud
- Aumento de temperatura

Cuatro corrientes que forman nubes

Para que haya nubes, primero tienen que subir corrientes de aire. Algunas veces el aire sube por convección, lo que significa que ha sido calentado por el suelo. También se producen corrientes ascendentes cuando aire caliente y ligero se encuentra y se eleva por encima de aire más frío y pesado. Una corriente de aire también sube por la ladera de una montaña. Además, corrientes de aire individuales se encuentran y crean fuertes corrientes ascendentes.

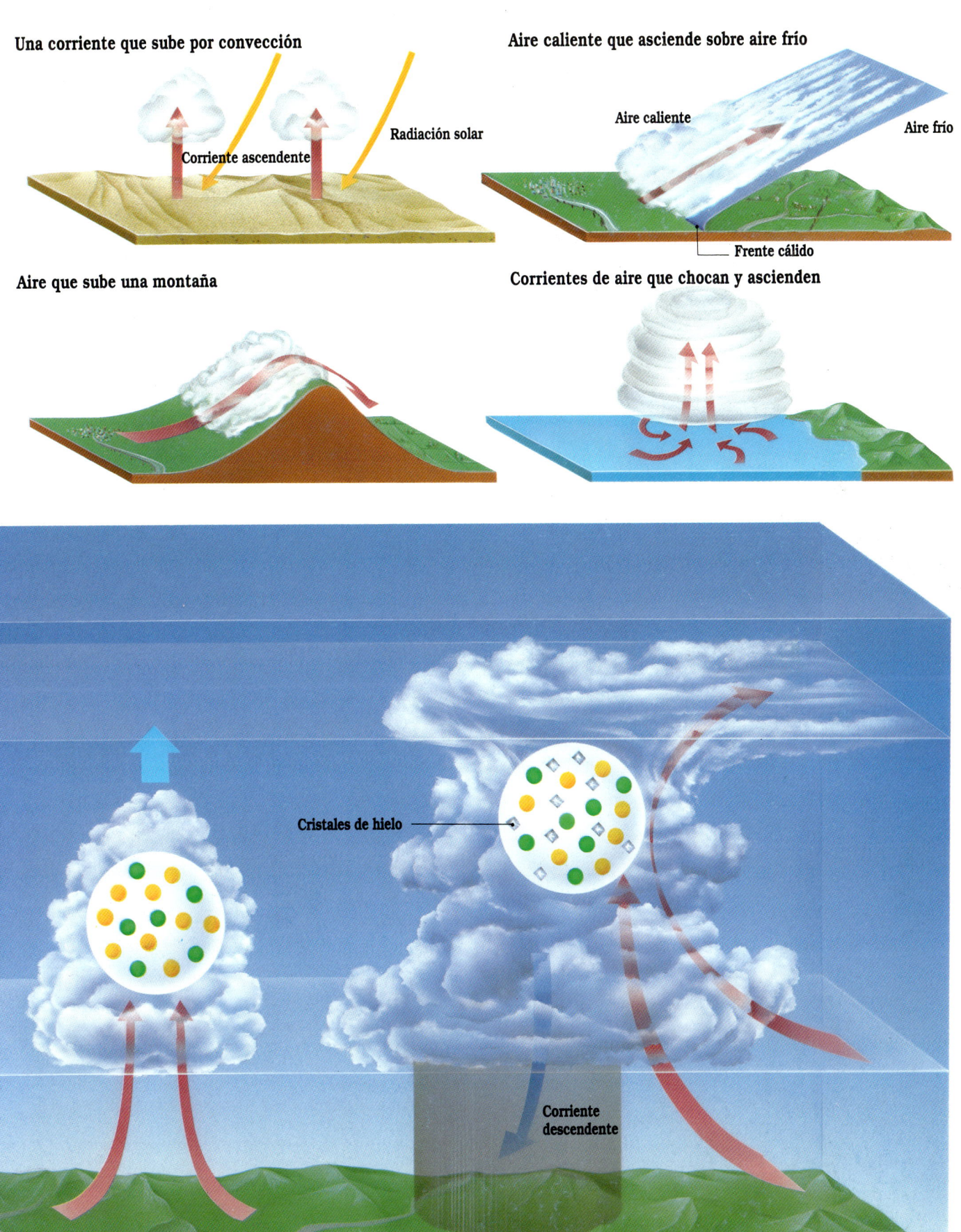

Una corriente que sube por convección
Radiación solar
Corriente ascendente

Aire caliente que asciende sobre aire frío
Aire caliente
Aire frío
Frente cálido

Aire que sube una montaña

Corrientes de aire que chocan y ascienden

Cristales de hielo

Corriente descendente

¿Por qué no todas las nubes son iguales?

Las nubes se pueden clasificar, en términos generales, en tres formas básicas: en forma de capas, los estratos; con aspecto de mata o de coliflor, los cúmulos; y a jirones, como plumas, los cirros. Dos variables relacionadas entre sí determinan la forma de las nubes: la estabilidad térmica y el modo de subir. Los estratos se forman cuando una gran extensión de aire estable sube lenta y suavemente por la rampa de un frente cálido. Los cúmulos aparecen cuando una masa de aire caliente sube desde el suelo o cuando una masa de aire frío crea condiciones inestables arriba en la atmósfera. Los cirros se forman cuando los cristales de hielo que se han formado arriba en la atmósfera caen y se desparraman siguiendo la trayectoria de las corrientes de aire dominantes. Estos tres tipos básicos a menudo se combinan para formar numerosas modalidades adicionales de nubes.

Los cúmulos *(izquierda)* aumentan de tamaño poco a poco, a medida que asciende el aire caliente. Si crecen desmesuradamente, se pueden convertir en cumulonimbos.

Una capa de inversión que aplasta las nubes

Si una nube que se está formando se encuentra con una capa de inversión térmica, es decir, en la que la temperatura aumenta con la altitud, la nube puede verse obligada a crecer horizontalmente *(abajo)* formando un estratocúmulo. Si los vientos de la estratosfera (que es una capa de inversión térmica) impiden que la parte superior de un cumulonimbo siga subiendo, al extenderse, la cima aparece como si fuera un gigantesco yunque: tenemos el cumulonimbo con yunque *(abajo)*.

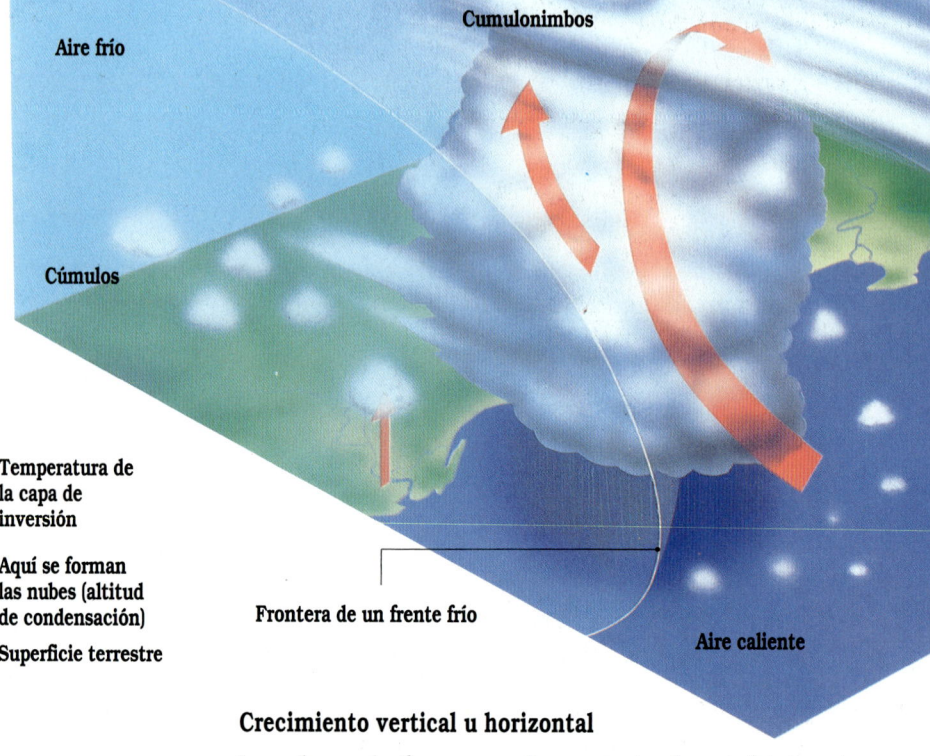

Crecimiento vertical u horizontal

Las nubes se clasifican por su altura respecto a la superficie terrestre y se dividen en nubes bajas, medias o altas. Las nubes altas se encuentran entre 5 y 8 km de altura; entre ellas están los cirros, cirrostratos y cirrocúmulos. Las nubes medias, entre las que están los altoestratos, altocúmulos y nimboestratos, se hallan de 2 a 7 km del suelo. Las que se forman a menos de 2 km del suelo reciben el nombre de nubes bajas; como, por ejemplo, los estratos y estratocúmulos. Las nubes de desarrollo vertical se forman cuando el aire que está en contacto con el suelo se calienta por el calor del sol; en este apartado se encuentran los cúmulos y cumulonimbos.

Nubes que se estrían

Los cristales de hielo de los cirros, nubes que se desplazan a gran altitud *(derecha)*, caerían verticalmente si la velocidad de las corrientes de aire fuese la misma en todas las altitudes. Sin embargo, las nubes se curvan, o estrían, cuando hay variaciones de velocidad de una altitud a otra.

Nubes que parecen platillos volantes

Los altocúmulos *(abajo)*, que se forman entre aire caliente de abajo y aire frío de más arriba, a veces tienen una forma redondeada. Las nubes se encuentran atrapadas entre las corrientes descendentes del aire frío de la capa superior y las ascendentes de la capa inferior.

Los estratos y la lluvia

Cuando llueve en una zona especialmente cálida de la superficie terrestre, algunas de las gotas empiezan a evaporarse mientras van cayendo *(abajo)*. Si la evaporación continúa, el aire puede saturarse y formar capas de estratos.

Nubes que parecen olas

Cuando hay corrientes de aire horizontales que son más rápidas arriba que abajo, cerca del suelo, su movimiento de balanceo produce nubes que parecen olas.

Pasando la cresta de las olas

Las nubes en forma de olas *(derecha)* también se desarrollan en las crestas de corrientes de aire que se mueven entre dos masas de aire: por encima del aire húmedo y frío, y por debajo del aire seco y caliente.

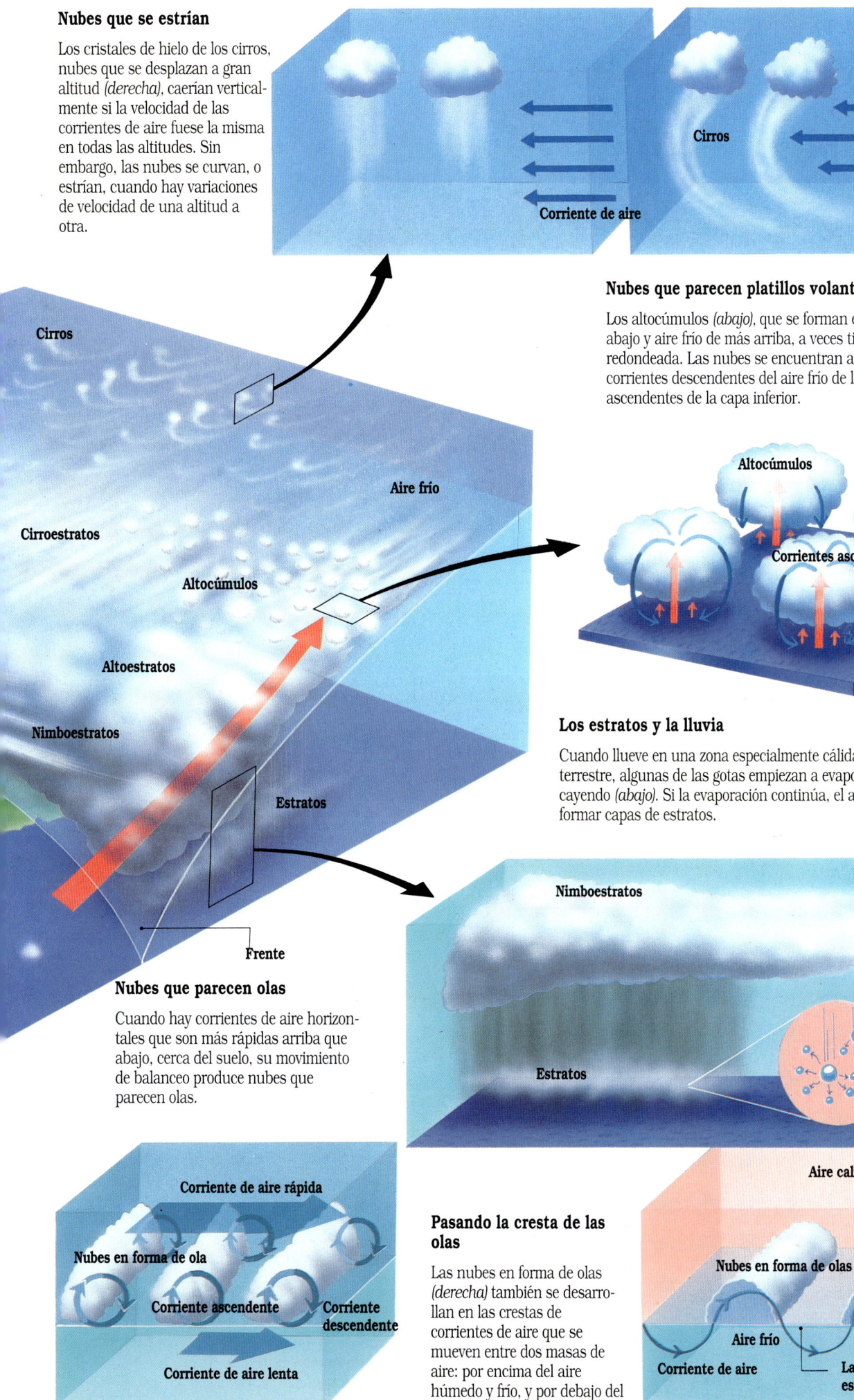

¿Qué son los cumulonimbos?

Los cumulonimbos, llamados también nubes de tormenta puesto que frecuentemente causan rayos y truenos (*págs. 66-67*), son las nubes aparatosas y enormes que se ven a menudo hacia mediados de verano. En este período, grandes masas de aire caliente y húmedo suben desde el suelo, inestabilizando la atmósfera. A medida que el aire sube, se va enfriando, hasta que al llegar al punto de condensación, el vapor de agua presente en el aire empieza a condensarse y forma una nube cúmulo.

Si la nube sigue subiendo y creciendo se convierte en un cumulonimbo. La condensación aumenta a medida que la nube sube, debilitando las fuertes corrientes ascendentes y originando corrientes descendentes en su base. Empieza a llover. Cuando sólo quedan las corrientes descendentes, los cumulonimbos comienzan a desintegrarse.

Formación de una nube de yunque por las fuertes corrientes ascendentes de un día caluroso de verano.

Cómo se forman los cumulonimbos

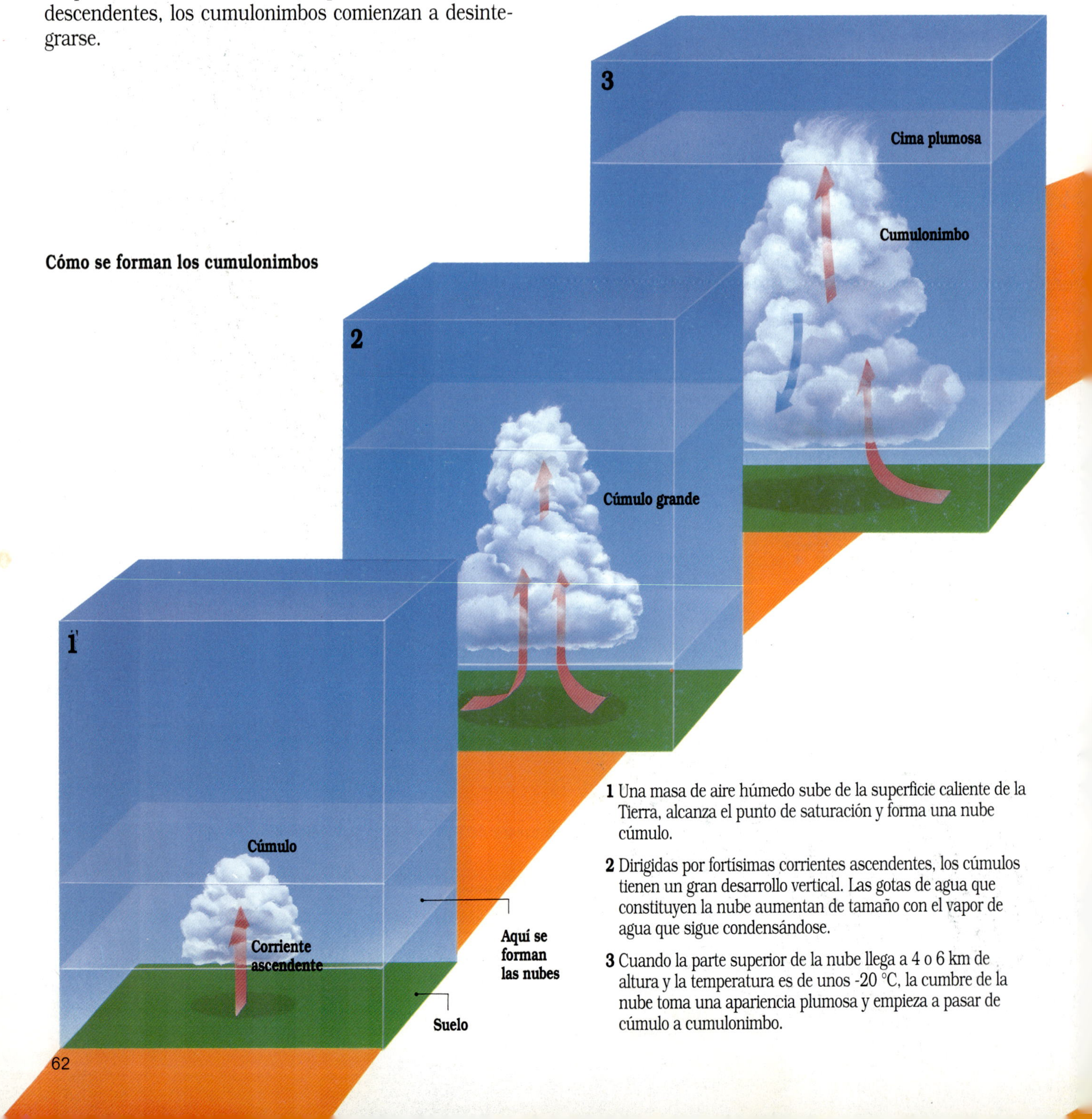

1. Una masa de aire húmedo sube de la superficie caliente de la Tierra, alcanza el punto de saturación y forma una nube cúmulo.

2. Dirigidas por fortísimas corrientes ascendentes, los cúmulos tienen un gran desarrollo vertical. Las gotas de agua que constituyen la nube aumentan de tamaño con el vapor de agua que sigue condensándose.

3. Cuando la parte superior de la nube llega a 4 o 6 km de altura y la temperatura es de unos -20 °C, la cumbre de la nube toma una apariencia plumosa y empieza a pasar de cúmulo a cumulonimbo.

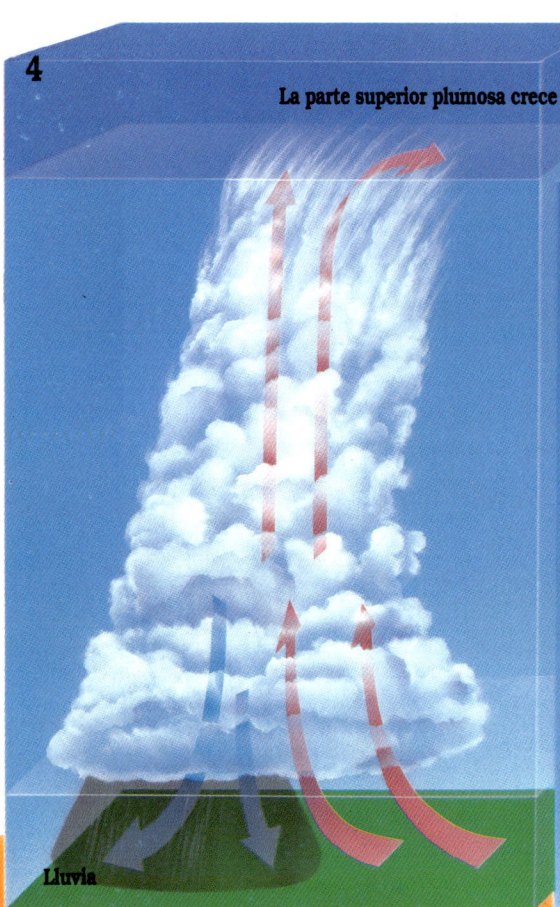

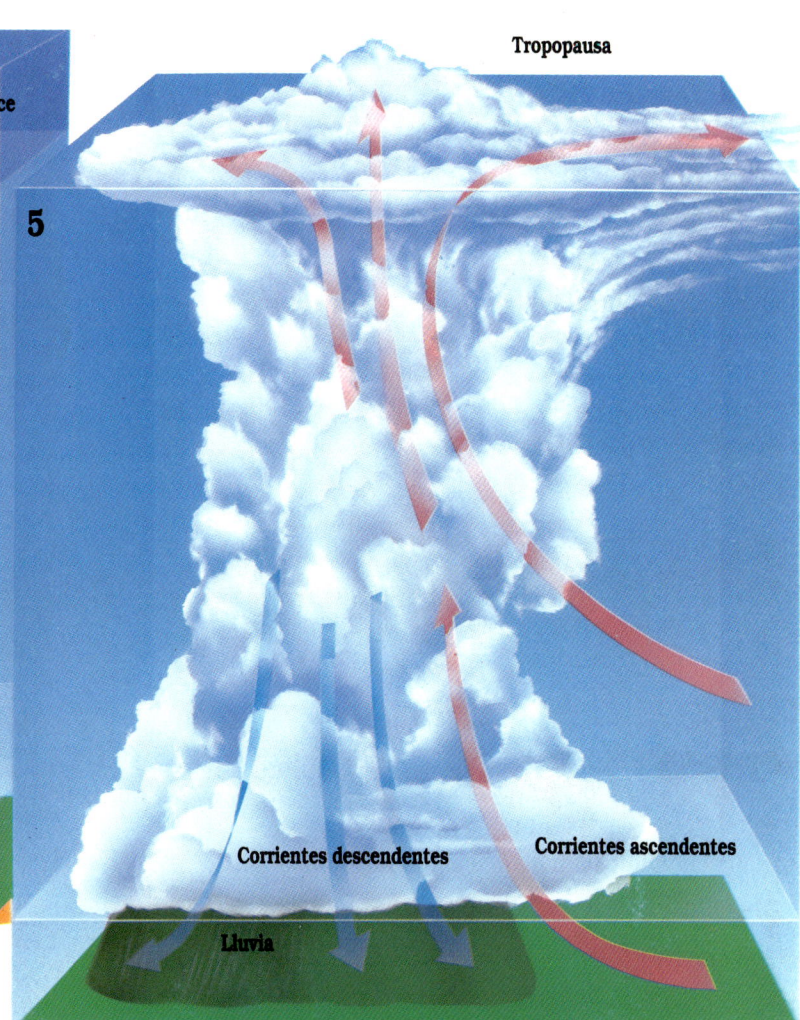

4 El cumulonimbo *(arriba)* desarrolla una forma dominante y alta, como un torreón, característica de este tipo de nubes. En su parte superior aparecen los penachos blancos, como una pluma. La lluvia aumenta a medida que se forman más gotas de agua en el interior de la nube y que las corrientes descendentes se tornan más fuertes.

5 La cima del cumulonimbo *(arriba)* llega hasta la tropopausa y no puede desarrollarse más. La parte superior ha tomado forma de cirro y se extiende horizontalmente, convirtiéndose en una nube de yunque. En ese momento, las corrientes descendentes se intensifican y la lluvia arrecia. Como resultado, el aire se enfría y las corrientes ascendentes se debilitan.

Arriba, una gigantesca nube cumulonimbo se forma rápidamente con las corrientes ascendentes, que suben a una velocidad de más de 30 metros por segundo en la parte frontal de una tormenta. Cuando las corrientes ascendentes coexisten con las descendentes, con velocidades de unos 15 metros por segundo, pueden aparecer células de convección. Las capas exteriores de la nube actúan como aislante del aire caliente que aún está subiendo en el interior *(líneas violetas)*.

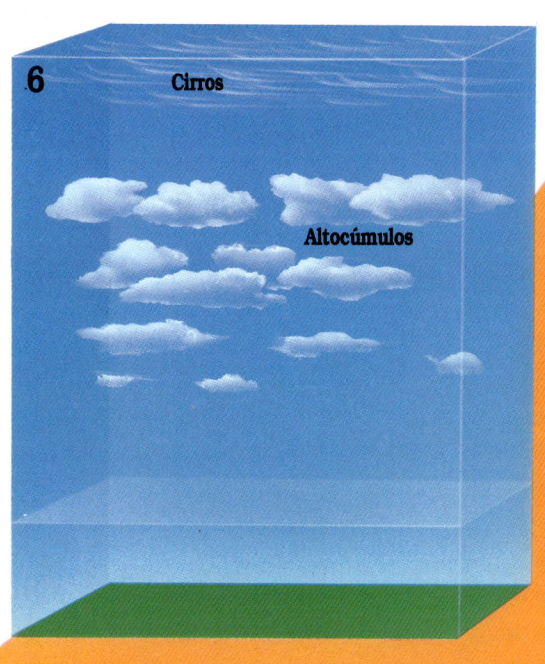

6 El cumulonimbo *(izquierda)* empieza a desintegrarse cuando cesan las corrientes ascendentes. Subsisten los sedosos cirros procedentes de la parte superior del yunque.

¿Por qué los aviones de reacción dejan una estela?

La estela de condensación que deja un avión de reacción en su trayectoria no es más que otro tipo de nube. Los aviones de reacción vuelan a una altura de 10 a 13 kilómetros, a enormes velocidades a través de un aire gélido, lo cual propicia la formación de cristales de hielo que constituyen los cirros y estratos. Cuando un avión de reacción vuela a estas alturas a través de un aire húmedo y frío (30 °C o más frío), el vapor de agua que hay en el aire y el aire caliente que sale por la lumbrera de escape se condensan junto a las micropartículas que expele el avión. Éstas micropartículas y cristales helados forman la estela de vapor de agua.

Una estela de condensación, arriba en la atmósfera, empieza a descomponerse en nubes más pequeñas.

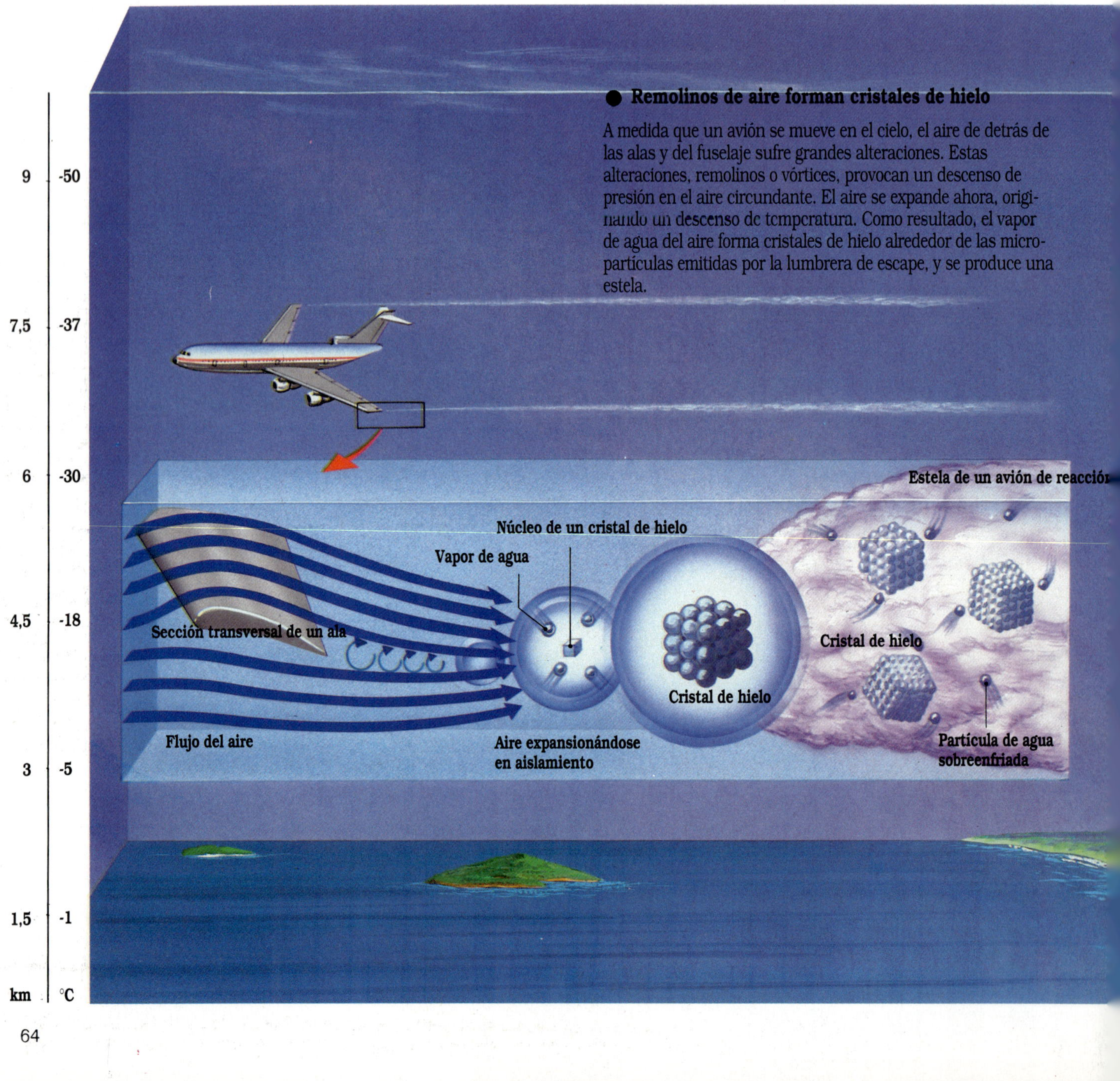

● **Remolinos de aire forman cristales de hielo**

A medida que un avión se mueve en el cielo, el aire de detrás de las alas y del fuselaje sufre grandes alteraciones. Estas alteraciones, remolinos o vórtices, provocan un descenso de presión en el aire circundante. El aire se expande ahora, originando un descenso de temperatura. Como resultado, el vapor de agua del aire forma cristales de hielo alrededor de las micropartículas emitidas por la lumbrera de escape, y se produce una estela.

Cómo cambia una estela

Aunque la mayoría de las estelas desaparecen casi inmediatamente, las hay que duran una hora o más. El tiempo que tardan en hacerlo depende tanto de las condiciones atmosféricas como de la altitud a la que se vuele. En general, una estela, tras romperse, se desparrama y toma el mismo aspecto que cualquier otra nube cirroestrato.

Con aire húmedo, una estela mantiene su forma.

Con aire seco, una estela se extiende.

Cuando un avión de reacción vuela a través de un cirroestrato, produce una estela que parece una cadena.

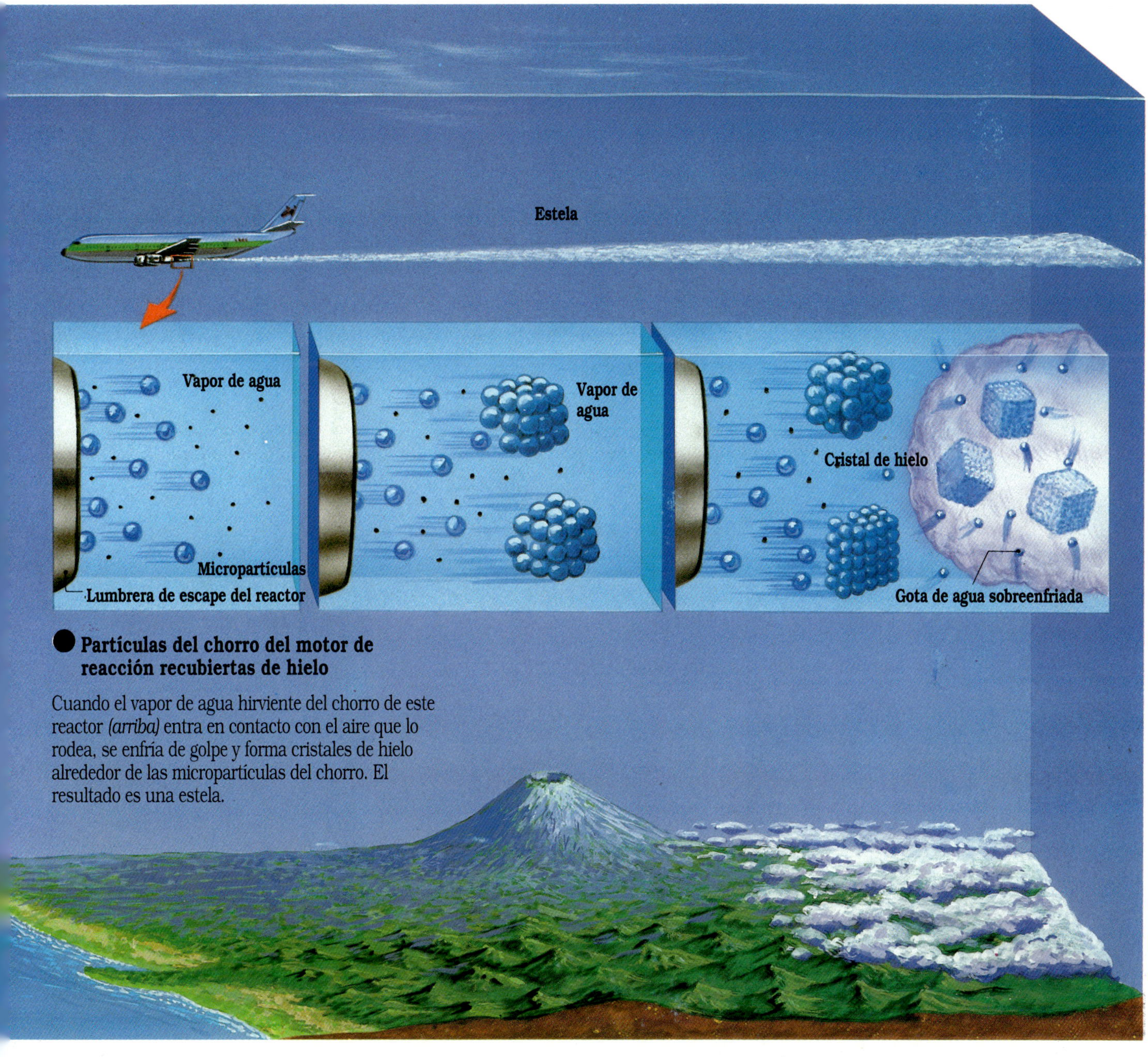

● **Partículas del chorro del motor de reacción recubiertas de hielo**

Cuando el vapor de agua hirviente del chorro de este reactor *(arriba)* entra en contacto con el aire que lo rodea, se enfría de golpe y forma cristales de hielo alrededor de las micropartículas del chorro. El resultado es una estela.

¿Por qué hay rayos y relámpagos?

Los rayos y los relámpagos son fenómenos a la vez comunes y estremecedores. Caen a la superficie terrestre cien veces por segundo y con temperaturas que llegan a los 28.000 °C. En general, estos destellos eléctricos se producen en los cumulonimbos, pero también pueden ocurrir en los nimboestratos, en tempestades de nieve o de polvo, e incluso en los gases de un volcán en actividad.

Las tormentas ocurren cuando en una nube hay cargas eléctricas. Esto puede suceder cuando los cristales de hielo, las gotas de agua y otras partículas chocan con las corrientes de aire que suben y bajan en el interior de la nube, produciendo electricidad. En general, la atmósfera actúa como un aislante e impide que esta electricidad se escape. Sin embargo, cuando la electricidad acumulada en la nube alcanza cierto límite, el efecto aislante deja de funcionar y en un instante se forma una corriente eléctrica gigante, el relampagueo.

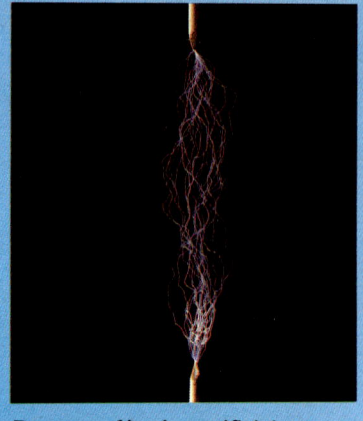

Descarga eléctrica artificial

● **Capas eléctricas**

Una nube de tormenta clásica tiene electricidad negativa intercalada entre masas de electricidad positiva. Estas cargas se originan cuando cae el granizo que se forma en las capas superiores de un cumulonimbo en vías de desarrollo, y en la caída colisiona de forma violenta con partículas de la nube.

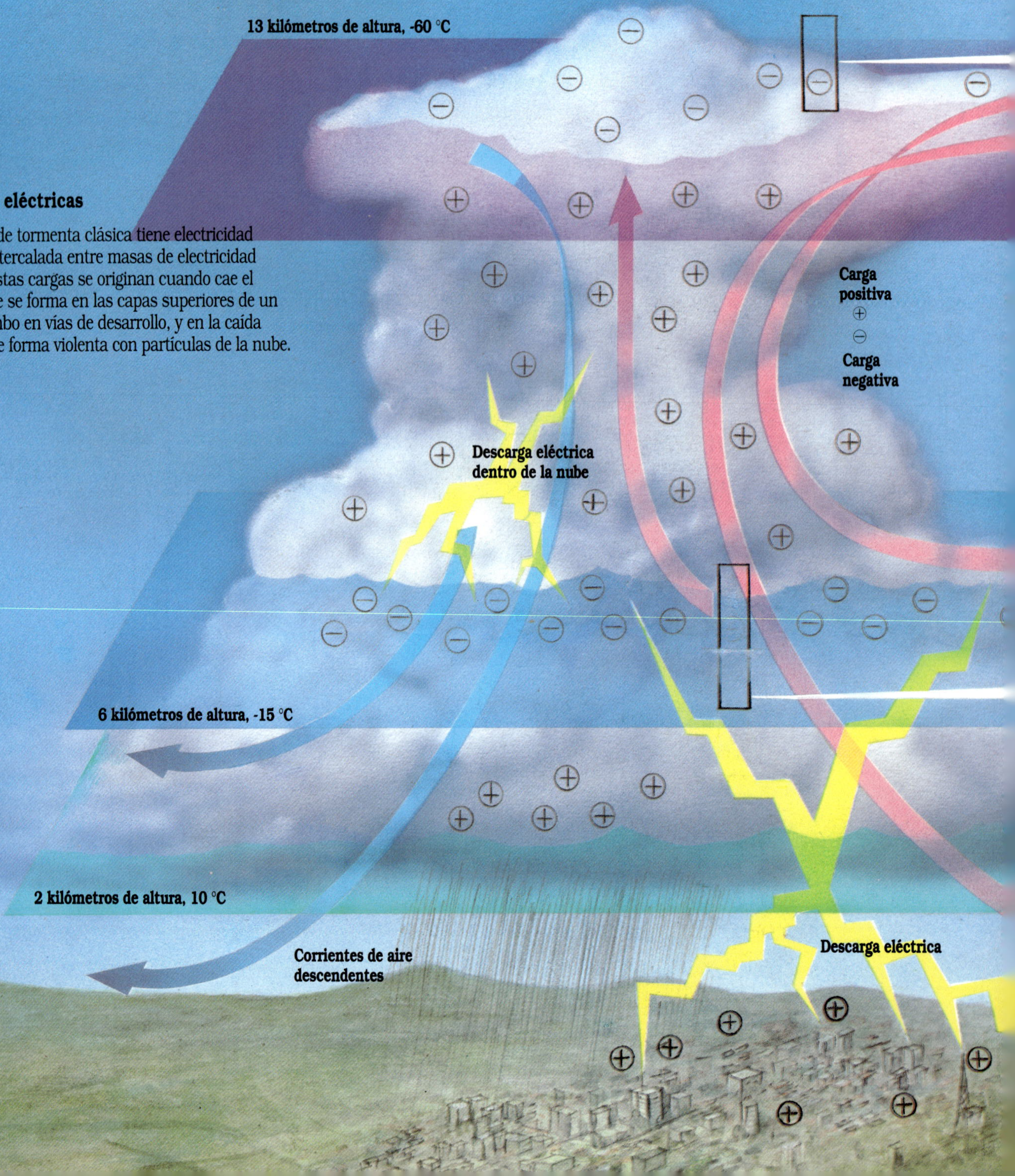

13 kilómetros de altura, -60 °C

Carga positiva
⊕
⊖
Carga negativa

Descarga eléctrica dentro de la nube

6 kilómetros de altura, -15 °C

2 kilómetros de altura, 10 °C

Corrientes de aire descendentes

Descarga eléctrica

A partir del suelo

El suelo que está debajo de una nube con cargas negativas responde con una carga positiva. Esta carga sube por las estructuras altas y conecta con la carga negativa de arriba formando un rayo, que ha subido desde la tierra.

Papel de los rayos cósmicos

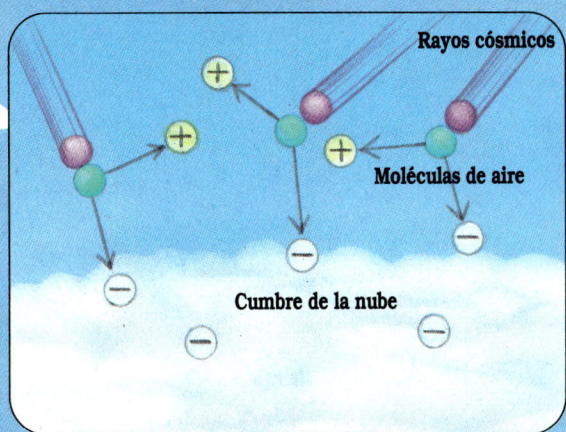

Cuando un rayo cósmico choca contra partículas que hay en el aire, las partículas se cargan negativamente. La nube, con carga positiva, atrae estas partículas negativas, las cuales forman una capa en la parte superior de la nube.

El destello de un relámpago encima de una ciudad.

Una cuestión de temperaturas

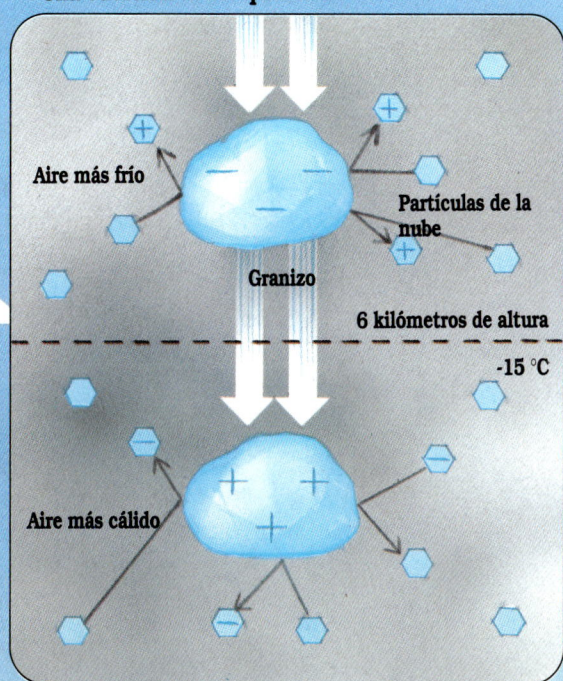

Si la temperatura es inferior a -15 °C, el granizo que cae chocará con partículas de la nube originando cargas negativas. Sin embargo, la base de la nube, más caliente, produce electricidad positiva.

El estruendo de un trueno

Cuando se producen las descargas eléctricas, el aire que las rodea se expande bruscamente produciendo el sonido que llamamos trueno. Un relámpago largo genera un estruendo que dura mucho más a medida que el aire va siendo calentado en su trayectoria.

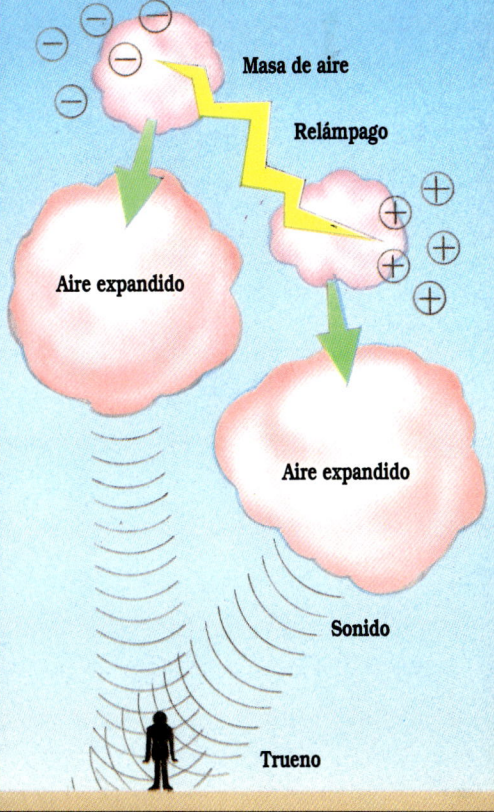

¿Por qué las nubes se asoman sobre las montañas?

A veces, vemos una formación de nubes un tanto peculiar, llamada nubes casquete, que cubre tanto las cimas de una cordillera como la de un pico aislado. Estas nubes casquete se forman por las corrientes ascendentes y descendentes que se originan cuando vientos fuertes cruzan montañas. Si el aire es húmedo, las corrientes ascendentes se saturarán cerca de la cumbre y el vapor de agua del aire se condensará formando nubes. A medida que el aire baja por la otra ladera de la montaña, las nubes se convierten de nuevo en vapor de agua y desaparecen. De este modo las nubes casquete permanecen estacionarias en la cumbre, aunque los vientos que las formaron continúen su trayectoria.

Según la tradición, una nube casquete encima del monte Fuji, Japón, pronostica lluvia para el día siguiente *(arriba)*.

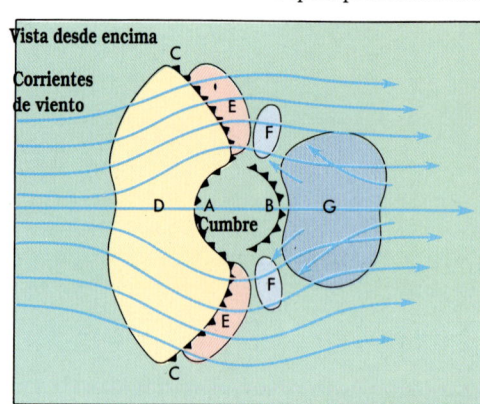

Circulación de corrientes de aire

Las corrientes de aire forman nubes casquete

El viento, al fragmentarse alrededor de un pico volcánico *(izquierda)*, origina zonas locales de turbulencia. Las corrientes que se forman en las zonas A, B, y D producen las nubes casquete de la cumbre.

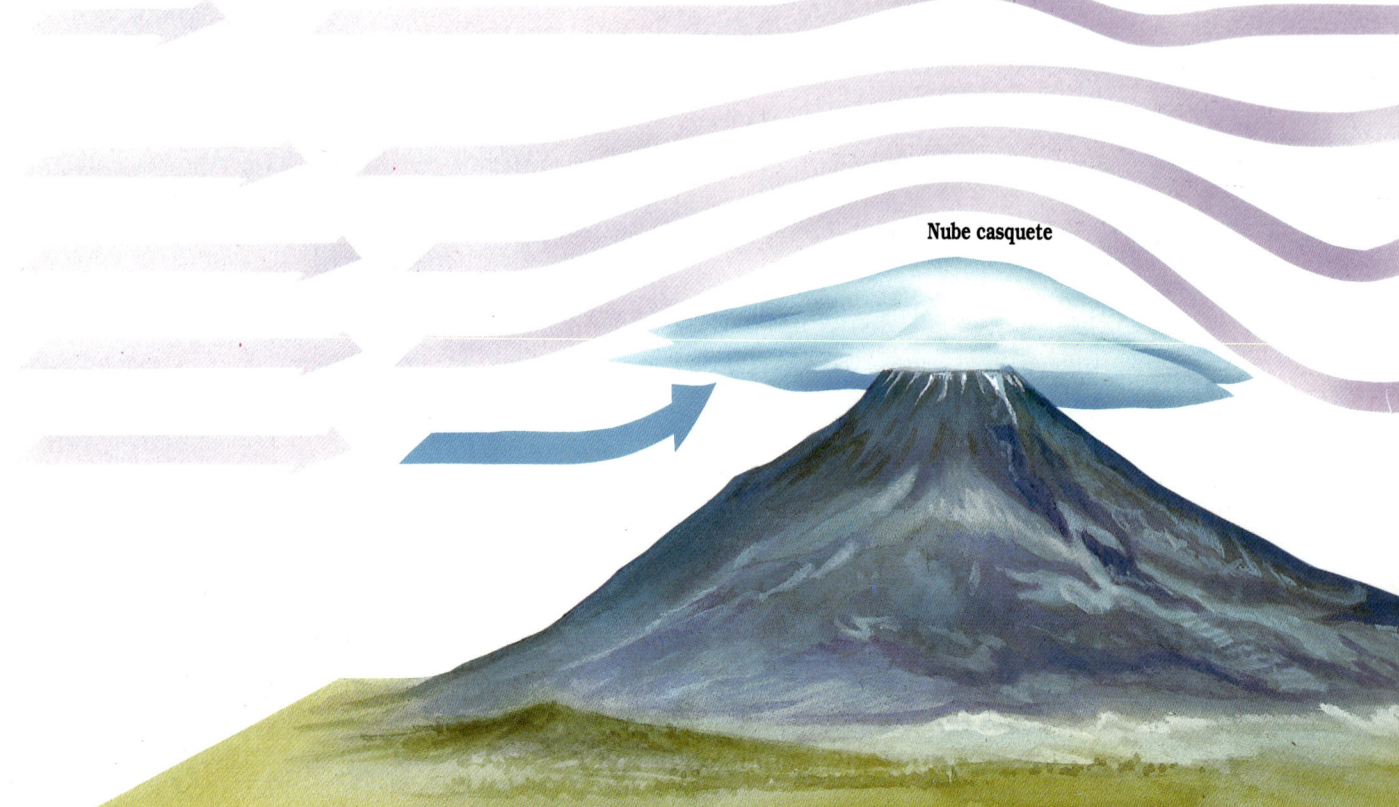

Vientos que crean nubes

Los vientos que cruzan montañas forman distintas clases de nubes. Si los vientos que se aproximan a una montaña son muy débiles, siguen un flujo laminar, en capas (fig. 1), que reproduce la forma de la montaña y no forma nubes. Si los vientos son un poco más fuertes, originan pequeños remolinos llamados vórtices (fig. 2) en la otra ladera de la montaña, la de sotavento, pero aún sin formar nubes. Si el aire es muy húmedo y la fuerza del viento se intensifica, las corrientes de aire con movimiento ondulatorio forman nubes lenticulares (en forma de lente) en la ladera de sotavento (fig. 3), y una nube casquete cerca de la cima. Si los vientos llegan a ser muy violentos, las corrientes a sotavento forman remolinos que se mueven en direcciones opuestas (figs. 3 y 4). Si el aire es muy húmedo, la nube casquete de la cumbre estará acompañada de nubes más pequeñas cercanas a los remolinos.

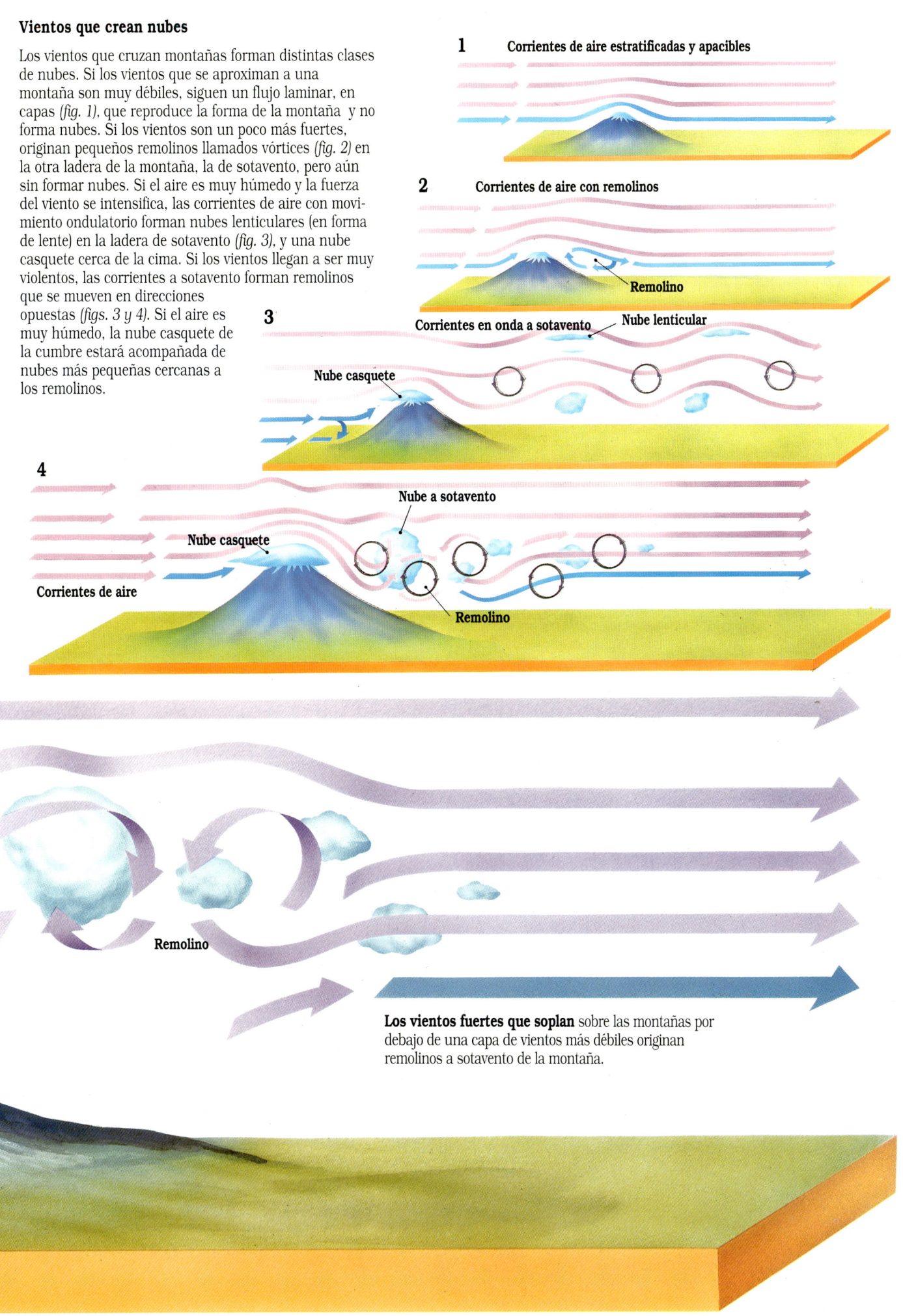

1 Corrientes de aire estratificadas y apacibles

2 Corrientes de aire con remolinos

Remolino

Corrientes en onda a sotavento — Nube lenticular

3 Nube casquete

4 Nube a sotavento

Nube casquete

Corrientes de aire

Remolino

Remolino

Los vientos fuertes que soplan sobre las montañas por debajo de una capa de vientos más débiles originan remolinos a sotavento de la montaña.

¿Cómo se forma la niebla?

La niebla no es más que una nube que se forma cuando se enfría el aire que está en contacto con el suelo. Aparece cuando una masa de aire húmedo y cálido entra en contacto con aire más frío. La cantidad de vapor de agua que puede contener una masa de aire depende de su temperatura. El aire caliente puede contener más vapor de agua que el aire frío. Cuando una masa de aire tiene más vapor de agua de la que puede contener a cierta temperatura (un punto llamado volumen de saturación de vapor), el vapor de agua se condensa originando nieblas.

Si la temperatura es suficientemente baja, puede haber niebla incluso en aire bastante seco. La niebla se forma más fácilmente en una masa de aire que tenga mucho polvo u otras partículas a las cuales se puedan adherir las gotas de agua. En las regiones polares, en las cuales las temperaturas descienden hasta unos -16 °C, se puede formar una niebla de cristales de hielo.

Cómo se forman las nieblas de radiación

Por la noche, después de que el suelo empiece a liberar el calor absorbido durante el día, el aire en contacto con la superficie empieza a enfriarse. Si se enfría lo suficiente, el vapor de agua que tiene se condensa formando la niebla de radiación. Este tipo de nieblas ocurren a menudo en zonas bajas, en noches claras con poco viento.

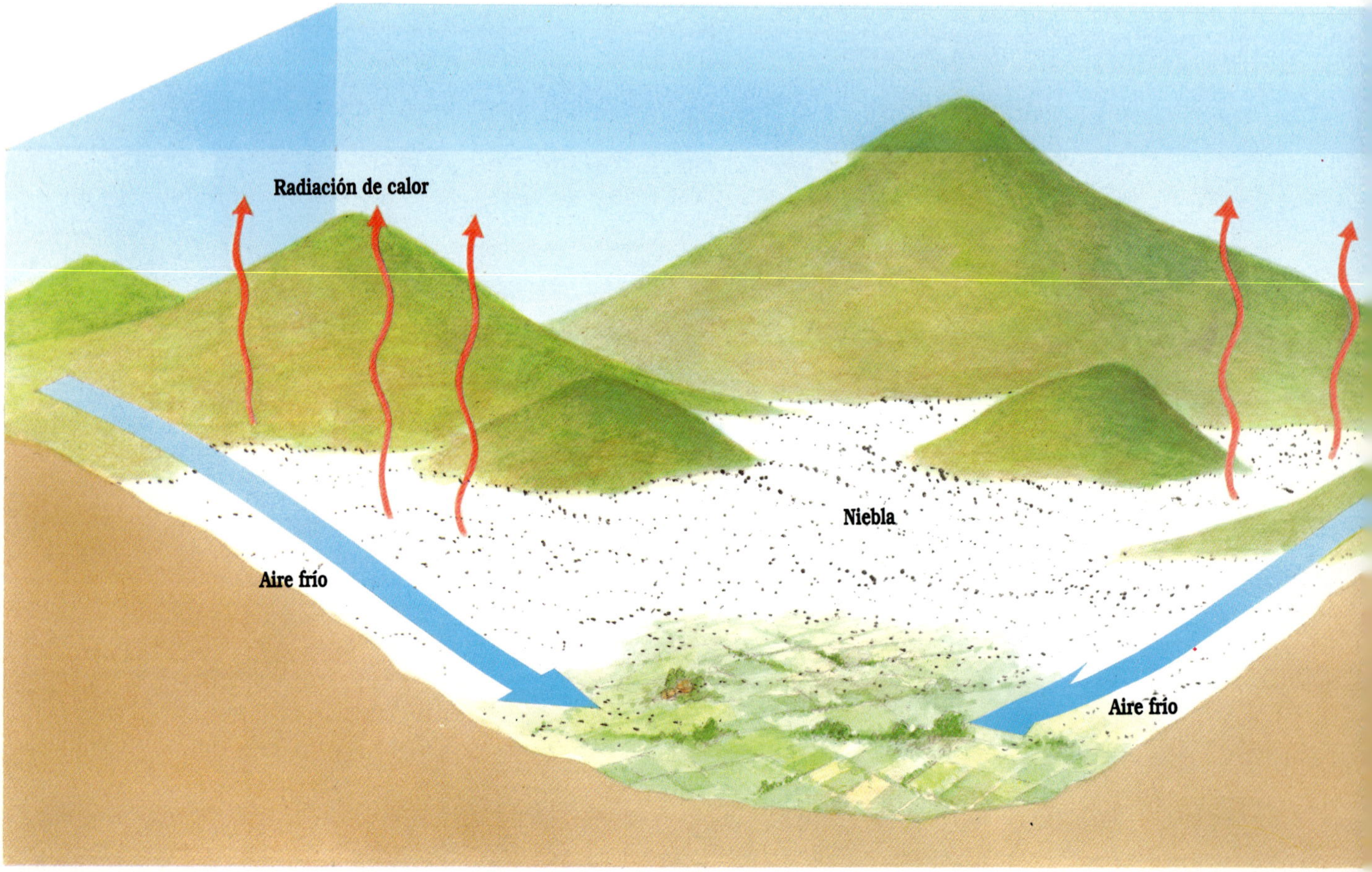

Por todas partes hay condensación

Por el mismo proceso de condensación que se producen las nieblas tienen lugar otros efectos cotidianos. Por ejemplo, el aire frío que hay fuera de una ventana enfría el aire caliente de dentro *(fig. 1);* el vapor de agua se condensa cuando el aire del interior se enfría y se forman partículas de agua, adquiriendo la ventana un aspecto brumoso. Cuando el aliento de una persona *(2)*, formado de aire húmedo y caliente, se enfría bruscamente y el vapor de agua se condensa, se vuelve visible y puede parecer que la persona esté fumando. Una bebida helada dentro de un vaso *(3)* enfría el aire que está en contacto con ella, y el vapor de agua que se condensa forma gotitas en las paredes del vaso. El vapor de agua que sale de una olla *(4)* se enfría en contacto con el aire y se condensa en una nube de humo.

Cómo se forman las nieblas de advección

Las nieblas de advección, sobre todo frecuentes cerca del mar, aparecen cuando una masa de aire caliente y húmedo se desplaza de repente encima de una superficie fría. La capa inferior de la masa de aire se enfría, causando la condensación del vapor de agua y aparece la niebla.

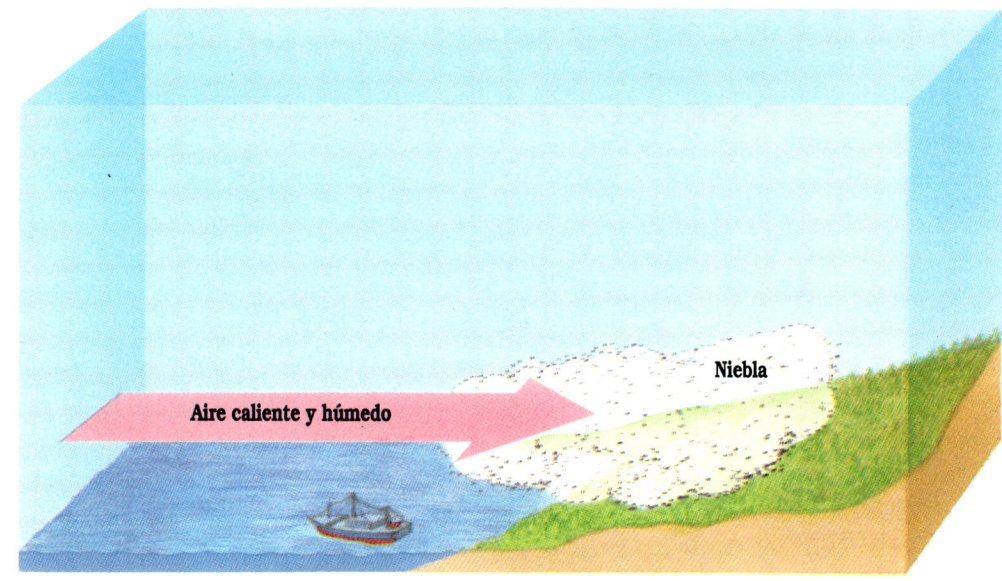

Cómo se forman las nieblas de ladera o de montaña

A medida que una masa de aire caliente y húmeda sube por la ladera de una montaña, tiende a expandirse y a enfriarse propiciando que el vapor de agua se condense formando niebla. Esta niebla ascendente, que suele aparecer de forma irregular, es el tipo de niebla con el que más a menudo se topan los alpinistas. A la larga, si las corrientes de aire continúan subiendo, la niebla de ladera se convertirá en nubes.

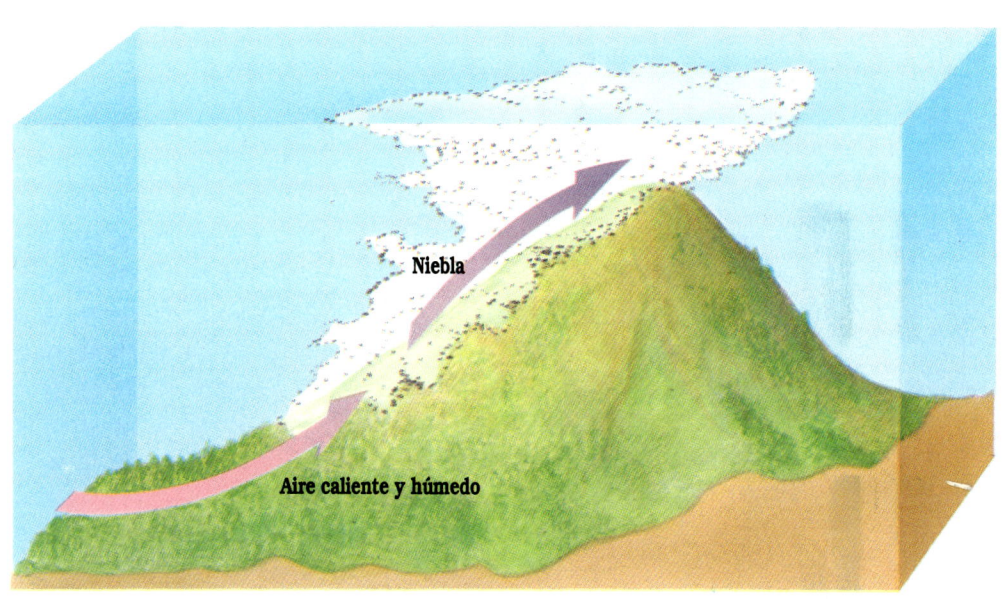

Cómo se forma la niebla de vapor

A veces una masa de aire frío se desplaza a una región de ríos o lagunas, que no se enfrían de noche. El aire enfriará y condensará al vapor del agua caliente, formándose la niebla de vapor. Cuanto mayor sea el contraste de temperaturas entre el agua y el aire, más densa será la niebla resultante de esta evaporación del agua caliente en el aire frío.

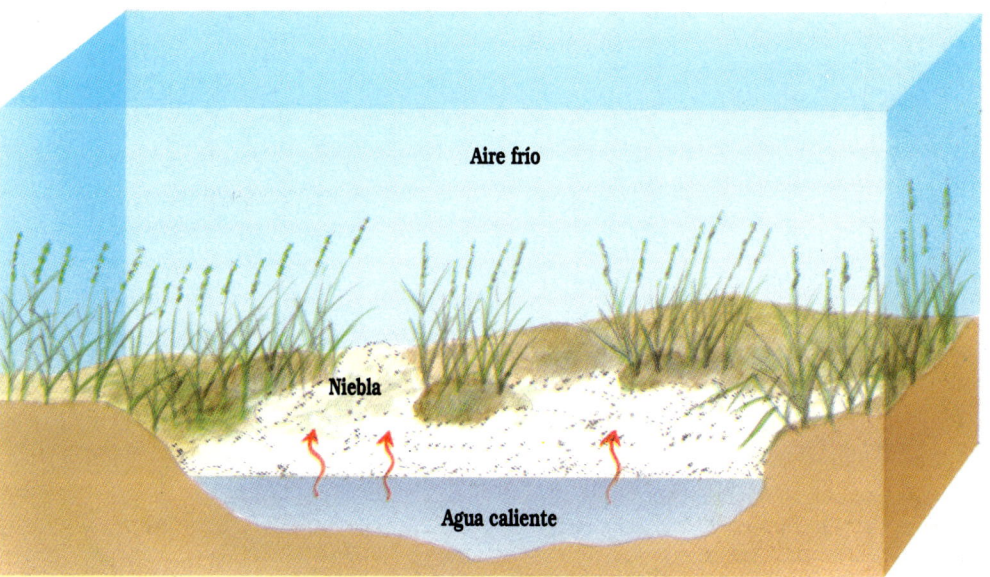

¿Qué es la garúa?

Los automovilistas que circulan por las costas de Perú y del norte de Chile a menudo se encuentran con un extraño fenómeno: una niebla tan transparente que no presenta problemas de visibilidad, pero tan húmeda que tienen que usar los limpiaparabrisas. Esta niebla espesa y húmeda, conocida como garúa o camanchaca, se debe a la presencia de la fría Corriente de Humboldt, que fluye a lo largo de la costa peruana. El aire caliente del océano Pacífico se encuentra con la corriente fría y forma una niebla normal encima del mar. Sin embargo, cuando esta niebla llega a tierra empujada por las brisas marinas, de golpe se encuentra en una región seca y caliente cuyas temperaturas rondan los 27 °C. A medida que el aire seco empieza a evaporar las gotas de agua de la niebla, éstas se encogen formando gotitas increíblemente diminutas. El resultado es una niebla bien húmeda, pero casi invisible.

La niebla llamada garúa es típica de las costas del Pacífico de Perú y del norte y centro de Chile.

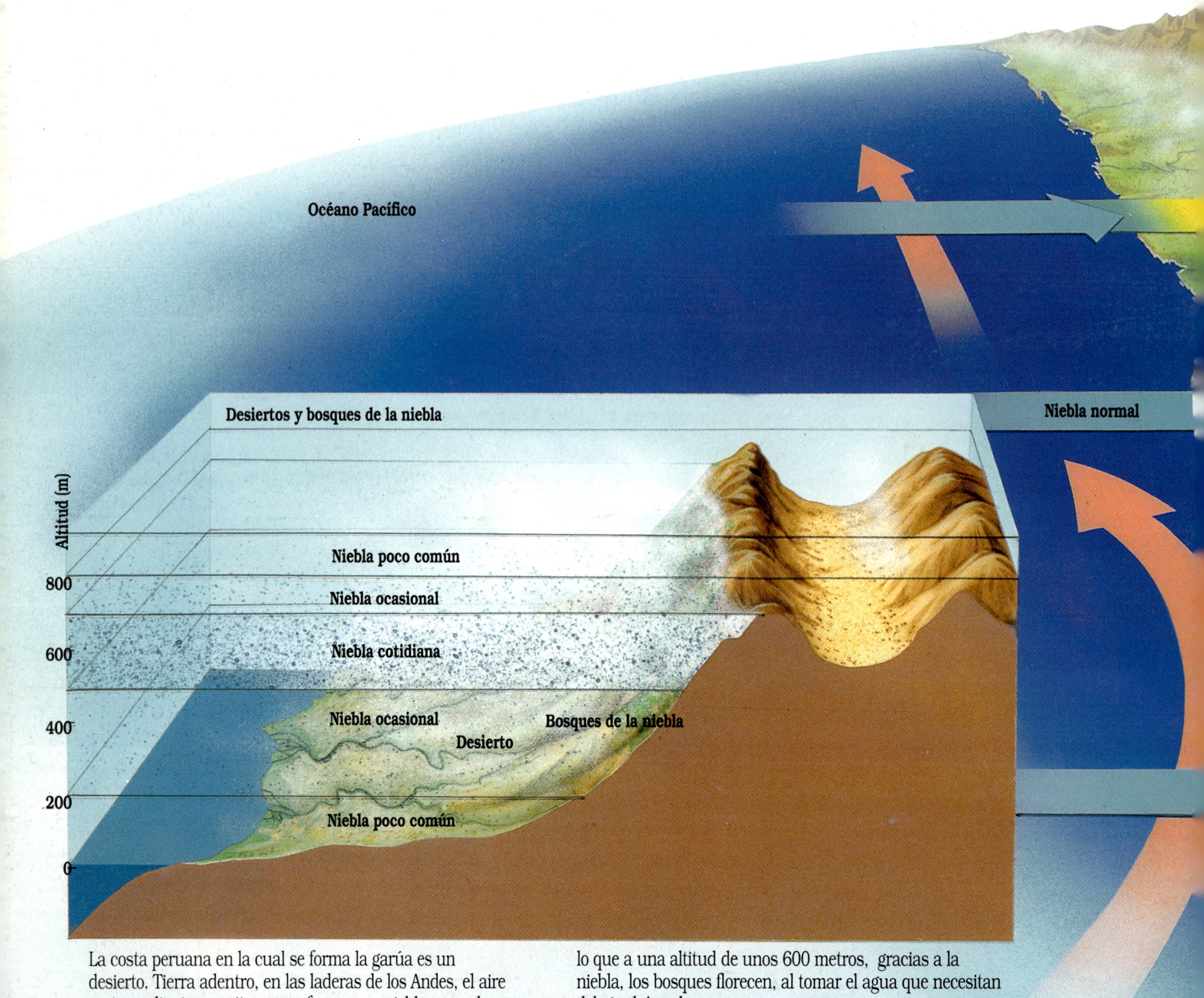

La costa peruana en la cual se forma la garúa es un desierto. Tierra adentro, en las laderas de los Andes, el aire no tan caliente permite que se forme una niebla normal, por lo que a una altitud de unos 600 metros, gracias a la niebla, los bosques florecen, al tomar el agua que necesitan del aire húmedo.

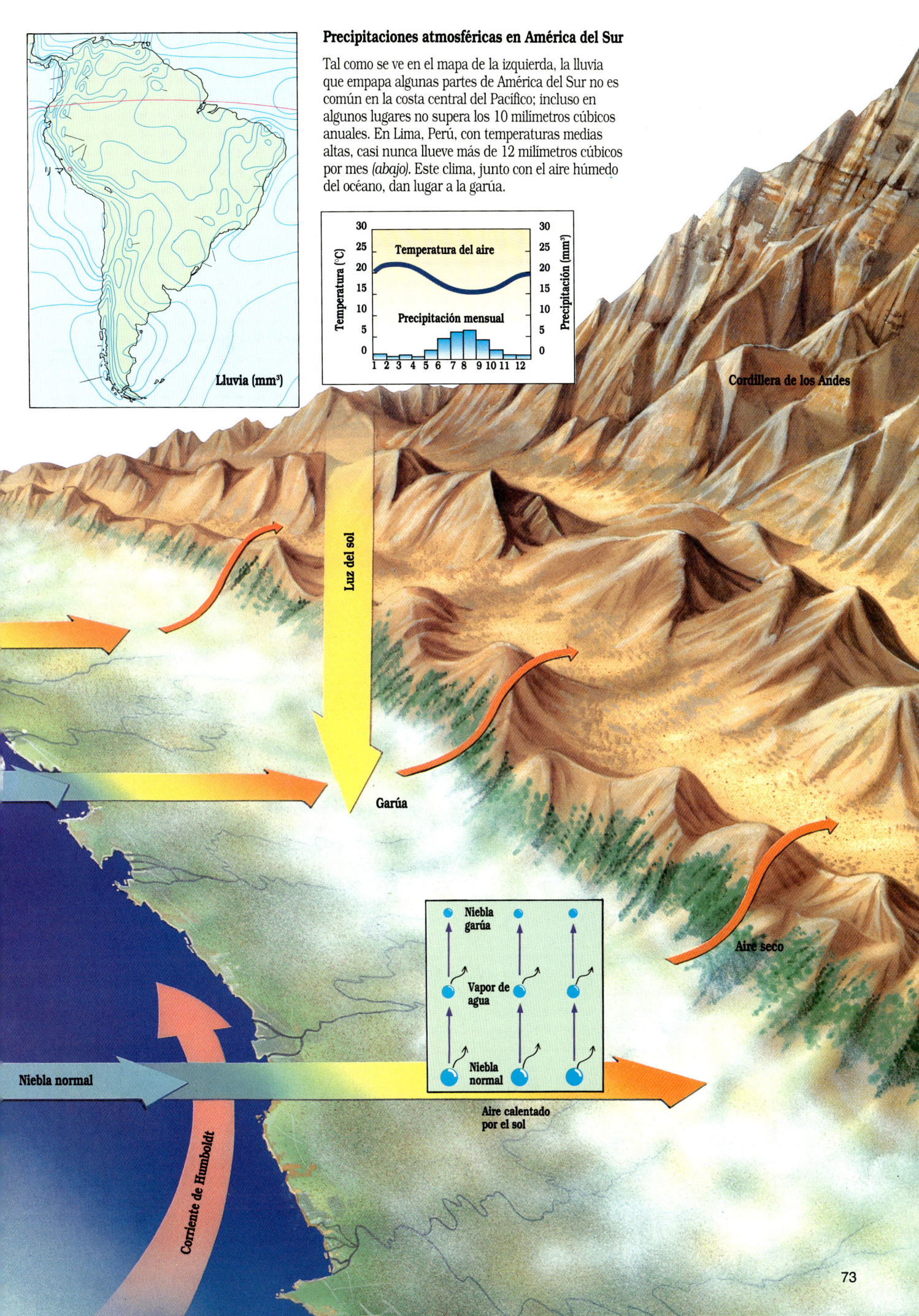

Precipitaciones atmosféricas en América del Sur

Tal como se ve en el mapa de la izquierda, la lluvia que empapa algunas partes de América del Sur no es común en la costa central del Pacífico; incluso en algunos lugares no supera los 10 milímetros cúbicos anuales. En Lima, Perú, con temperaturas medias altas, casi nunca llueve más de 12 milímetros cúbicos por mes *(abajo)*. Este clima, junto con el aire húmedo del océano, dan lugar a la garúa.

¿Por qué llueve, graniza y nieva?

Las capas superiores de los cumulonimbos y altoestratos, en los cuales las temperaturas están muy por debajo del punto de congelación del agua, están constituidas sobre todo por cristales de hielo. Puesto que las temperaturas son un poco más altas en las capas intermedias de la nube, los cristales de hielo que suben y bajan con las corrientes de aire chocan con gotitas de agua sobreenfriadas. Estas gotitas se adhieren a los cristales de hielo, formando así cristales más pesados capaces de caerse a través de las corrientes ascendentes de la nube.

Mientras bajan, estos cristales chocan con otras partículas de la nube y aumentan de tamaño. Si la temperatura del suelo es bajo cero, los cristales caen en forma de nieve; si el aire en contacto con la superficie es caliente, se convierten en gotas de lluvia. Si las corrientes ascendentes del interior de la nube son muy fuertes, los cristales de hielo suben y bajan varias veces en el interior de la nube antes de precipitarse. A medida que suben y bajan, estos cristales de hielo siguen creciendo, y a la larga, pesan lo suficiente como para caer en forma de granizo. Una de las mayores piedras de granizo de la que hay noticia cayó en Kansas, Estados Unidos, en 1970. Medía casi 15 centímetros de ancho y pesaba 750 gramos.

■ **Trayectoria de las precipitaciones**

Este modelo de cumulonimbo *(derecha)* muestra la trayectoria de las corrientes de aire cuando suben con aire caliente, llenas de vapor de agua, hacia altitudes más frías, y regresan con lluvia, nieve o granizo.

● **Lluvia, nieve o granizo**

Las capas de la nube con temperaturas más bajas *(izquierda)* contienen partículas en forma de cristales de hielo. En las capas inferiores, ligeramente más calientes, el hielo se mezcla con las gotitas de agua para formar cristales suficientemente grandes y pesados para caer como lluvia o nieve, o incluso, con las condiciones necesarias, en forma de granizo.

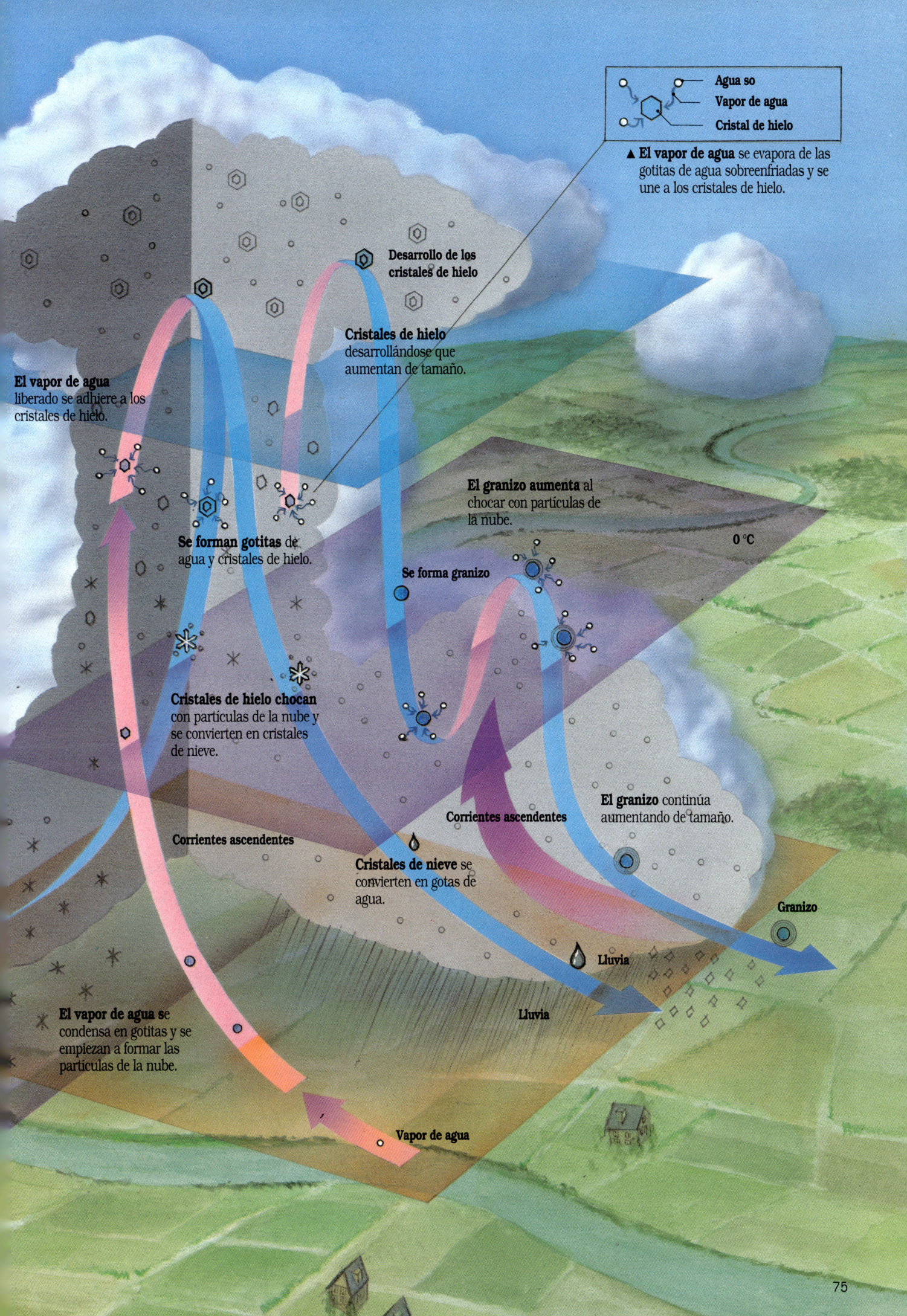

¿Por qué se forman los chubascos tropicales?

Los fuertes aguaceros típicos de los trópicos, que arrecian a media tarde, son causados por las altas temperaturas. En estas zonas tan húmedas y cálidas, el sol matutino rápidamente calienta las superficies del mar y del suelo provocando una intensa evaporación. También se calienta el aire en contacto con el suelo y sube cargado de vapor de agua. A medida que la masa de aire caliente va subiendo, se enfría, hasta que al llegar a cierta altura el vapor de agua se condensa formando nubes. Puesto que el fuerte sol continúa calentando el suelo, las corrientes ascendentes de aire caliente y húmedo siguen subiendo cada vez más fuertes. Pronto empiezan a formarse enormes cumulonimbos, y si sigue haciendo calor, toda la humedad que se ha ido acumulando en la nube se precipitará en forma de un chubasco corto y violento a la hora de la siesta. En un día que haga muchísimo calor, este proceso puede llegar a repetirse y traer un segundo chubasco en la misma tarde.

En Bali, una isla de Indonesia, una hoja de banano protege de los chubascos.

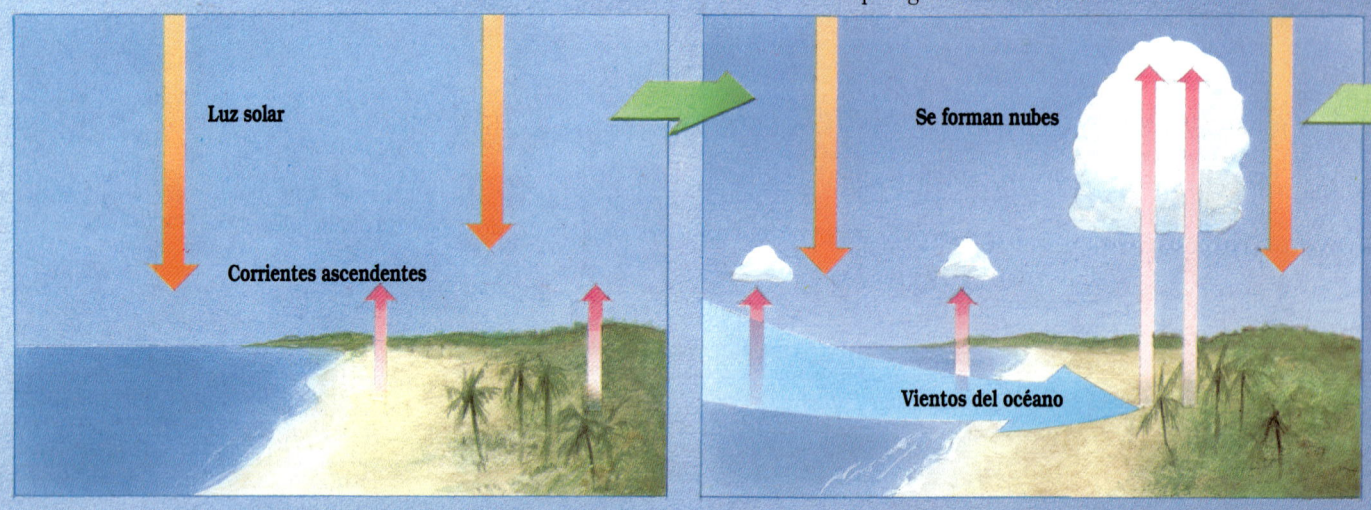

Así que sale el sol, la fuerte luz tropical calienta rápidamente el suelo y la superficie del océano, provocando una intensa evaporación. El vapor de agua sube junto con las masas de aire caliente que ascienden.

A cierta altura, el aire ascendente se satura y forma nubes. La luz del sol, ahora más fuerte, produce un notable aumento de las violentas corrientes ascendentes de aire. Las nubes se convierten en nubes de tormenta y son llevadas a la orilla por las brisas marinas.

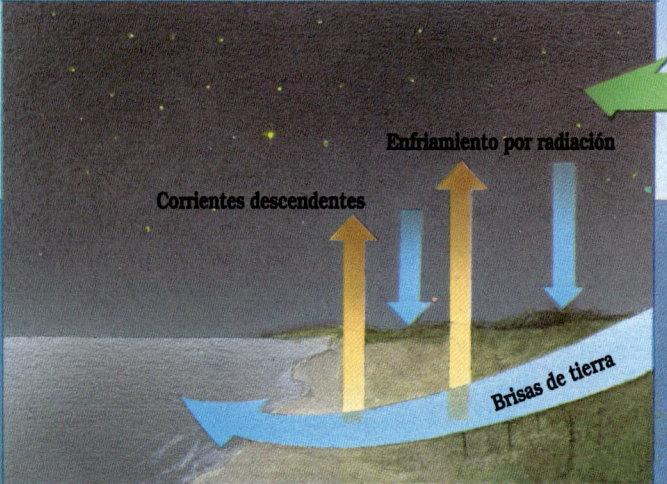

En las noches despejadas el suelo irradia su calor, disminuyendo así la temperatura, de forma que hace un tiempo más frío y agradable. Una ligera brisa de tierra a mar origina las corrientes descendentes sobre la tierra.

Fuertes lluvias arrecian durante una o dos horas, de forma que al atardecer han desaparecido las nubes. Tras el chubasco, las temperaturas bajan deprisa, y la humedad, en cambio, aumenta en gran manera debido a la precipitación.

● **Días lluviosos**

En la representación gráfica de la derecha podemos ver la distribución anual de días lluviosos alrededor del globo. La Amazonia y el Pacífico Sur son zonas con lluvias especialmente fuertes.

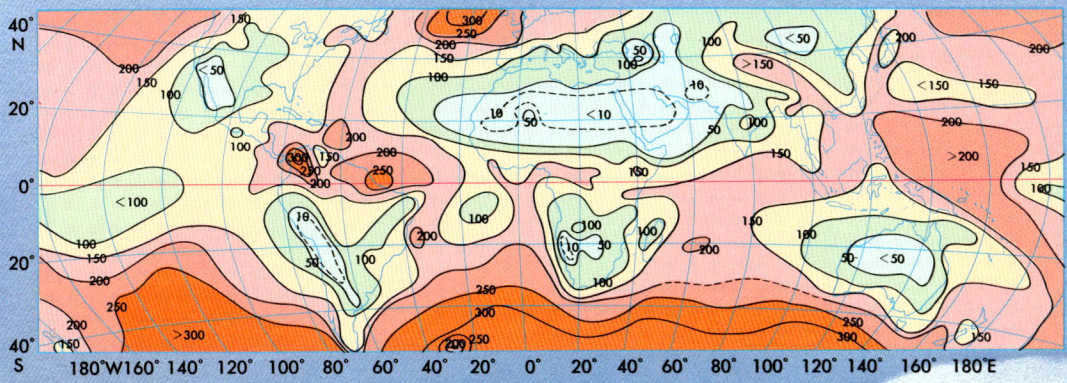

■ **Grandes gotas de lluvia caliente**

0 °C

Si arriba en la atmósfera la temperatura no baja de los 0 °C, las gotas de agua de las nubes *(derecha)* continúan aumentando de tamaño en vez de formar cristales de hielo. Cuando alcanzan un determinado tamaño, pesan demasiado para subir con las corrientes ascendentes y caen en forma de cálido chubasco tropical.

Gotas de agua que crecen

Gotas de agua que chocan y crecen

Formación de gotas de lluvia

Gotas de agua formadas completamente

Lluvia

Aquí se forman las nubes (punto de condensación del vapor de agua)

¿Cómo podemos conseguir que llueva?

Los científicos han recurrido a un puñado de métodos para hacer que llueva cuando hay cumulonimbos. Una de las técnicas, por ejemplo, consiste en lanzar a la atmósfera desde un avión partículas de yoduro de plata o de hielo seco, como si fueran semillas. El vapor de agua se adhiere a estas partículas, y cuando la temperatura es lo suficientemente fría, se forman cristales de hielo, que caen al suelo y se derriten en forma de gotas de lluvia.

Otros métodos se basan en sembrar las nubes desde abajo lanzando las partículas desde el suelo con quemadores u hornillos, o bien en rociar las nubes con agua pulverizada desde un avión. No obstante, sin importar el método que se use, hasta ahora no se ha descubierto ninguno que haga llover a menos que las condiciones de las nubes sean ya favorables. Los métodos de estimulación artificial de la lluvia también se han aplicado, con resultados dudosos, para combatir y reducir el poder destructor de los huracanes y tifones.

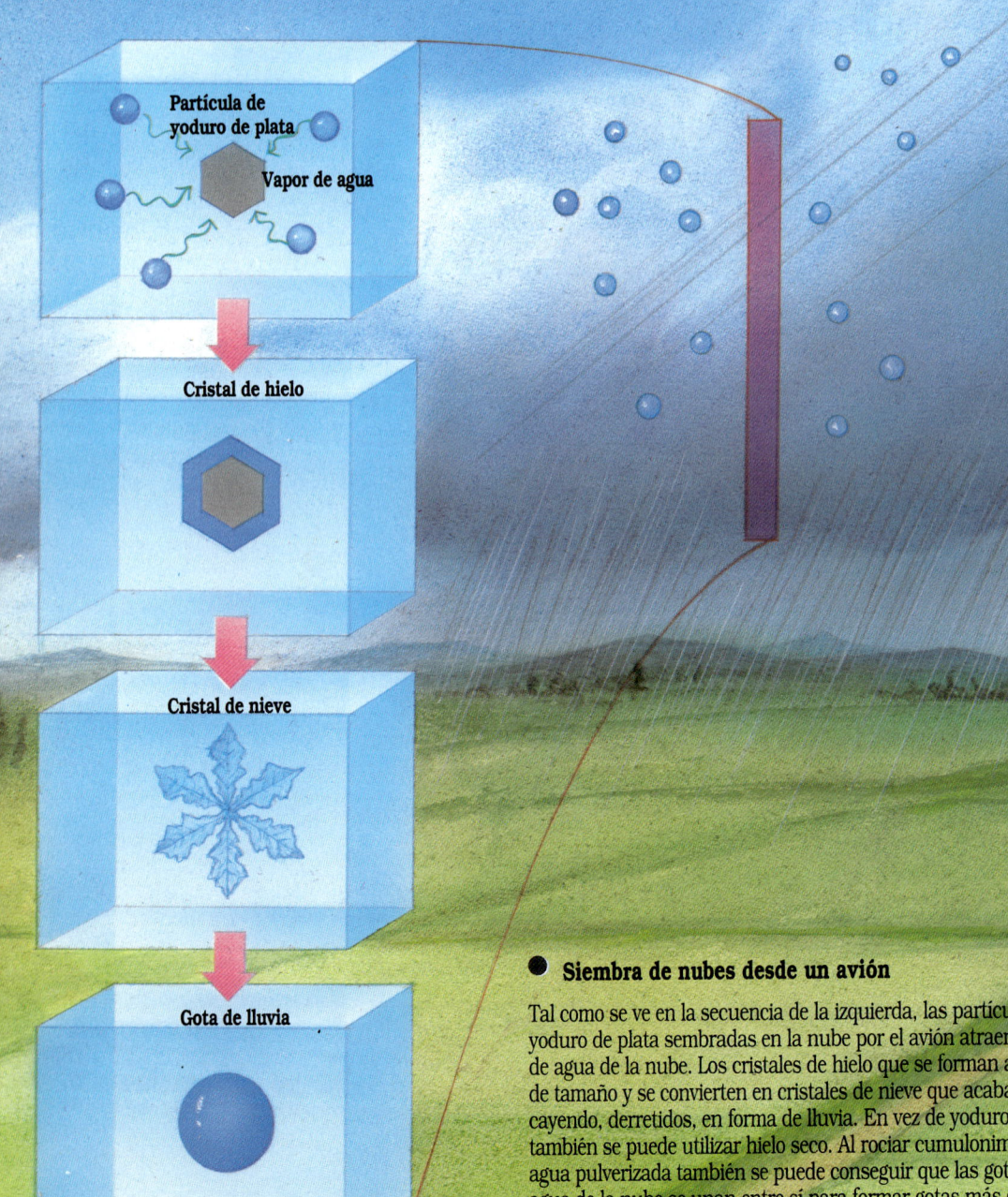

● **Siembra de nubes desde un avión**

Tal como se ve en la secuencia de la izquierda, las partículas de yoduro de plata sembradas en la nube por el avión atraen el vapor de agua de la nube. Los cristales de hielo que se forman aumentan de tamaño y se convierten en cristales de nieve que acaban cayendo, derretidos, en forma de lluvia. En vez de yoduro de plata también se puede utilizar hielo seco. Al rociar cumulonimbos con agua pulverizada también se puede conseguir que las gotitas de agua de la nube se unan entre sí para formar gotas más grandes que se precipitarán en forma de lluvia.

● **Las condiciones idóneas para la estimulación artificial de la lluvia**

En 1962, un estudio del gobierno estadounidense, llamado Proyecto de Agua del Cielo, intentó establecer cuáles eran las condiciones idóneas para la estimulación artificial de la lluvia. El equipo científico que trabajaba en el proyecto centró sus experimentos en una zona árida entre Texas y California. Entre los resultados que obtuvieron hay pruebas claras de que la siembra de yoduro de plata en nubes cuya temperatura esté entre los -10 °C y -22 °C puede conseguir aumentos de lluvia entre un 15% y un 200%. Como resultado de este estudio, varias empresas privadas abrieron sus puertas ofreciendo la estimulación artificial de precipitaciones.

● **Siembra desde el suelo**

Hornillos como éste *(izquierda)* lanzan partículas de yoduro de plata hacia arriba, consiguiendo aumentar la lluvia en un 5 %.

En períodos de sequía se utiliza el embalse del Ogouchi, Japón *(arriba)*, construido para guardar el agua potable de Tokio, para hacer experimentos sobre la estimulación artificial de la lluvia.

¿Qué sucede en una tormenta de hielo?

Cuando la lluvia desciende a través de una capa de aire bajo cero cercana al suelo, puede congelarse y caer en forma de hielo o aguanieve. Cuando la temperatura del aire ronda los 0 °C en un día de niebla o neblina, el tiempo puede tomar un cariz más espectacular. Las gotas de agua procedentes del aire pueden congelarse al tocar objetos muy fríos, como las ramas de los árboles o las líneas eléctricas, adhiriéndoseles. En los desniveles en donde sopla el viento, el cristal de hielo puede transformar los árboles en esculturas de hielo y nieve.

Unos esquiadores avanzan entre los graciosos y extraños "monstruos de hielo" que cubren los árboles del monte Zao de Japón.

Hermoso plumaje que forman los cristales de hielo en las ramas.

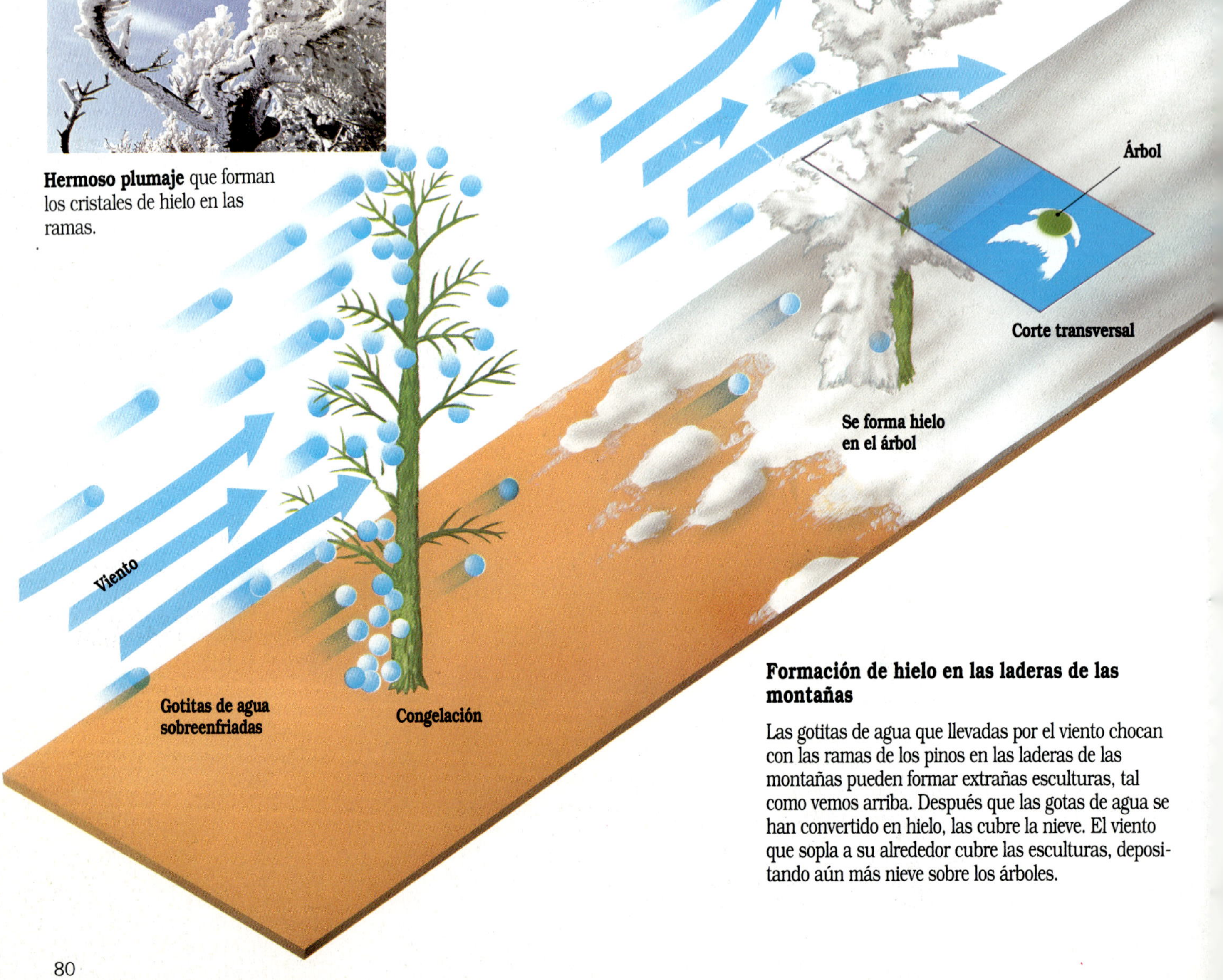

Viento

Gotitas de agua sobreenfriadas

Congelación

Se forma hielo en el árbol

Árbol

Corte transversal

Formación de hielo en las laderas de las montañas

Las gotitas de agua que llevadas por el viento chocan con las ramas de los pinos en las laderas de las montañas pueden formar extrañas esculturas, tal como vemos arriba. Después que las gotas de agua se han convertido en hielo, las cubre la nieve. El viento que sopla a su alrededor cubre las esculturas, depositando aún más nieve sobre los árboles.

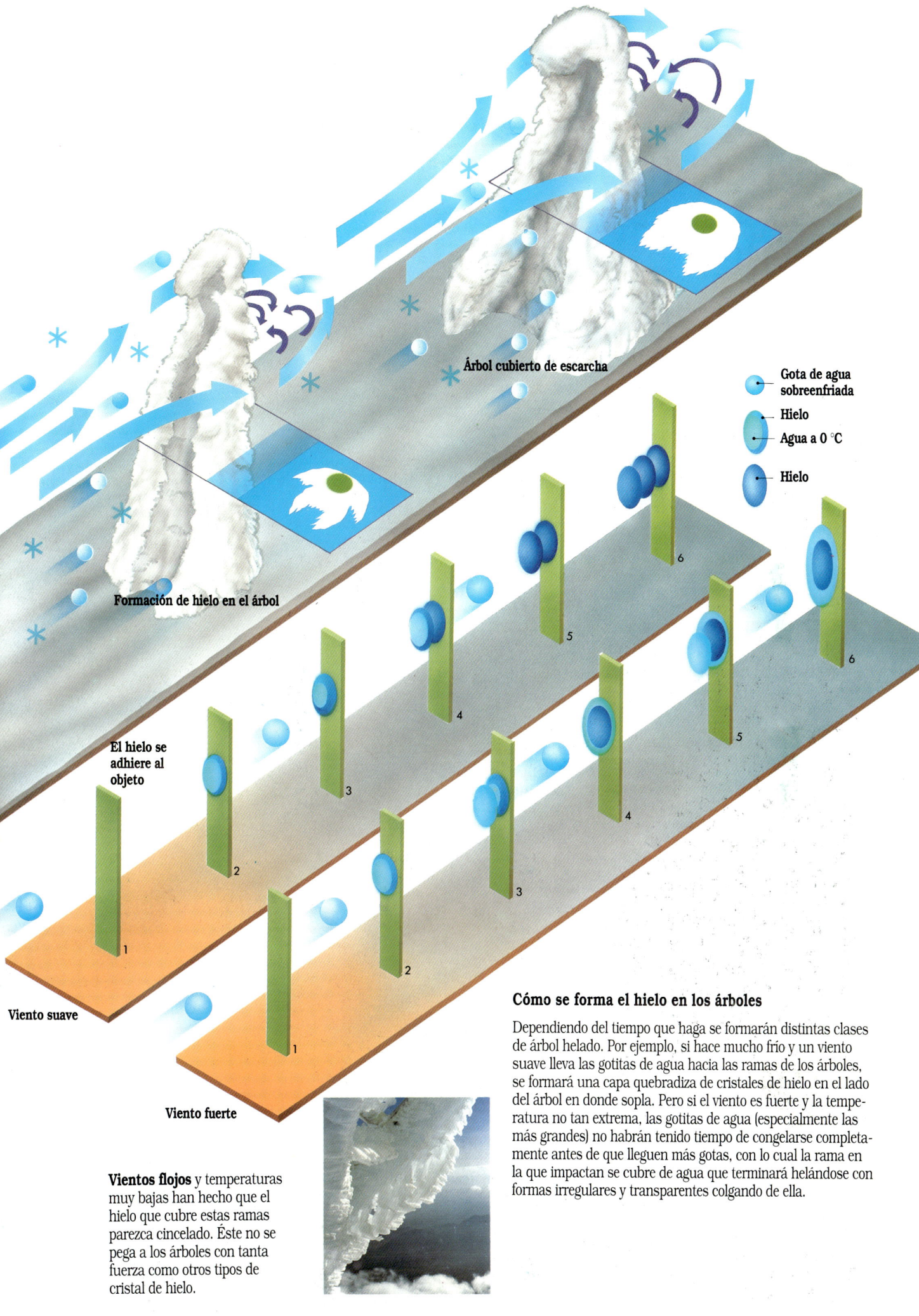

Cómo se forma el hielo en los árboles

Dependiendo del tiempo que haga se formarán distintas clases de árbol helado. Por ejemplo, si hace mucho frío y un viento suave lleva las gotitas de agua hacia las ramas de los árboles, se formará una capa quebradiza de cristales de hielo en el lado del árbol en donde sopla. Pero si el viento es fuerte y la temperatura no tan extrema, las gotitas de agua (especialmente las más grandes) no habrán tenido tiempo de congelarse completamente antes de que lleguen más gotas, con lo cual la rama en la que impactan se cubre de agua que terminará helándose con formas irregulares y transparentes colgando de ella.

Vientos flojos y temperaturas muy bajas han hecho que el hielo que cubre estas ramas parezca cincelado. Éste no se pega a los árboles con tanta fuerza como otros tipos de cristal de hielo.

4
La presión atmosférica

A pesar de que la atmósfera sea invisible y nos parezca que no pesa, en realidad tiene materia y masa. A nivel del suelo, la masa de aire que tenemos encima ejerce una presión de más de cien mil newtons por metro cuadrado. Actualmente las unidades más utilizadas en meteorología para medir la presión atmosférica son los milibares (mb), siendo la presión normal al nivel del mar de 1.013 milibares.

Pero la presión atmosférica no es uniforme, y son las diferencias de presión en distintos lugares del globo las que ayudan a poner en marcha la máquina del tiempo. En el hemisferio Norte, por ejemplo, en las zonas de altas presiones los vientos soplan hacia fuera y en el sentido de las agujas del reloj. En líneas generales, las zonas de altas presiones están asociadas con el buen tiempo. Siempre en el hemisferio Norte, en los sistemas de bajas presiones o borrascas, por lo general los vientos son más cálidos y soplan en sentido contrario al de las agujas del reloj. Cuando un sistema de bajas presiones choca con un sistema de altas presiones, aparecen los frentes, que son lugares donde se originan las tormentas. Las borrascas o depresiones también se forman encima de los océanos tropicales. Alimentadas por la energía producida por la evaporación y condensación de las aguas cálidas de estos océanos, estas depresiones tropicales pueden llegar a convertirse en terribles sistemas de violentas tempestades llamadas tifones en el océano Pacífico y huracanes en el Atlántico.

Los vientos arremolinados de un tifón o huracán se disciernen claramente en las fotografías de los satélites. Alimentado por la energía de las cálidas aguas tropicales, un sistema de bajas presiones puede llegar a convertirse en una perturbación de violentas tempestades con un diámetro de cientos de kilómetros.

¿Qué es un sistema de alta presión?

Para pronosticar la fuerza del viento o el nacimiento de una borrasca hay que familiarizarse con los sistemas de bajas y de altas presiones, es decir, lo que es un anticiclón y una borrasca. Las líneas de los mapas del tiempo que unen los puntos de igual presión atmosférica se llaman isobaras. Por ejemplo, en un mapa típico podemos ver unidas en una línea isobara todas las zonas en las que la presión atmosférica es de mil milibares. Cuando las isobaras forman círculos cerrados alrededor de una región de altas presiones, indican la presencia de un sistema de alta presión o anticiclón.

En un sistema de alta presión (anticiclón), el viento sopla hacia fuera, tangencialmente a las isobaras, en sentido de las agujas del reloj en el hemisferio Norte y contrario en el hemisferio Sur. Estos vientos soplan hacia abajo desde gran altura, arrastrando las nubes que encuentran a su paso. Debido a ello, en general un anticiclón es precursor del buen tiempo. Un sistema de alta presión puede consistir tanto en masas de aire caliente como de aire frío. Generalmente permanecen encima de un mismo lugar, aunque algunos, llamados sistemas migratorios de altas presiones, se desplazan de oeste a este.

Los satélites de observación meteorológica proporcionan información sobre el movimiento y desarrollo de los distintos campos de presión, como esta imagen del Pacífico.

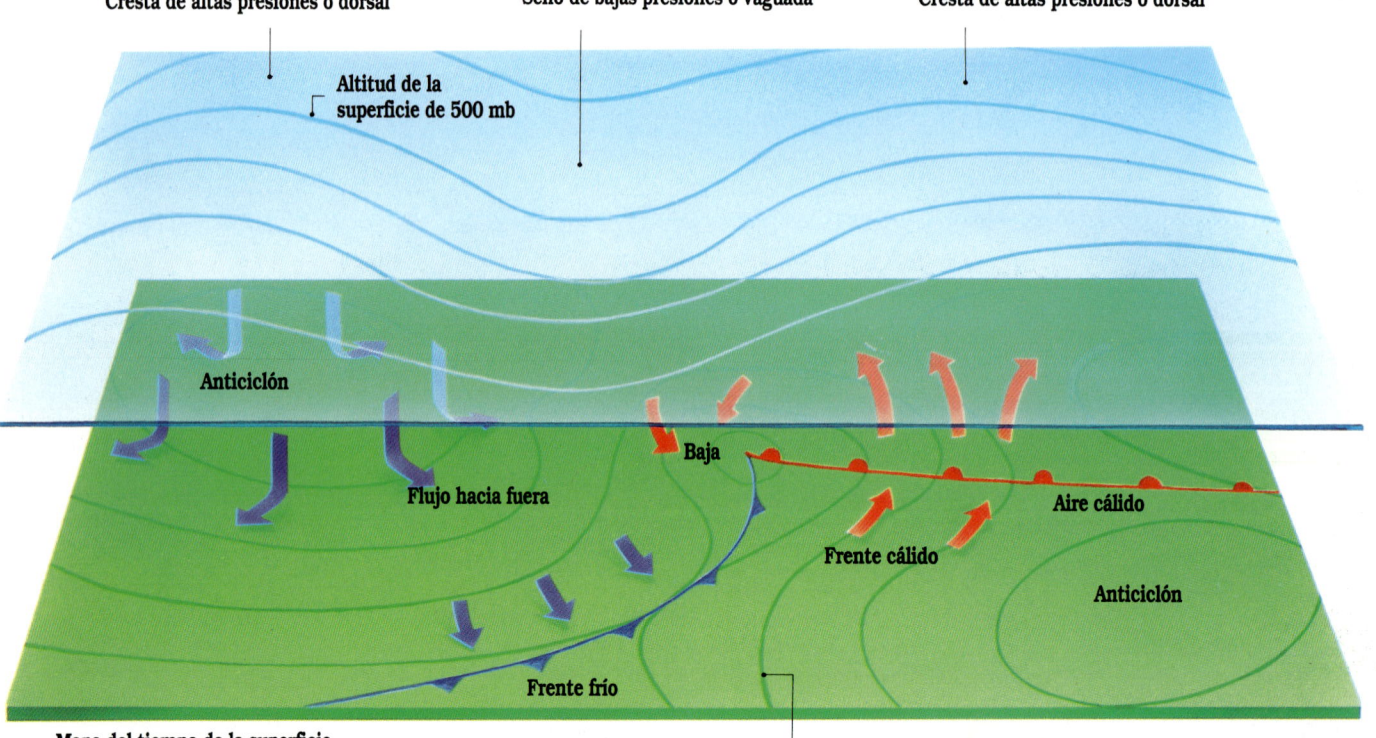

Trayectoria de un frente

Cuando los vientos de marcada componente oeste soplan a gran altura de oeste a este, puede aparecer una dorsal o cresta de alta presión al borde de un sistema y al este de la cresta se forma entonces una vaguada, o seno de bajas presiones. El aire se desplaza siempre de las zonas de alta presión a las de baja presión. Puesto que ahora hay menos aire arriba en la atmósfera, el aire que converge hacia el área de baja presión cercana al suelo es arrastrado hacia arriba en corrientes ascendentes al este de la cresta. Estas corrientes a menudo producen las nubes cumulonimbos causantes de las tormentas y tempestades que suelen acompañar la parte frontal de un sistema. El movimiento horizontal de los sistemas de alta presión origina de este modo veloces movimientos verticales de corrientes de aire. Esta danza del aire arriba en la atmósfera influye en las condiciones climatológicas locales.

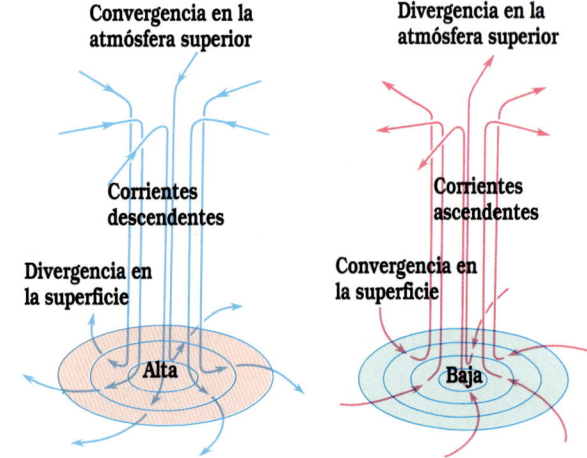

Dos tipos de sistemas de alta presión

Los sistemas de alta presión migratorios, normalmente formados por aire frío, por lo general se desplazan de manera predecible controlados por las corrientes en chorro de las grandes altitudes. En cambio, los sistemas de alta presión estacionarios, que pueden estar formados tanto por aire caliente como por aire frío, suelen permanecer en un mismo lugar o se mueven muy despacio.

Sistemas de alta presión cálidos

Cerca del ecuador el aire calentado por el sol asciende, y se expande hacia el norte y el sur, hasta que al llegar a las latitudes medias baja, formando los sistemas de alta presión cálidos, o altas cálidas. La alta columna de aire asociada con estos anticiclones llega hasta la tropopausa, el límite superior de la troposfera. La Tierra está rodeada por unos cinturones subtropicales de alta presión originados de esta forma. Un ejemplo de este proceso lo constituye la alta del Pacífico, ilustrada a la derecha, que se extiende cerca del Japón cada verano.

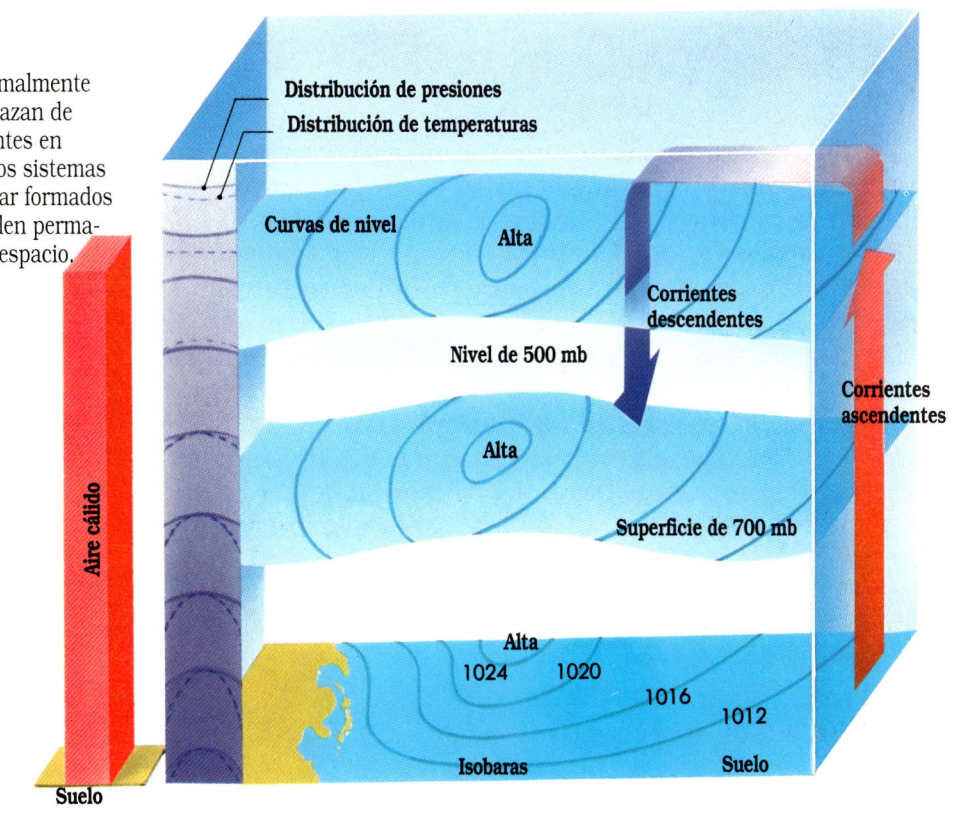

Sistemas de alta presión fríos

Durante el invierno las masas de aire de las latitudes altas reciben poca luz solar y se enfrían. El aire frío es más denso y pesado que el aire caliente y desciende hacia el suelo originando un sistema de alta presión frío, o alta fría. Estos sistemas se forman sobre las masas continentales, a las que no llega el aire cálido del océano. Cada invierno estos sistemas aparecen sobre Canadá y Siberia.

Sistemas de alta presión migratorios

Los sistemas de alta presión migratorios se desplazan en una dirección relativamente constante durante ciclos cortos. En Japón, por ejemplo, durante la primavera y el otoño los sistemas de alta presión migratorios procedentes del Asia continental se desplazan hacia el este originando ciclos de tiempo nuboso o despejado de varios días de duración.

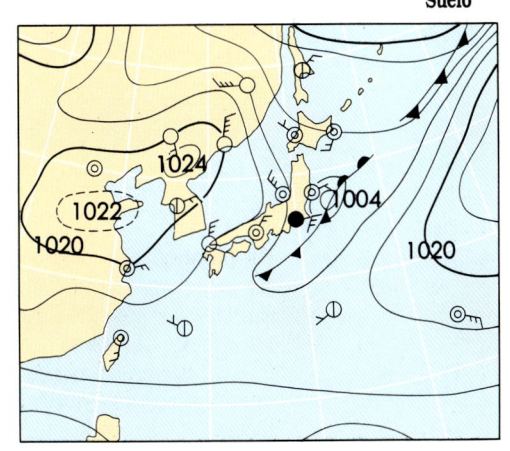
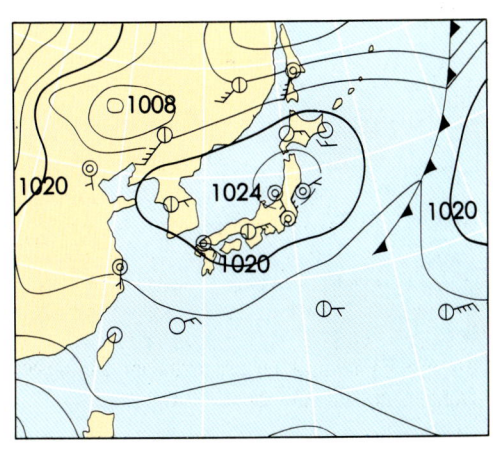

¿Qué es un sistema de baja presión?

Un sistema de baja presión es una zona con presiones atmosféricas bajas caracterizada por corrientes de aire ascendentes y a menudo también lluvia. La mayoría de estos sistemas de baja presión aparecen festoneando los frentes fríos que se desplazan de oeste a este. Para reemplazar al aire ascendente, los vientos soplan hacia el centro de las depresiones o borrascas, en sentido contrario al de las agujas del reloj en el hemisferio Norte.

En general, los sistemas de baja presión cálidos se presentan en las latitudes altas e intermedias, mientras que las bajas presiones tropicales, causantes de los tifones o huracanes, se forman cerca del ecuador, sobre los océanos. También pueden aparecer sistemas locales de baja presión, por ejemplo al recalentarse el aire en contacto con el suelo caliente. Estas depresiones topográficas a menudo se presentan en las laderas de sotavento de las montañas.

Evolución de un sistema de baja presión

Las nubes se arremolinan en sentido contrario al de las agujas del reloj alrededor del centro de esta borrasca sobre el oeste del Pacífico.

1 Origen. En las capas altas de la atmósfera, vientos de componente oeste crean una ola conocida como seno de baja presión o vaguada. Al este de la vaguada, la masa de aire caliente asciende por encima de la masa de aire frío creando un frente cálido, mientras que al oeste, el aire frío desciende formando un frente frío. Una corriente de aire en forma de torbellino, llamada ciclón, se forma alrededor de la vaguada originando un sistema de bajas presiones o borrasca. La línea blanca de puntos muestra dónde se sitúa el frente en relación con la vaguada.

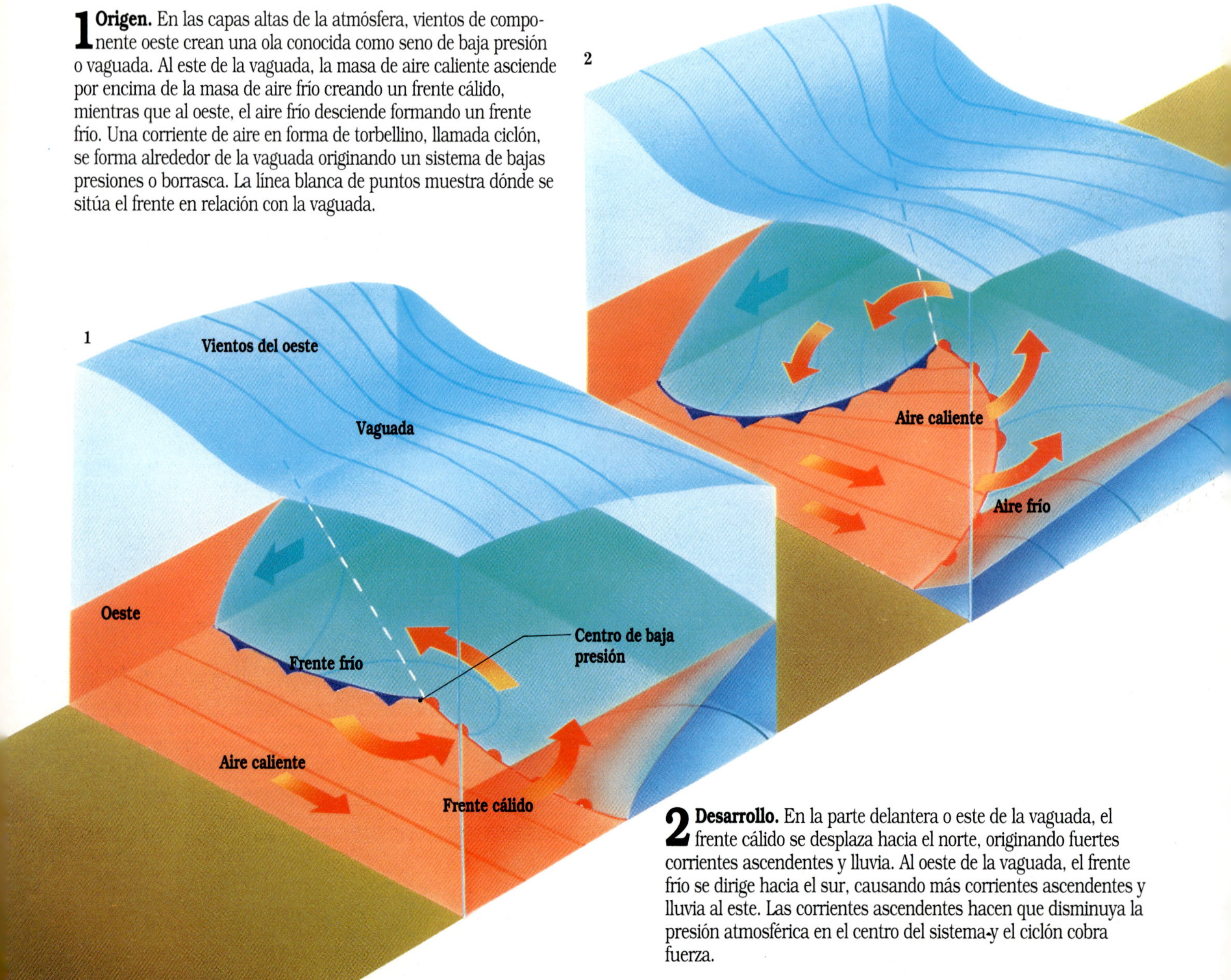

2 Desarrollo. En la parte delantera o este de la vaguada, el frente cálido se desplaza hacia el norte, originando fuertes corrientes ascendentes y lluvia. Al oeste de la vaguada, el frente frío se dirige hacia el sur, causando más corrientes ascendentes y lluvia al este. Las corrientes ascendentes hacen que disminuya la presión atmosférica en el centro del sistema y el ciclón cobra fuerza.

3 Punto culminante. La intensidad del sistema de baja presión llega a su punto culminante cuando la vaguada topa con el frente frío. Desde el centro del sistema, un frente cálido se desplaza hacia el norte, mientras que un frente frío se dirige hacia el sur. Puesto que el frente frío es más rápido que el cálido, llega un momento en que lo alcanza, actuando como una cuña que empuja al aire caliente hacia arriba. El aire frío cubre el suelo al tiempo que aparece el frente ocluido.

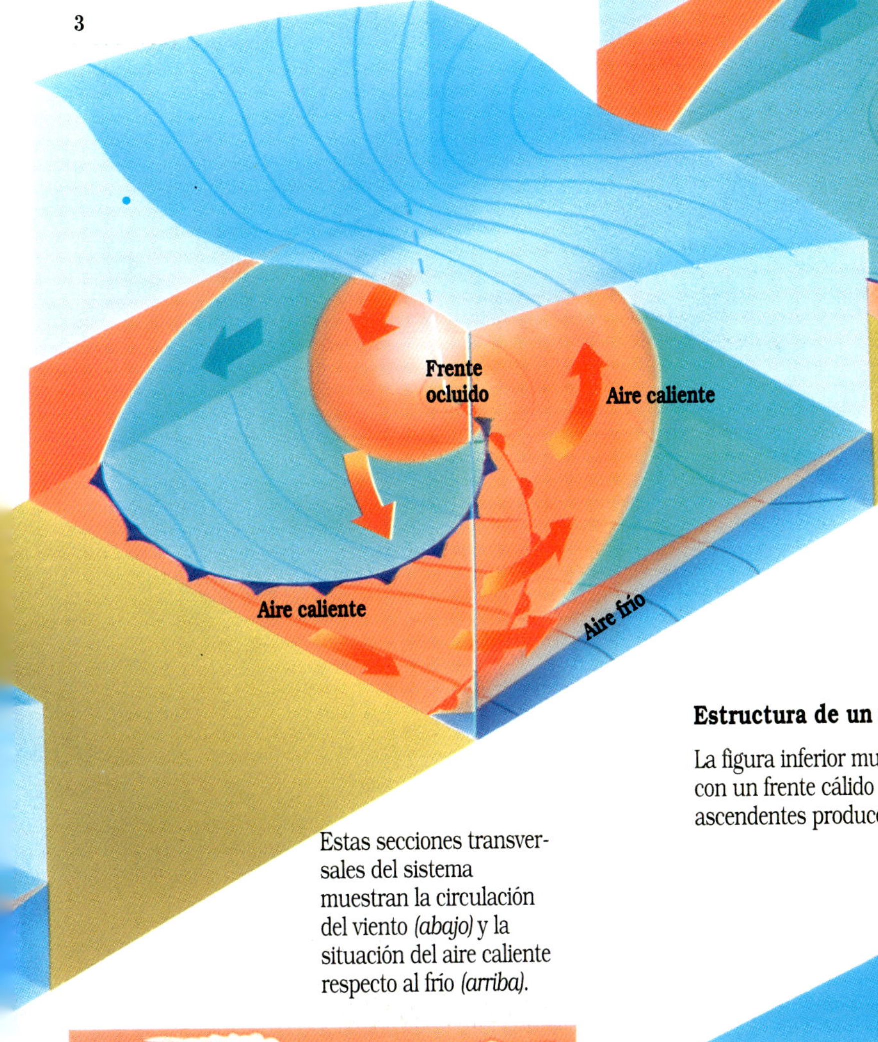

4 Oclusión. Cuando la vaguada se desplaza directamente encima del sistema de baja presión, el aire caliente asciende y bloquea el desarrollo ulterior del sistema. Una vez que se acaba la energía, el sistema muere.

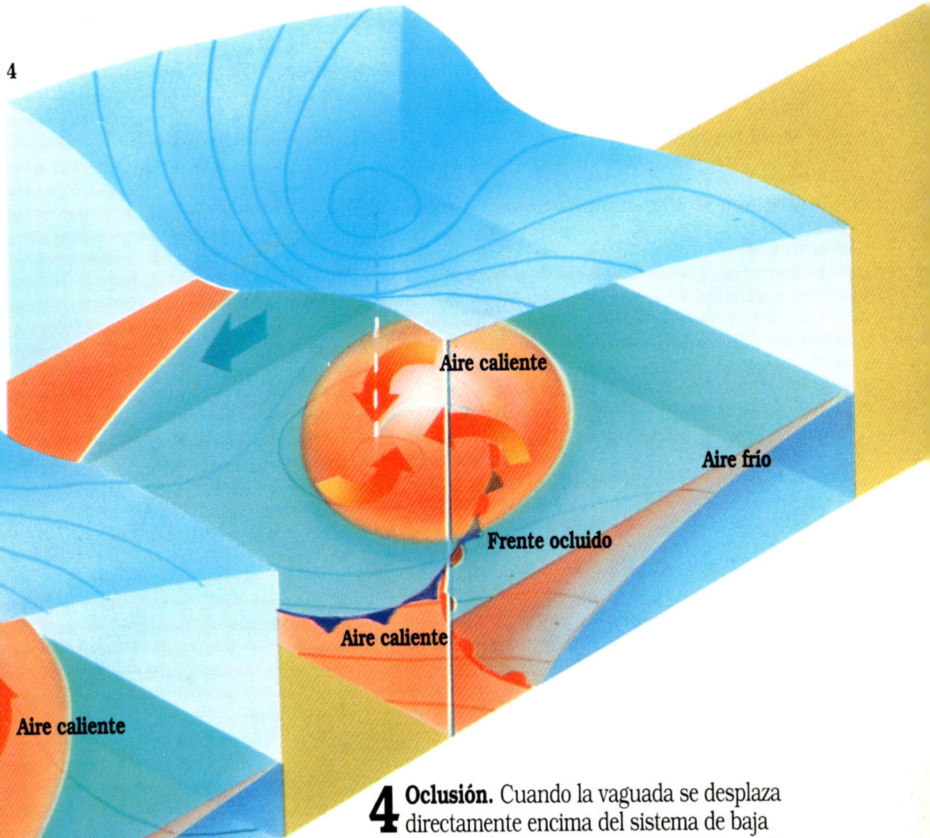

Estas secciones transversales del sistema muestran la circulación del viento *(abajo)* y la situación del aire caliente respecto al frío *(arriba)*.

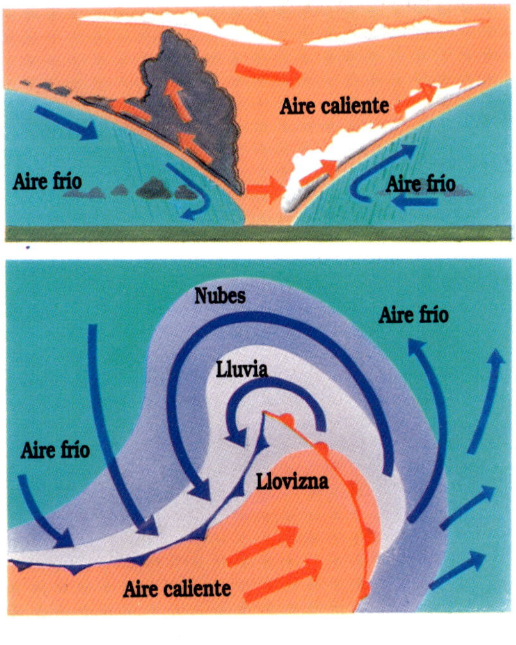

Estructura de un sistema de baja presión

La figura inferior muestra la estructura de un sistema de baja presión cálido, con un frente cálido *(área de A a B)* y otro frío *(área de C a D)*. Las corrientes ascendentes producen las nubes y la lluvia que acompañan al sistema.

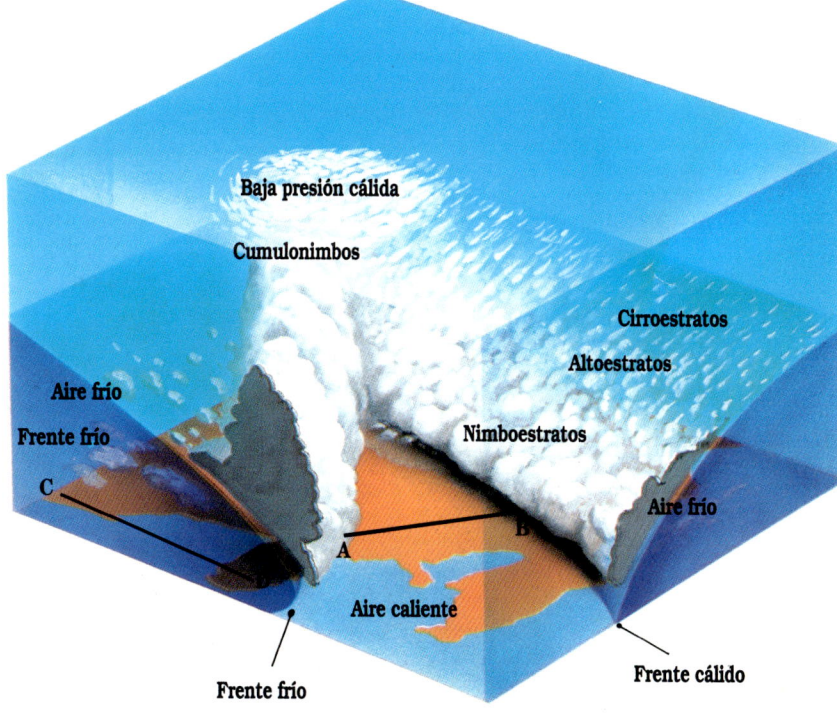

¿Por qué hay fuertes chaparrones?

En la mayoría de las regiones del mundo en las que llueve, se conocen, aunque sólo sea de forma ocasional, los aguaceros torrenciales, que a menudo son fruto de una tormenta. En algunas zonas, especialmente en la costa asiática del Pacífico, cada verano llueve torrencialmente.

Este tipo de lluvias se producen cuando grandes cantidades de vapor de agua se ven atrapadas en fuertes corrientes ascendentes de aire, de forma que el vapor de aire se condensa a medida que se va enfriando la masa de aire que lo contiene. En Estados Unidos, por ejemplo, en verano, a menudo, la corriente en chorro de bajo nivel desciende hacia el sur y se lleva aire caliente y húmedo del golfo de México, como si fuera una lengua estrecha de aire caliente. Cuando este aire húmedo choca con un frente frío propicia la formación de un sistema de baja presión. Las corrientes ascendentes del frente frío arrastran el aire cálido y húmedo hacia arriba, y originan cumulonimbos y abundantes lluvias.

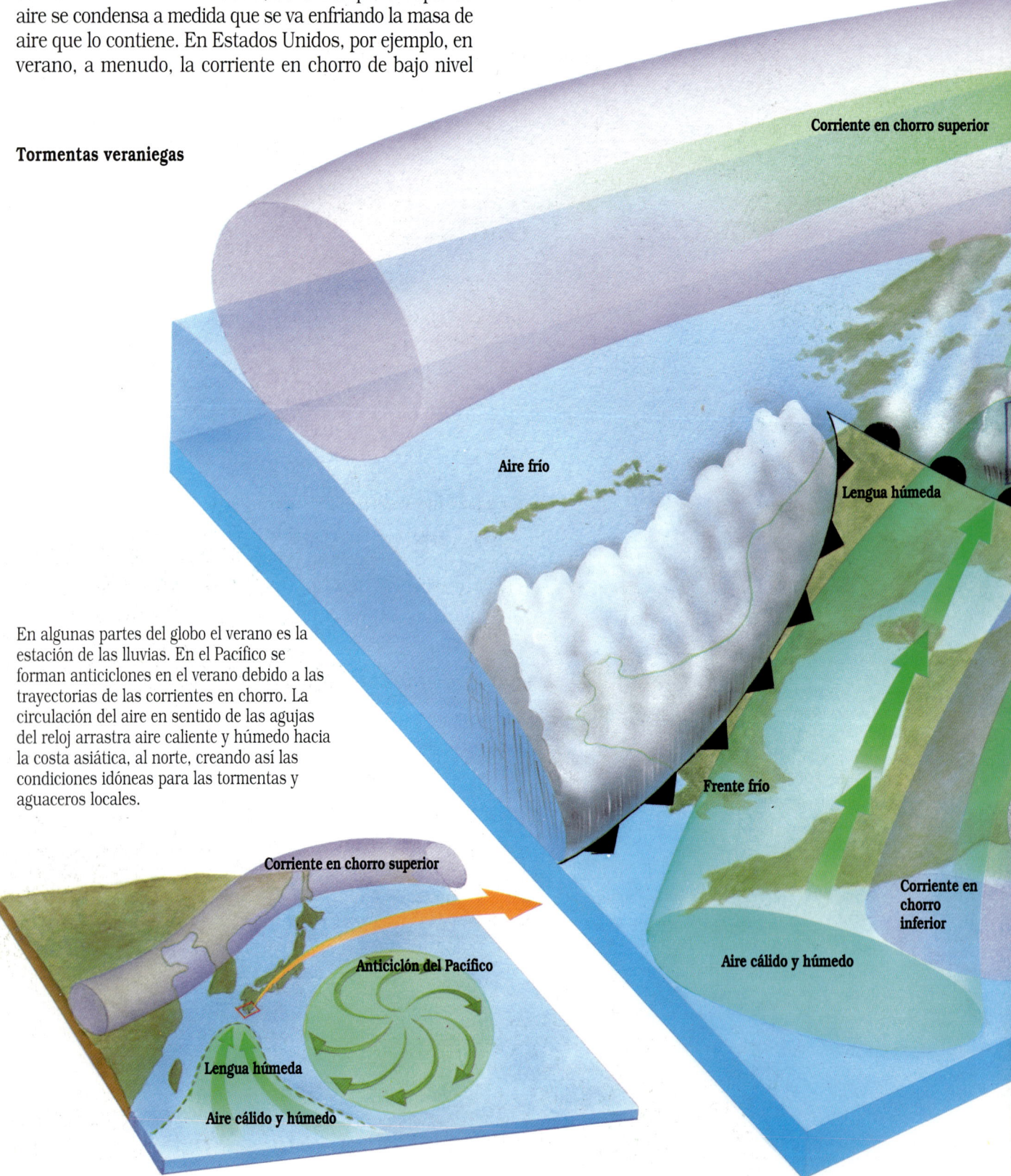

Tormentas veraniegas

En algunas partes del globo el verano es la estación de las lluvias. En el Pacífico se forman anticiclones en el verano debido a las trayectorias de las corrientes en chorro. La circulación del aire en sentido de las agujas del reloj arrastra aire caliente y húmedo hacia la costa asiática, al norte, creando así las condiciones idóneas para las tormentas y aguaceros locales.

La época de lluvias

Durante el verano asiático, las masas continentales se calientan de forma tan intensa que el aire caliente, al ascender, crea grandes extensiones de bajas presiones, originándose entonces corrientes de aire procedentes del océano, aire fresco y saturado de humedad que se dirige hacia el centro de la depresión. Al subir velozmente con las fuertes corrientes calientes originadas a ras del suelo, el vapor de agua se condensa y cae en fuertes aguaceros y chaparrones durante todo el verano *(págs. 132-133).*

Habitantes de Borneo, en el sureste asiático, aguantando uno de los aguaceros que arrecian en la isla durante la época de las lluvias.

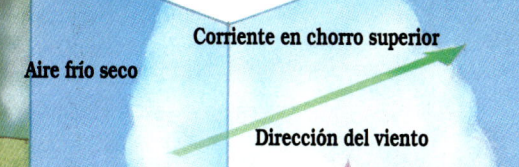

Ciclo de una tormenta

Cuando una corriente en chorro de bajo nivel pone en contacto aire caliente y húmedo con el frente frío de un sistema de baja presión, aparecen fuertes vientos ascendentes. El aire caliente se enfría al subir, y al entrar en contacto con el aire seco y frío de arriba aparecen cumulonimbos. El vapor de agua se condensa y empieza a llover. Como una tormenta tiene un diámetro muy pequeño, grandes cantidades de lluvia pueden caer en una zona muy reducida. Las tormentas se producen principalmente durante el verano, cuando las corrientes en chorro acarrean grandes cantidades de aire caliente y húmedo de los trópicos.

¿Por qué hay huracanes y tifones?

Los tifones —y sus equivalentes atlánticos, los huracanes— nacen sobre las aguas calientes de los océanos tropicales. El sol implacable del verano provoca una intensa evaporación y el vapor de agua caliente forma los cumulonimbos. Cargadas de humedad y de energía, estas nubes pueden combinarse, dando lugar a inmensos remolinos que rodean la depresión. Al mínimo cambio u ondulación de la trayectoria de los vientos de componente este, se pone en marcha un torbellino de nubes en sentido contrario de las agujas del reloj en el hemisferio Norte y en sentido de las agujas del reloj en el hemisferio Sur. Por lo general, las depresiones tropicales se desplazan hacia el oeste, acumulando más humedad y energía a medida que avanzan.

▲ **Un torbellino gigante** de cumulonimbos formándose encima del océano tropical. Esto marca la génesis de un tifón.

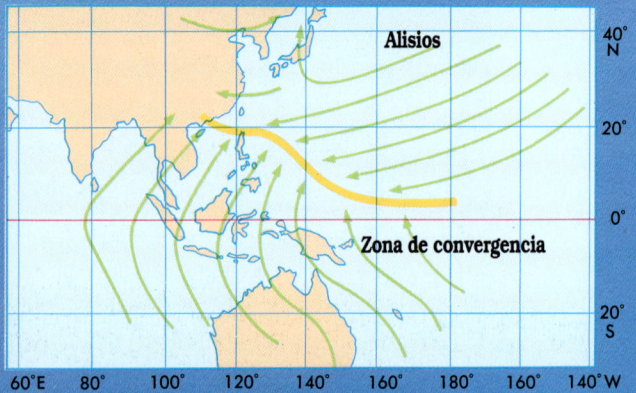

▲ **Los tifones del oeste** del océano Pacífico nacen debido a las corrientes de aire que convergen en la parte norte de la zona de convergencia ecuatorial.

En la nomenclatura meteorológica internacional, los puntos cardinales se indican con las siguientes siglas: N (Norte), S (Sur), W (Este, del inglés *western*) y O (Oeste).

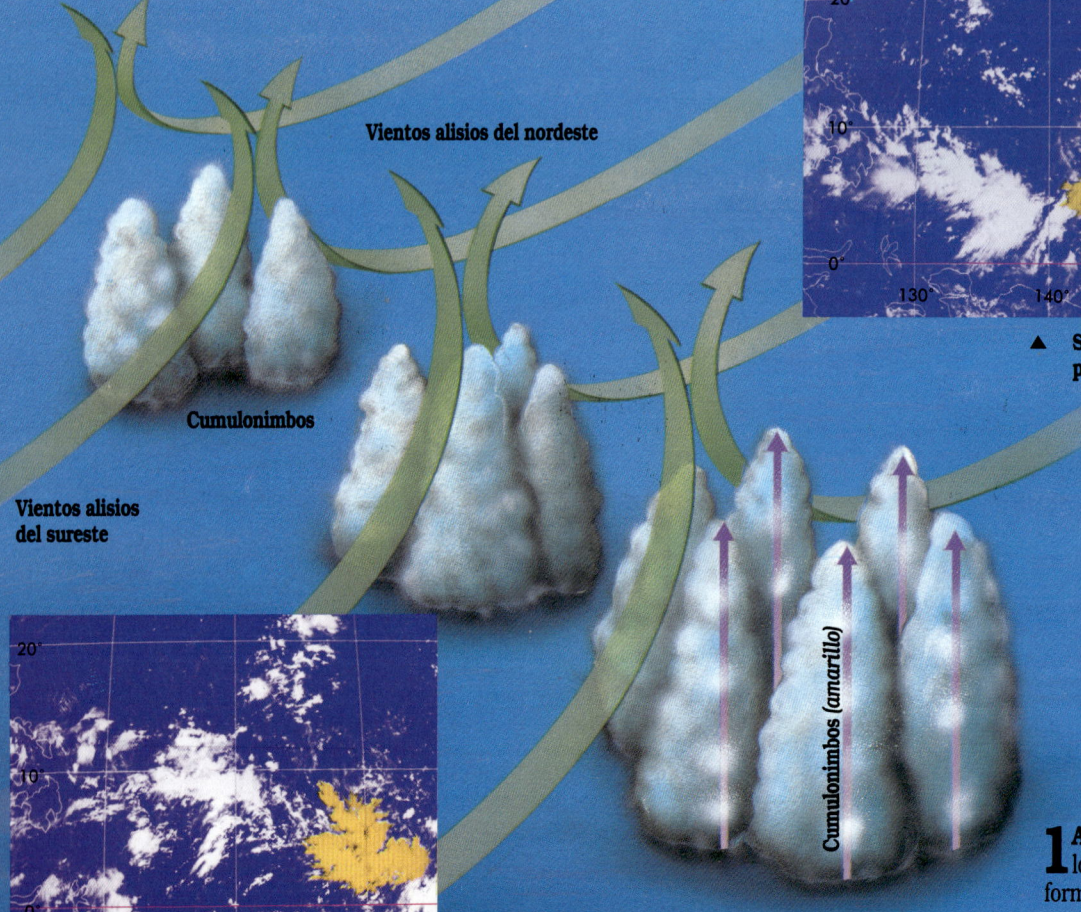

▲ **Sistema de baja presión** (*amarillo*)

▲ **Corrientes ascendentes**

1 **Al converger** los alisios de los dos hemisferios, se forman violentas corrientes ascendentes que ocasionan la aparición de grupos de nubes cumulonimbos.

Zonas de ciclones tropicales

Los huracanes y tifones se forman sobre el mar, entre los 5 y los 20 °C de latitud, a ambos lados del ecuador, donde la temperatura de los océanos tropicales es de unos 27 °C o superior *(zonas rosas)*. En el hemisferio Norte se forma el triple de tormentas de este tipo que en el hemisferio Sur. En general, éstas se desplazan hacia el oeste, alejándose del ecuador: se curvan hacia el norte en el hemisferio septentrional y hacia el sur en el hemisferio meridional.

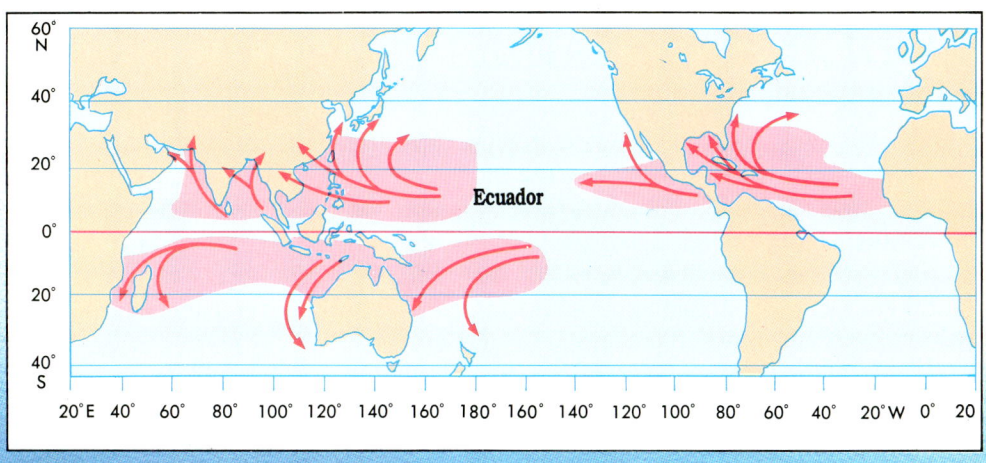

3 Los vientos cobran fuerza a medida que la tempestad se alimenta de energía y humedad de los océanos tropicales, y un "ojo" claramente definido se forma en el centro del torbellino.

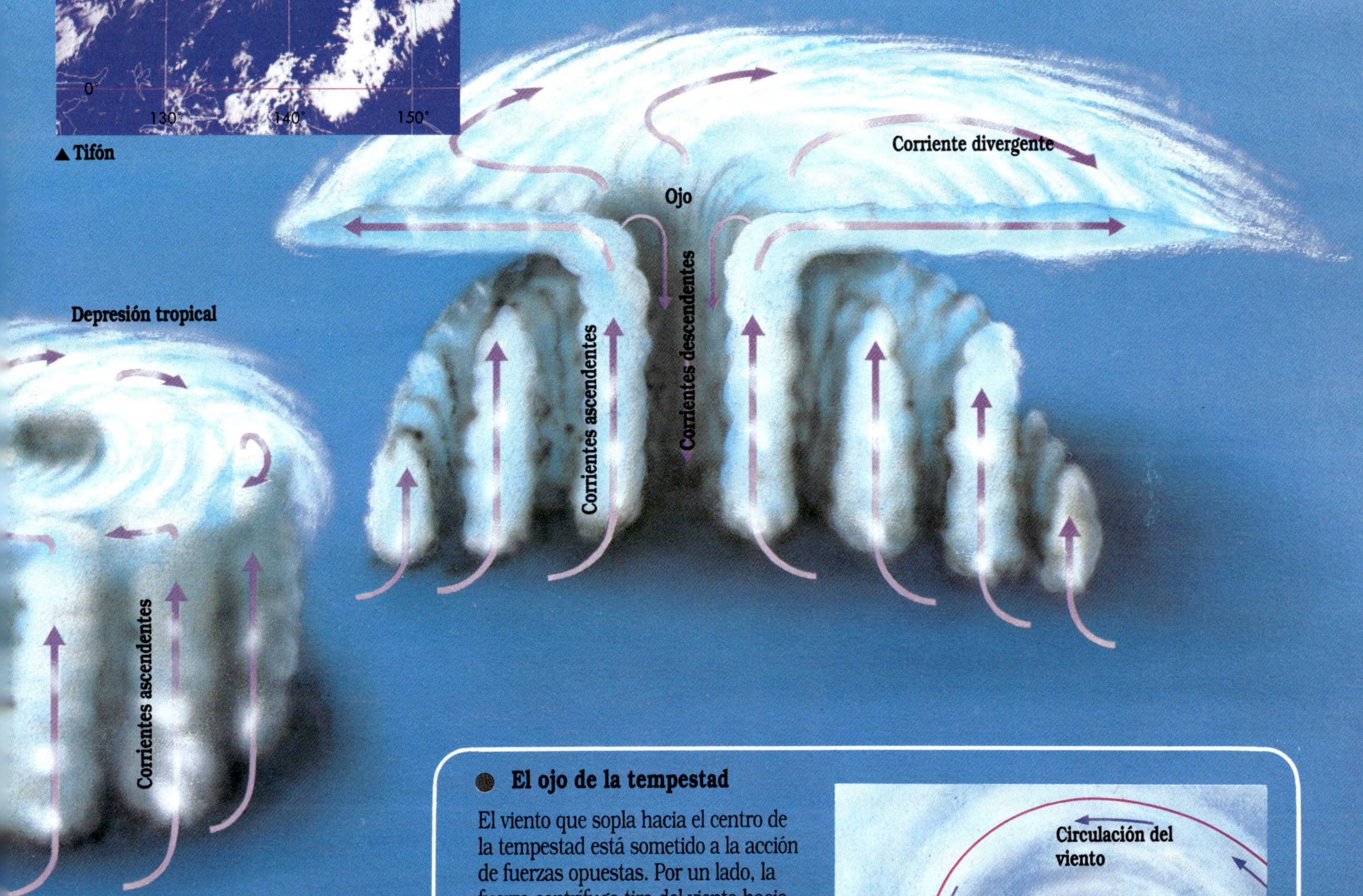

▲ Tifón

Tifón

Corriente divergente

Ojo

Corrientes ascendentes

Corrientes descendentes

Depresión tropical

2 A medida que van creciendo las corrientes ascendentes en el seno de los cumulonimbos, más aire caliente y húmedo es aspirado hacia el interior. El sistema de baja presión en el núcleo de la tormenta empieza a girar, en este caso en sentido contrario a las agujas del reloj. Más aire es absorbido, y la tempestad aumenta. En la parte superior, los vientos de niveles más altos hacen que las nubes giren en el sentido de las agujas del reloj.

El ojo de la tempestad

El viento que sopla hacia el centro de la tempestad está sometido a la acción de fuerzas opuestas. Por un lado, la fuerza centrífuga tira del viento hacia fuera del núcleo, mientras que la fuerza de la presión lo empuja hacia dentro. En el centro de la tempestad, estas fuerzas están en equilibrio e impiden que más viento sople hacia el interior. Se forma entonces una zona circular de baja presión, llamada ojo, en la que el cielo está despejado y en calma mientras a su alrededor circulan los vientos de forma violenta en un feroz torbellino.

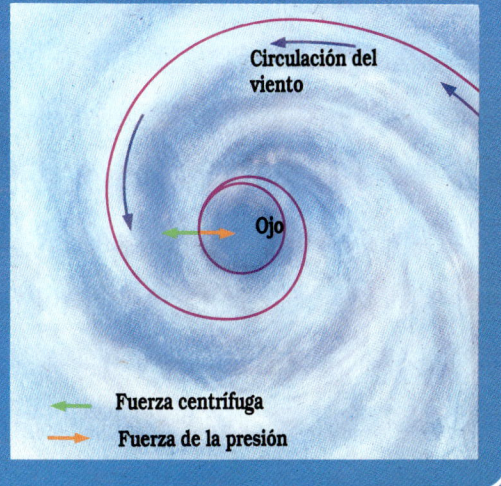

Circulación del viento

Ojo

→ Fuerza centrífuga
→ Fuerza de la presión

¿Cómo se forman los huracanes y tifones?

Cuando los vientos de una depresión tropical consiguen mantener una velocidad superior a los 120 kilómetros por hora, nos encontramos ante un tifón o huracán. En el hemisferio Norte, cuando la borrasca llega a ese punto, en general se desplaza hacia el oeste o noroeste, acumulando energía de los cálidos océanos tropicales. Las corrientes ascendentes de la tempestad se alimentan del vapor de agua procedente de la intensa evaporación del agua de mar. La presión atmosférica sigue bajando, dando lugar a la formación del ojo del sistema.

A medida que el tifón (o huracán) alcanza su punto culminante, corrientes de aire procedentes de las altas presiones del Pacífico o de Bermudas lo alejan del ecuador, empujándolo hacia el norte, donde las aguas del océano son menos cálidas, se produce menos evaporación y menos energía alimenta la tempestad. Si la tempestad llega a tierra, el suministro de vapor de agua se corta por completo. A medida que el tifón o huracán se mueve hacia el norte, sus fuertes vientos empiezan a debilitarse y el ojo se desintegra. Las montañas y otros accidentes topográficos también pueden contribuir a la disolución de lo que queda de la tempestad. Finalmente, tras gastar toda su energía, la tormenta se convierte en un sistema de baja presión cálido e inofensivo.

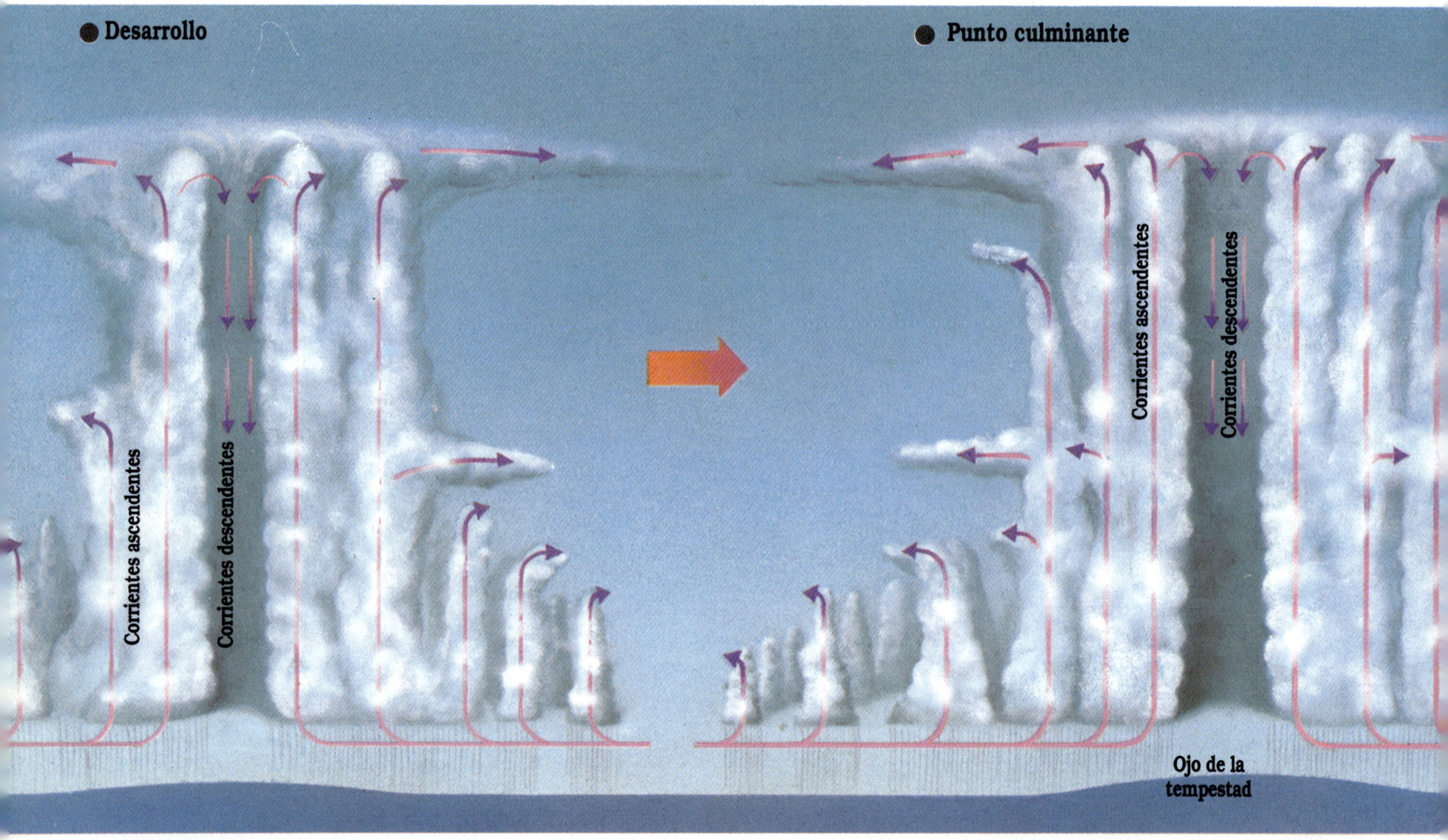

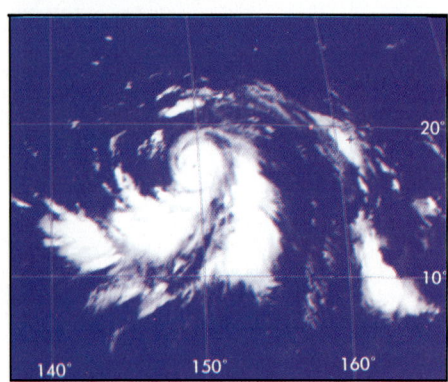

Un inmenso remolino señala la formación de un tifón encima del océano tropical.

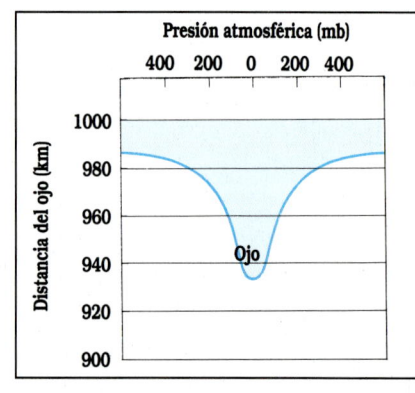

La presión atmosférica cae en el centro de la tempestad.

La tempestad se arremolina en una espiral formando un ojo al llegar a su fuerza máxima.

La vida de un tifón

Un tifón típico del Pacífico nace sobre las cálidas aguas tropicales al este de Filipinas. Puede que se desplace hacia el oeste hasta la China continental o que vire hacia el norte acercándose al Japón. La trayectoria de la tempestad dependerá del comportamiento del límite occidental del anticiclón del Pacífico. Los mapas de la derecha muestran itinerarios de tifones. A la derecha, al fondo, vemos el desarrollo y debilitamiento de la fuerza de un tifón. La tempestad alcanza su punto culminante cuando el número de isobaras es máximo, pero mínima la distancia entre ellas. A medida que la tempestad empieza a disiparse, aumenta la presión y las isobaras se separan y decrecen en número.

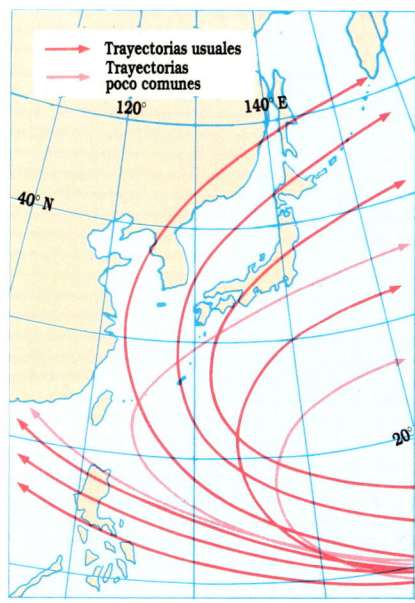

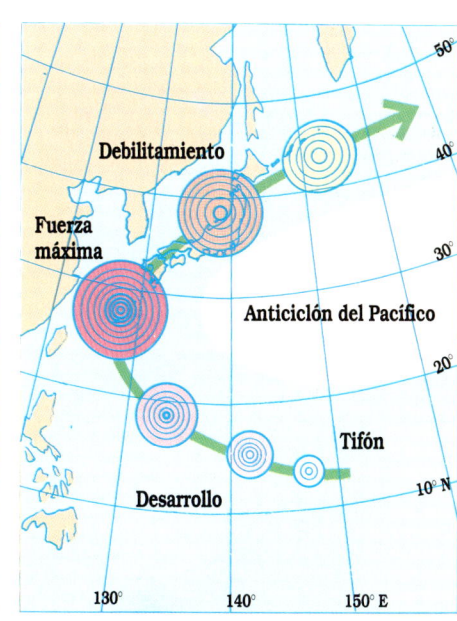

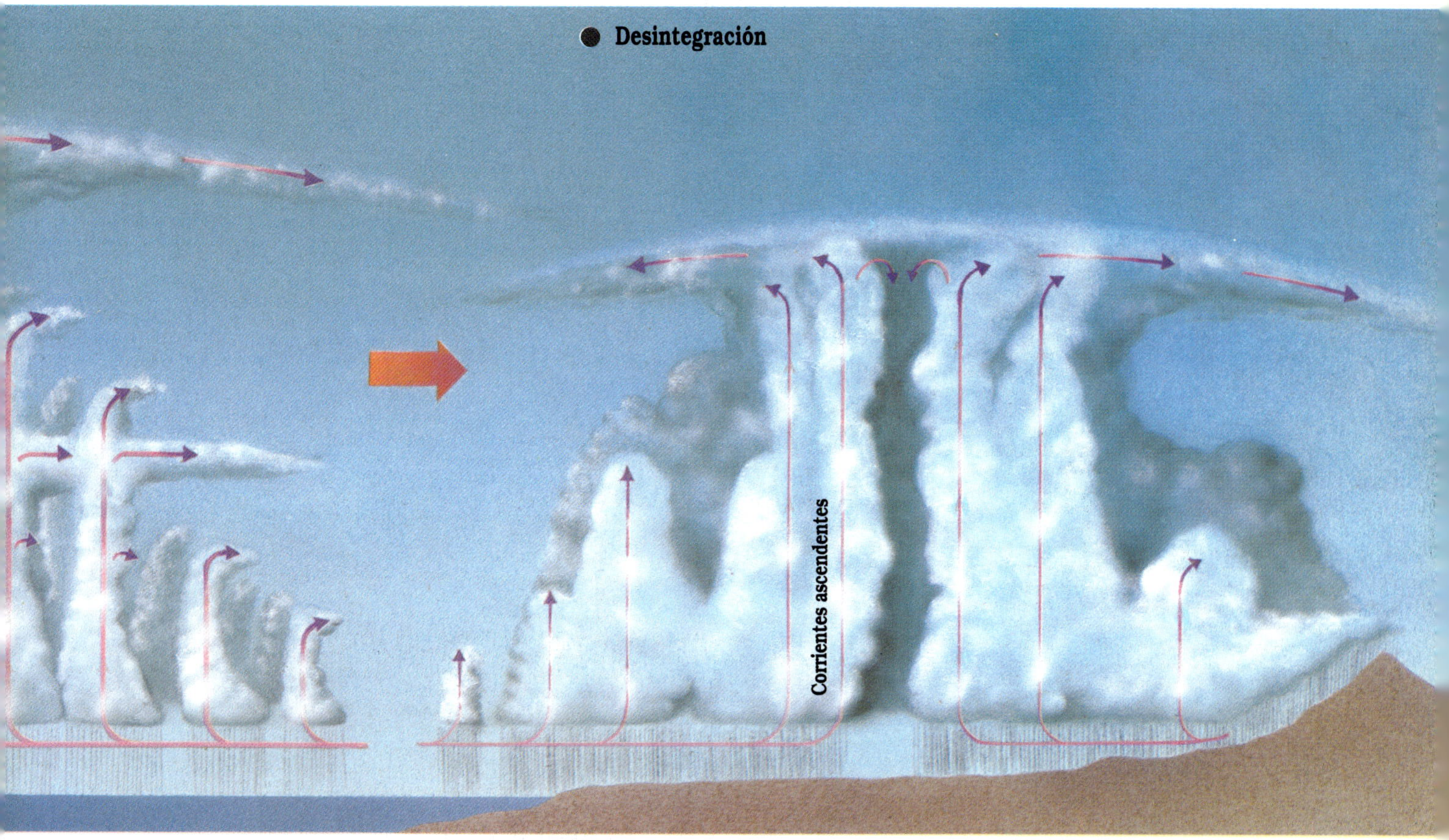

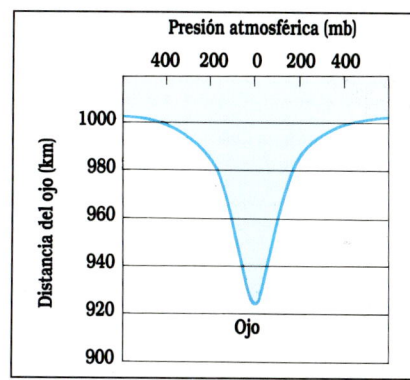

La presión baja al mínimo en el ojo de la tempestad.

Al llegar a tierra firme, la tempestad amaina rápidamente.

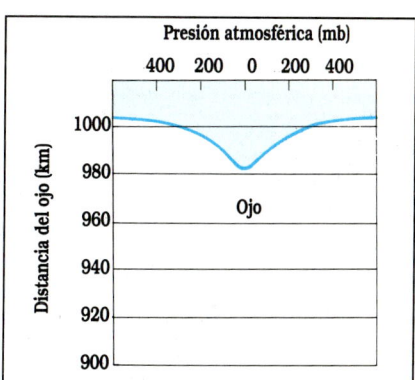

La presión en el centro aumenta lentamente a medida que se desintegra la tempestad.

¿Cómo se observan los huracanes y tifones?

Antes de que se desarrollaran los métodos modernos de observación y predicción del tiempo, la gente tenía pocos indicios de las tempestades asesinas que les caían encima. Hoy en día, las tempestades son observadas con sumo cuidado desde el momento en que empiezan a formarse sobre los océanos tropicales. Los satélites geoestacionarios con órbita ecuatorial pueden vigilar sin interrupción las zonas donde se originan estas perturbaciones, tropicales. Al primer aviso de una de estas perturbaciones se envían aviones de observación meteorológica hacia esa zona. Los aviones vuelan directamente al interior de la tempestad, con el consiguiente riesgo para el piloto o los científicos que se encuentren a bordo para recoger datos sobre la presión y temperatura, así como humedad, velocidad y dirección del viento y cantidad de precipitación. A medida que la tempestad se acerca a tierra firme, los radares la siguen de manera permanente. Cada cambio en la trayectoria se anota para poder predecir el lugar exacto en donde afectará la tormenta y poder así prevenir a sus habitantes con el máximo de antelación posible.

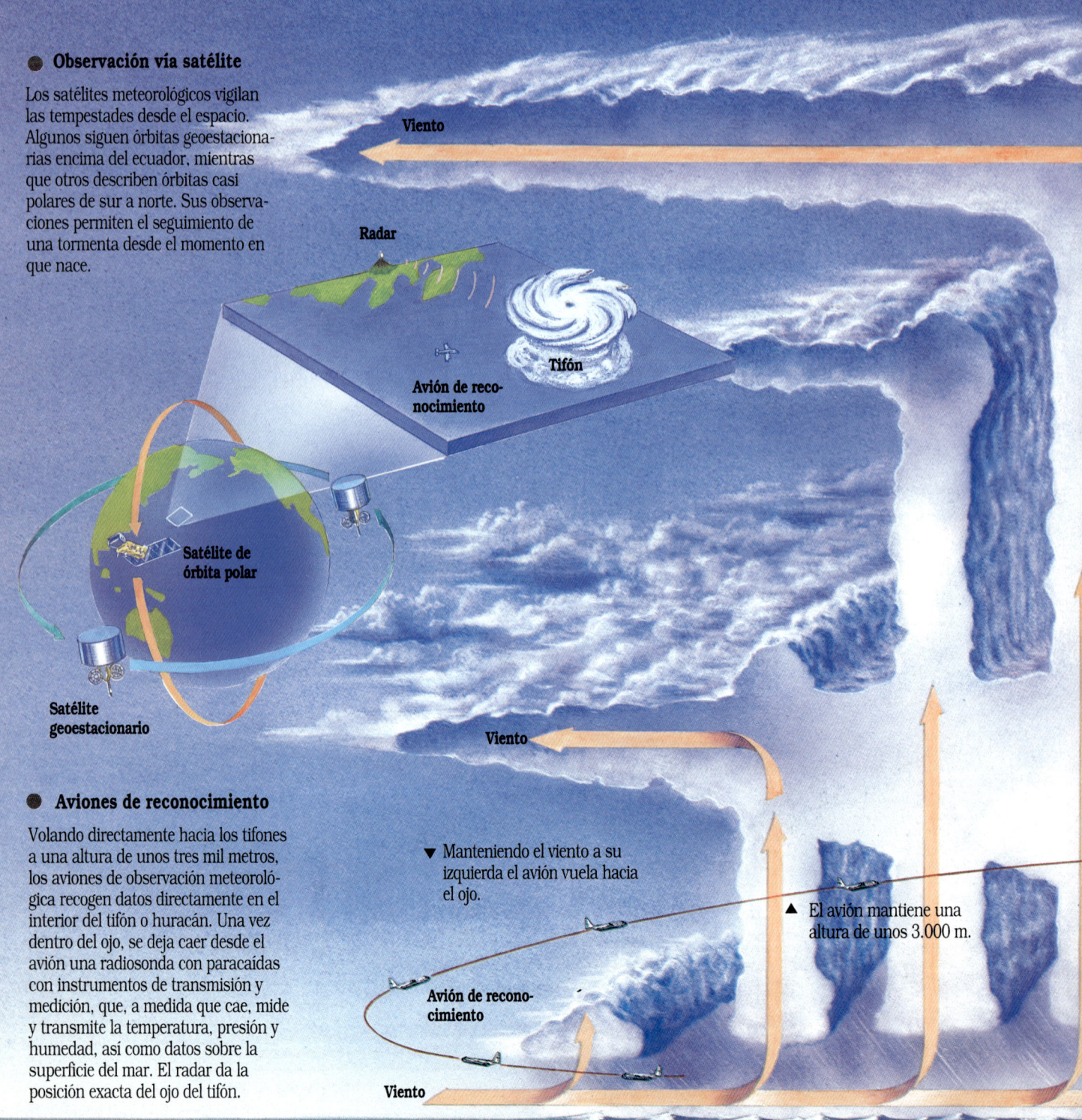

● **Observación vía satélite**

Los satélites meteorológicos vigilan las tempestades desde el espacio. Algunos siguen órbitas geoestacionarias encima del ecuador, mientras que otros describen órbitas casi polares de sur a norte. Sus observaciones permiten el seguimiento de una tormenta desde el momento en que nace.

● **Aviones de reconocimiento**

Volando directamente hacia los tifones a una altura de unos tres mil metros, los aviones de observación meteorológica recogen datos directamente en el interior del tifón o huracán. Una vez dentro del ojo, se deja caer desde el avión una radiosonda con paracaídas con instrumentos de transmisión y medición, que, a medida que cae, mide y transmite la temperatura, presión y humedad, así como datos sobre la superficie del mar. El radar da la posición exacta del ojo del tifón.

▼ Manteniendo el viento a su izquierda el avión vuela hacia el ojo.

▲ El avión mantiene una altura de unos 3.000 m.

▲ **Al volar hacia el corazón** de la tormenta, pilotos y científicos arriesgan sus vidas para obtener información vital sobre la tempestad.

▲ **Impresionantes paredes de nubes** rodean la calma soleada que reina en el ojo tranquilo de la tempestad.

Ojo de la tempestad

Viento

200mb

Corrientes descendentes

Corrientes ascendentes

500mb

700mb

● La estructura de un tifón

En la figura de la izquierda se ha aumentado la altura de la tempestad para mostrar su estructura. Un tifón o huracán puede tener un diámetro de varios centenares de kilómetros y una altura de 15 a 25 km. A nivel del suelo, los vientos soplan hacia el interior de la perturbación, mientras que en las capas superiores lo hace hacia fuera. En las paredes de los cumulonimbos que rodean al ojo hay corrientes ascendentes muy violentas, las corrientes que hay en el ojo son descendentes.

◁ A medida que el avión se acerca al centro, la tripulación utiliza el radar para detectar el ojo de la tempestad.

◁ Una radiosonda arrojada con paracaídas recoge datos del ciclón y la superficie del océano.

▲ El avión vuela en circuitos en forma de ocho, a medida que va tomando datos en el ojo de la tormenta.

Radiosonda arrojada con paracaídas

Lluvia

Viento

5 Maravillas aéreas

La trayectoria de la luz del sol y de la luna a través de la atmósfera crean un espectáculo increíble de luz y color. A algunas de estas maravillas ni les damos importancia, como el azul del cielo *(pág. 22)* y el brillo de las estrellas, pero otras son tan extraordinarias o extrañas que nos fuerzan a mirarlas con admiración.

Desde el principio del tiempo, los fenómenos luminosos de la naturaleza han deslumbrado y embrujado a quienes los vieron. Las culturas primitivas intentaron entender y explicar el espectáculo de los fenómenos ópticos a través del mito y la superstición. El arco iris se considera casi en todas partes un símbolo de buena suerte, mientras que en algunas culturas se creía que los relámpagos en forma de bolas de fuego eran el alma de los difuntos. Sin embargo, a través de los siglos, la ciencia ha ido descubriendo que los secretos de todos estos espectáculos misteriosos se pueden explicar de forma racional. El arco iris, por ejemplo, aparece cuando la luz atraviesa gotas de agua que hay en el aire. Los halos —esos círculos luminosos que a veces aparecen alrededor del sol o de la luna cuando hace frío— son el efecto de la luz en los cristales de hielo suspendidos en el aire. Y los espejismos, tantas veces considerados como el producto de mentes febriles, sólo necesitan de luz y aire calentado de modo desigual para aparecer.

Con el estudio de estos fenómenos atmosféricos, la humanidad ha avanzado mucho en la comprensión de las leyes de la física y en el conocimiento de la atmósfera. No obstante, aunque reduzcamos estos fenómenos ópticos a puras fórmulas matemáticas y principios físicos, no han perdido ni un ápice de la belleza y esplendor que embrujaban a quienes los admiraron por primera vez hace miles de años.

Un brillante arco iris se arquea encima de las aguas rugientes de las cataratas del Niágara, al noroeste de Estados Unidos. Un segundo arco iris, con los colores más pálidos y en sentido inverso, apenas se ve encima del primero. Ambos se formaron al chocar la luz del sol con las gotas de agua pulverizadas procedentes de la catarata.

¿Qué es el arco iris?

El colorido brillante del arco iris es el resultado de la interacción entre la luz del sol y la humedad del aire. Para el ojo humano la luz parece blanca, pero en realidad está compuesta de siete colores: rojo, naranja, amarillo, verde, azul, añil (índigo) y violeta (morado). Cuando un rayo de sol atraviesa la superficie de una gota de agua —por ejemplo, una gota de lluvia—, la luz se refracta, se desvía y se separa en los colores que la componen. Estos rayos luminosos de colores se reflejan en el interior de la superficie posterior de la gota de lluvia y vuelven a desviarse de nuevo cuando salen. Casi siempre, la luz se refleja en las gotitas de agua una sola vez, produciéndose un único arco iris, pero ocasionalmente la luz rebota en el interior de las gotas y se refleja dos veces. En este caso se producen dos arcos iris: el principal, producto de la primera reflexión de la luz, y el secundario, más débil, producido por la segunda reflexión.

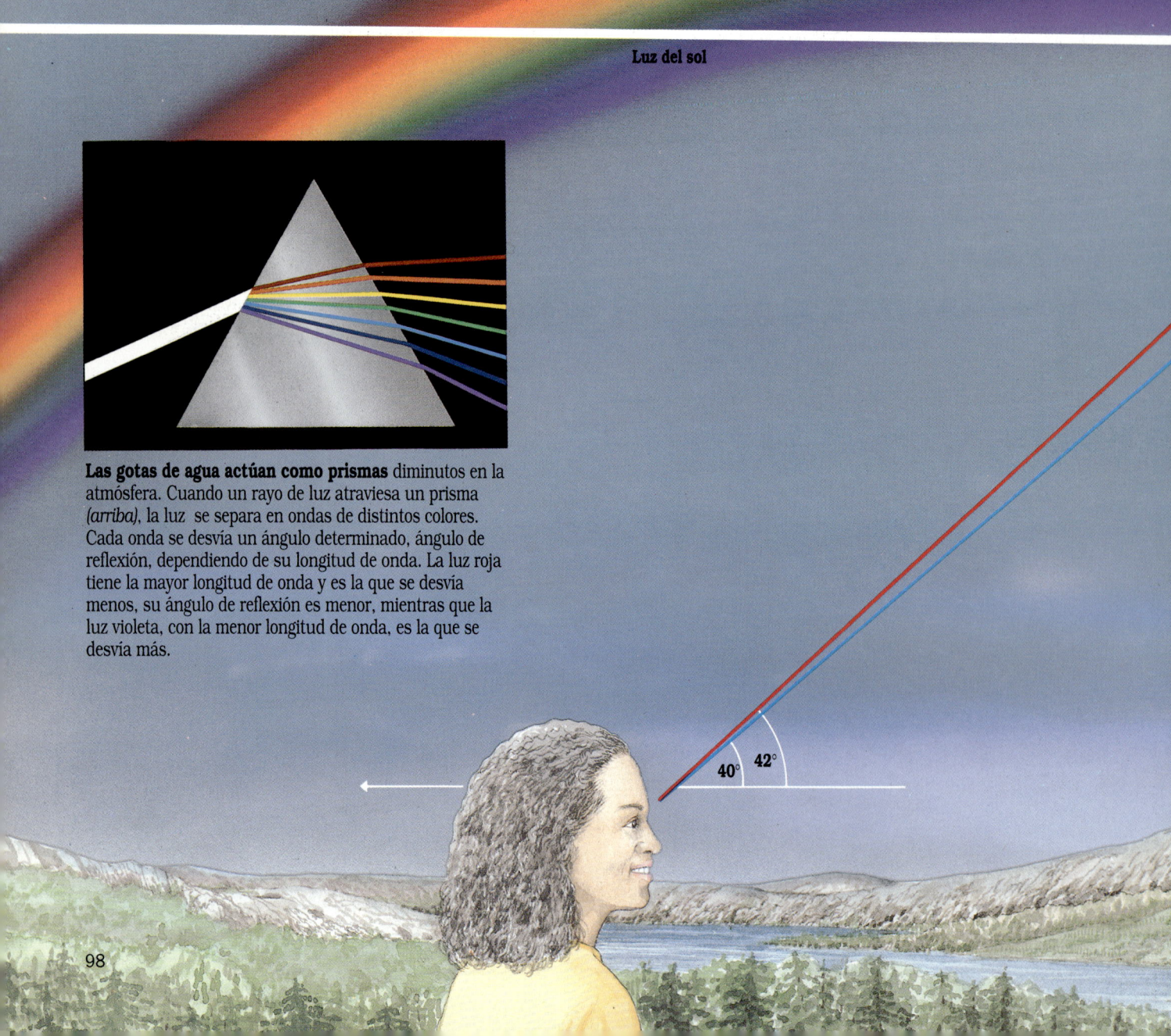

Luz del sol

Las gotas de agua actúan como prismas diminutos en la atmósfera. Cuando un rayo de luz atraviesa un prisma *(arriba)*, la luz se separa en ondas de distintos colores. Cada onda se desvía un ángulo determinado, ángulo de reflexión, dependiendo de su longitud de onda. La luz roja tiene la mayor longitud de onda y es la que se desvía menos, su ángulo de reflexión es menor, mientras que la luz violeta, con la menor longitud de onda, es la que se desvía más.

Legado de una tormenta: un arco iris se ha formado encima de un campo en Port Alsworth, Alaska.

Reflexión de la luz roja

Reflexión de la luz violeta

La creación de un arco iris

Parte de la luz solar atraviesa una gota de lluvia sin desviarse *(derecha)*, en cambio algunos de los rayos se desvían. Sólo los rayos cuyo ángulo de reflexión esté entre 40° y 42° aparecerán como un arco iris a una persona en la superficie. Todas las gotas reflejan las ondas de luz roja a un ángulo de 42°, por lo que una persona al observarlo verá la luz roja sólo de aquellas gotas suspendidas a tal altitud. La luz violeta, reflejada con un ángulo de 40°, es visible sólo en aquellas gotas de la atmósfera que estén a 40 ° del horizonte. Los otros colores, cuyos ángulos de reflexión están entre el del rojo y el del violeta, siempre aparecen en medio de ellos en el arco iris. Por esta razón la franja superior del arco iris principal siempre es roja, mientras que la inferior siempre es violeta.

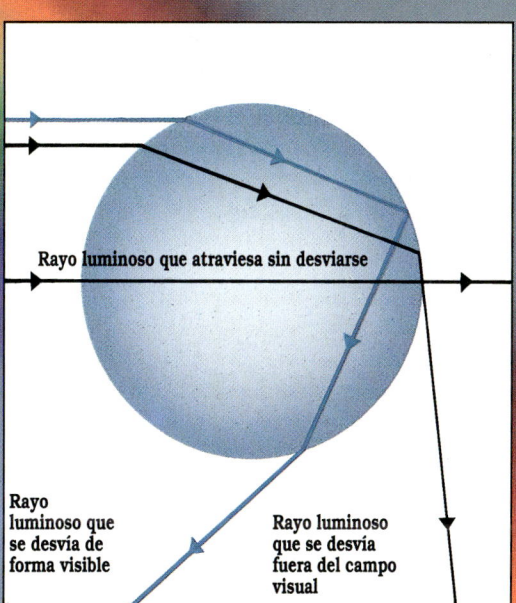

Rayo luminoso que atraviesa sin desviarse

Rayo luminoso que se desvía de forma visible

Rayo luminoso que se desvía fuera del campo visual

¿Qué son los espejismos?

Los espejismos son jugarretas que la naturaleza hace a los ojos. Espejismos frecuentes son el oasis que se ve en medio de un desierto tórrido; en una carretera asfaltada, un charco de agua que refleja la imagen de un coche; o un barco que navega en el cielo por encima del mar. Estas imágenes suelen aparecer borrosas, de tamaño exagerado, o incluso de arriba abajo, al revés. A veces incluso aparecen dos o más imágenes idénticas.

Estos fenómenos ópticos se crean cuando las condiciones atmosféricas alteran la velocidad y trayectoria de los rayos de la luz procedentes de objetos lejanos. Normalmente, la luz atraviesa sin distorsionarse la atmósfera, de tal forma que percibimos los objetos lejanos tal como son. Pero a veces, si una capa de aire próxima al suelo difiere mucho en densidad —o temperatura— del aire circundante, la atmósfera actúa como una lente, refractando los rayos de luz y creando imágenes distorsionadas.

Cuando el aire en contacto con el suelo está muy caliente, como en el desierto, puede parecer que los objetos distantes floten por encima de la superficie.

● **Cómo se forman los espejismos flotantes**

Cuando la temperatura del aire en contacto con una superficie es muy baja, como sucede encima de océanos o lagos muy fríos, las imágenes de objetos lejanos —como la del barco de la figura inferior— pueden aparecer desplazadas hacia arriba, en el cielo, encima del objeto, solas o multiplicadas. Estas imágenes, llamadas espejismos superiores, se producen cuando los rayos de luz *(líneas rojas)* se elevan a través de una capa de aire frío, entran en una capa de aire cálido y se refractan hacia abajo, dentro del ángulo de visión de la persona que está observando. A veces las imágenes aparecen de forma múltiple, en su posición normal o invertidas, dependiendo de la distancia y de la temperatura del aire.

Parece que estos coches que viajan sobre una carretera tórrida estén reflejados en un charco de agua. El charco no es más que una imagen invertida del cielo, producto de la refracción de la luz.

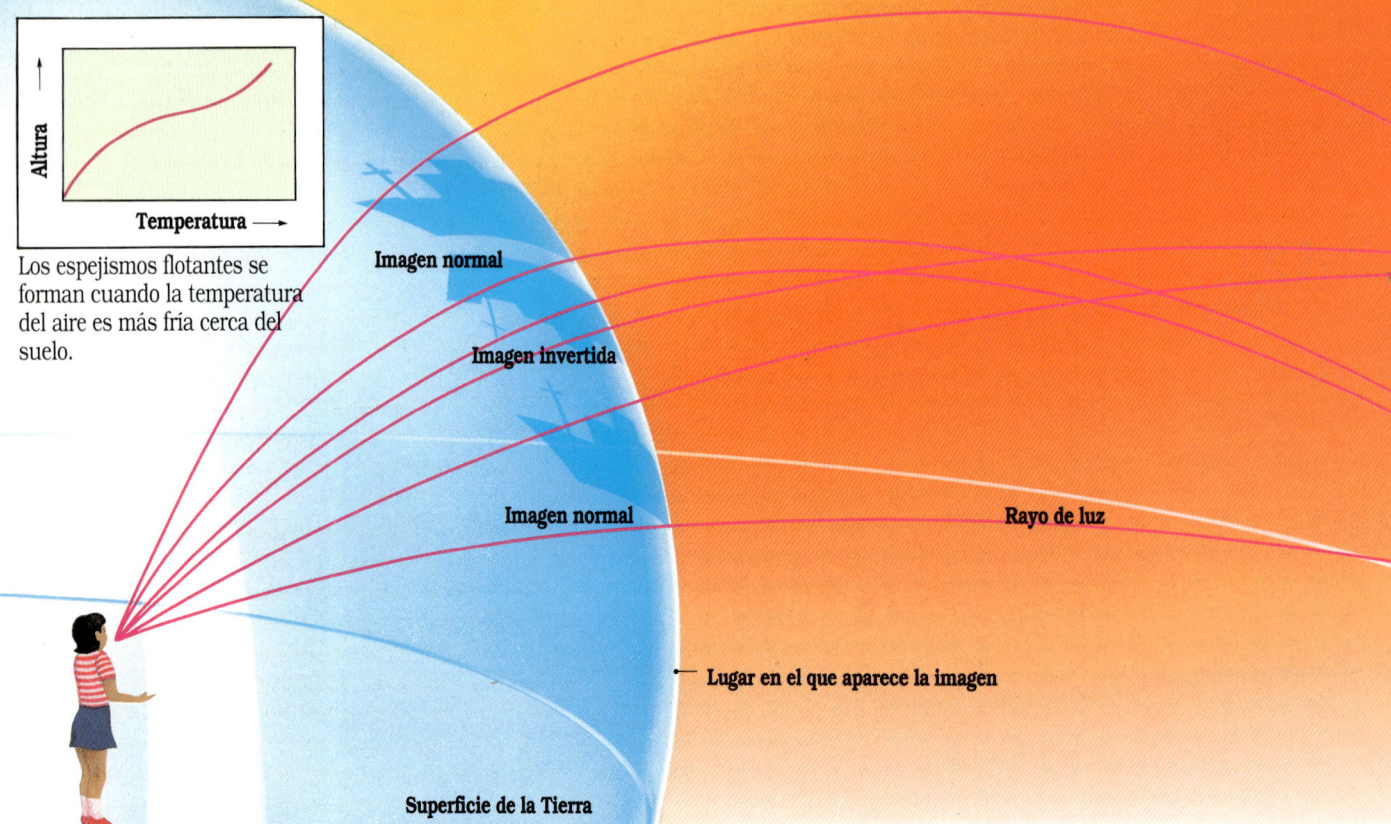

Los espejismos flotantes se forman cuando la temperatura del aire es más fría cerca del suelo.

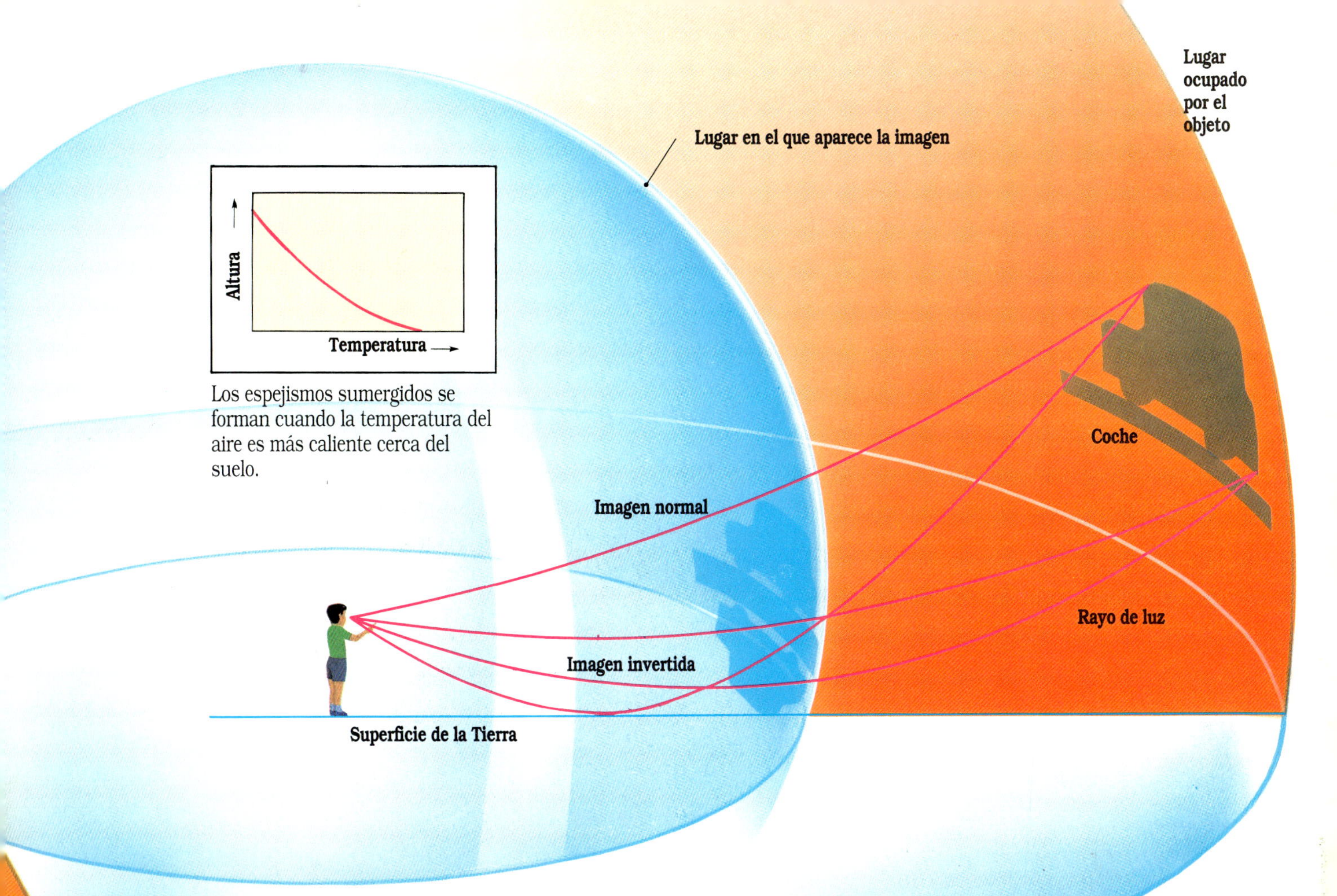

Los espejismos sumergidos se forman cuando la temperatura del aire es más caliente cerca del suelo.

● Cómo se forma un espejismo flotante

Los rayos de luz siempre se desvían de tal forma que el aire más frío queda en el interior de la curva. Cuando el suelo está muy caliente, los rayos de luz que se dirigen hacia el suelo procedentes de la parte superior de un objeto —como el coche de la figura superior— se desviarán hacia arriba, desde el aire caliente de abajo hacia el aire más frío que hay al nivel de la vista de la persona que está observando. Los rayos de luz procedentes de la parte inferior del objeto —las ruedas del coche, por ejemplo— también se curvarán hacia arriba, pero con menor ángulo. El resultado es un espejismo inferior de doble imagen: el objeto aparece una vez en posición normal y otra con la imagen invertida (debido a que algunos de los rayos de luz se entrecruzan).

Calor, luz y espejismos

El tipo de espejismo que vemos depende de la temperatura de las distintas capas de aire. Abajo se muestran cuatro espejismos, si la flecha va hacia abajo, significa que la imagen se ve invertida.

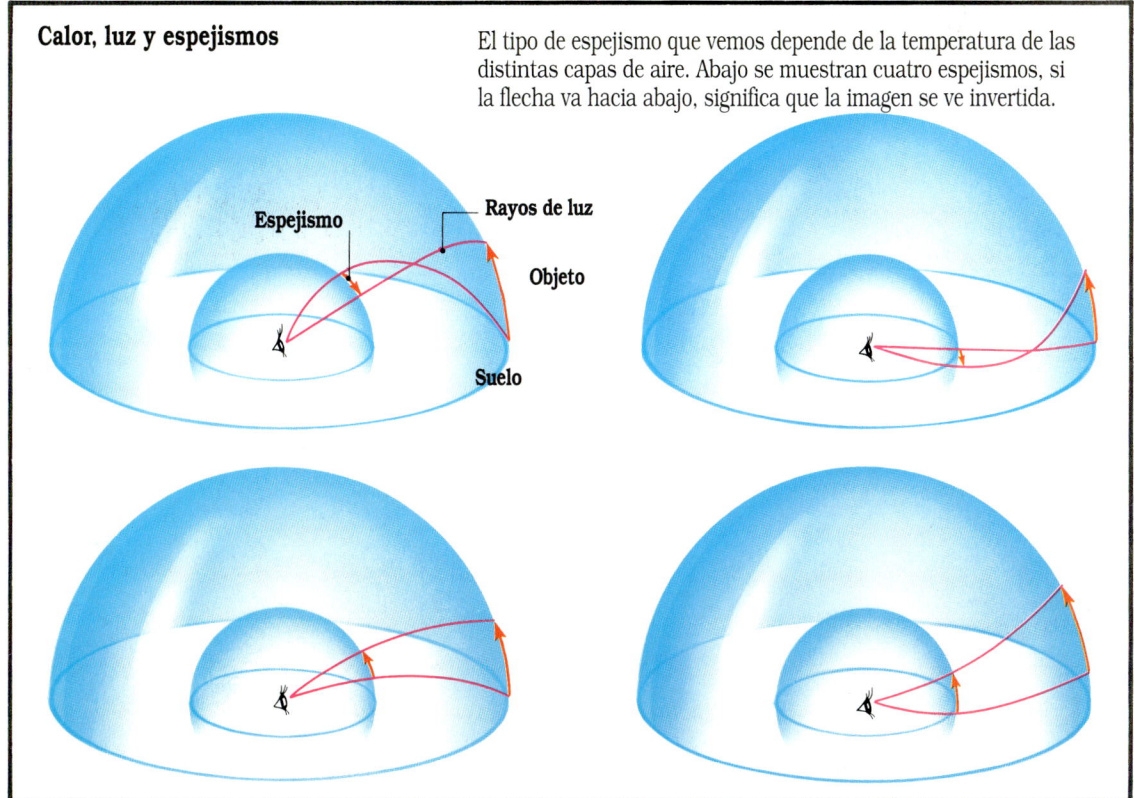

¿Cómo se forman los halos del sol y de la luna?

A veces, cuando hace frío, el sol o la luna aparecen rodeados por círculos luminosos. Estos círculos, llamados halos o coronas, se forman cuando la luz atraviesa ciertos cristales de hielo de la atmósfera y estos cristales refractan y desvían los rayos de luz de una forma particular. El halo más frecuente es el de 22°, una persona que observe desde la Tierra el anillo que el halo forma alrededor del sol o de la luna lo verá con un arco radial o abertura de 22° (tal como se muestra abajo). Menos frecuente es el halo cuya abertura es de 46°, concéntrico con el anterior, y exterior a él.

Los cristales también reflejan los rayos de luz de otras maneras, originando fenómenos ópticos tan espectaculares como las imágenes múltiples del sol, llamadas parhelios o soles ficticios en el caso del sol; rayos de luz verticales conocidos como columnas solares, que pueden aparecer encima del sol naciente o a su ocaso; y arcos encima y debajo del sol, llamados arcos de Parry.

Los halos de 22° *(arriba)* pueden ser vivamente coloreados mientras que los halos de 46° a menudo son blancos.

Imágenes formadas por cristales de hielo

El diagrama inferior muestra algunos de los espectaculares resultados que los cristales de hielo pueden crear al desviar, refractar o reflejar los rayos de luz. Gran parte de estos fenómenos ópticos también pueden tener lugar alrededor de la luna.

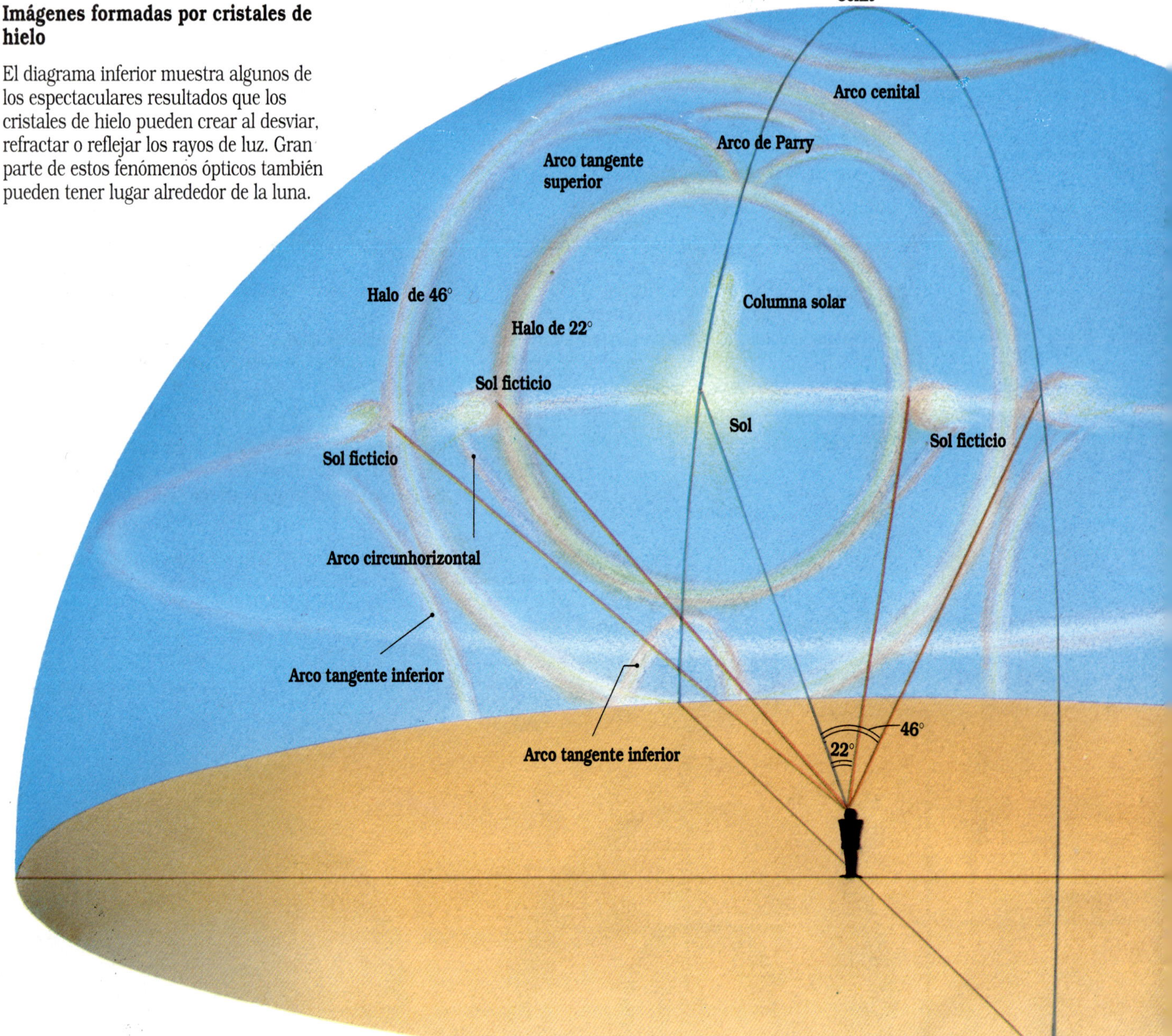

Halos de luz y cristal

Los cristales que dan lugar a los halos son prismas hexagonales (seis caras laterales). Cuando los rayos de luz penetran por la base de uno de estos cristales, se forma un halo que desde el suelo se ve con una abertura de 46° respecto del sol o la luna. Pero cuando la luz penetra en el cristal a través de una de las caras laterales, el halo que se forma tiene una abertura de 22°.

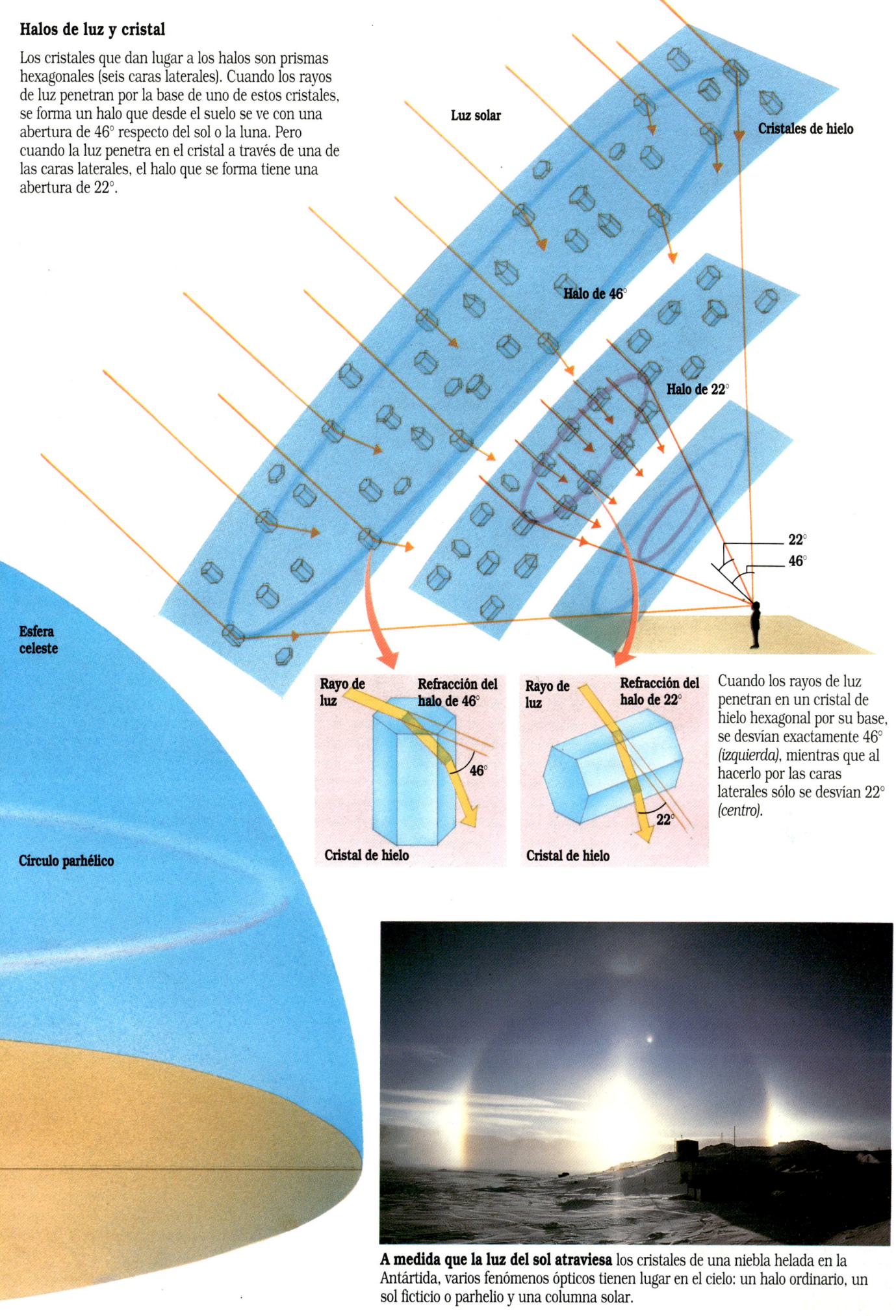

Cuando los rayos de luz penetran en un cristal de hielo hexagonal por su base, se desvían exactamente 46° *(izquierda)*, mientras que al hacerlo por las caras laterales sólo se desvían 22° *(centro)*.

A medida que la luz del sol atraviesa los cristales de una niebla helada en la Antártida, varios fenómenos ópticos tienen lugar en el cielo: un halo ordinario, un sol ficticio o parhelio y una columna solar.

¿Por qué hay halos de montaña?

Observados a menudo por excursionistas y alpinistas, los halos de montaña tienen lugar a gran altitud, cuando la persona que está observando el fenómeno se encuentra entre los rayos de sol y un banco de niebla o de nubes que aquél esté iluminando. Diminutas gotas de agua en la niebla o en las nubes reflejan la luz del sol, formando estos halos con aspecto de arco iris. Puesto que el sol está detrás de la persona que observa, hay una sombra en el centro de la aureola o halo.

Para que se creen los múltiples círculos concéntricos, se ha de dar otra circunstancia: la difracción, gracias a la cual los rayos de luz contornean un obstáculo. Cuando los rayos se dividen alrededor de un observador, se curvan ligeramente. Algunos de estos rayos se recombinan, pero otros no, creándose una serie alternada de círculos oscuros y luminosos llamada franja de difracción *(abajo)*. El halo coloreado se forma en las franjas luminosas de este fenómeno.

La sombra alargada de una persona aparece en el centro de este halo de montaña.

El principio de difracción

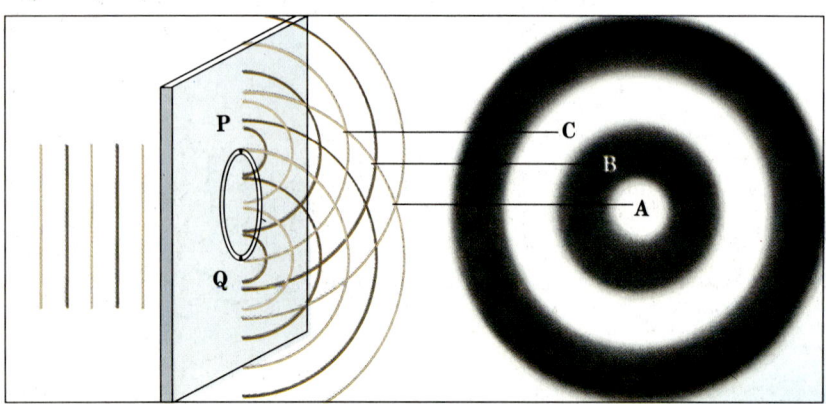
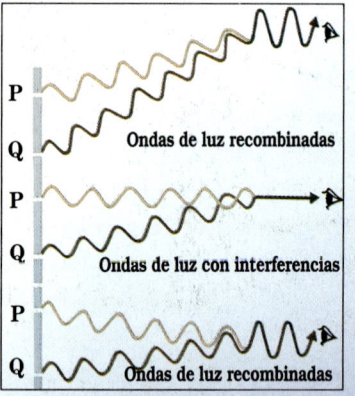

Para entender la difracción de la luz del sol, imaginemos que el observador fuera un círculo recortado de un panel *(arriba, izquierda)*. A medida que haces de luz paralelos *(líneas claras y oscuras)* pasan a través del círculo, se curvan hacia fuera. En los puntos A y C las ondas se encuentran de nuevo, reforzándose y apareciendo especialmente brillantes. En el punto B, las ondas interfieren, creando una región oscura. Aunque el diagrama superior sólo muestra el modelo de difracción generado en los puntos P y Q, la difracción ocurre en todos los puntos alrededor del círculo —o de la persona que observa—, produciéndose el modelo de difracción circular *(arriba, derecha)* típico de las aureolas o halos de montaña.

Las ondas de luz difractadas que se recombinan, como en A en el diagrama superior, crean luz de intensidad doble que la que tenía cada componente individual. Si las ondas se interfieren, como en B, se anulan mutuamente y el observador no ve luz.

Coronas

Las coronas, otro fenómeno producido por la difracción de la luz, son franjas luminosas que se ven a veces alrededor del sol y de la luna. Cuando los rayos de luz rozan las gotas de agua que se encuentran en suspensión en el aire, sus trayectorias se curvan, o difractan, contorneando las gotas. Las ondas luminosas así perturbadas se recombinan formando franjas concéntricas de color *(derecha)*.

Una corona lunar *(izquierda)* resplandece debido a las diminutas gotas de agua de las nubes que difractan la luz de la luna.

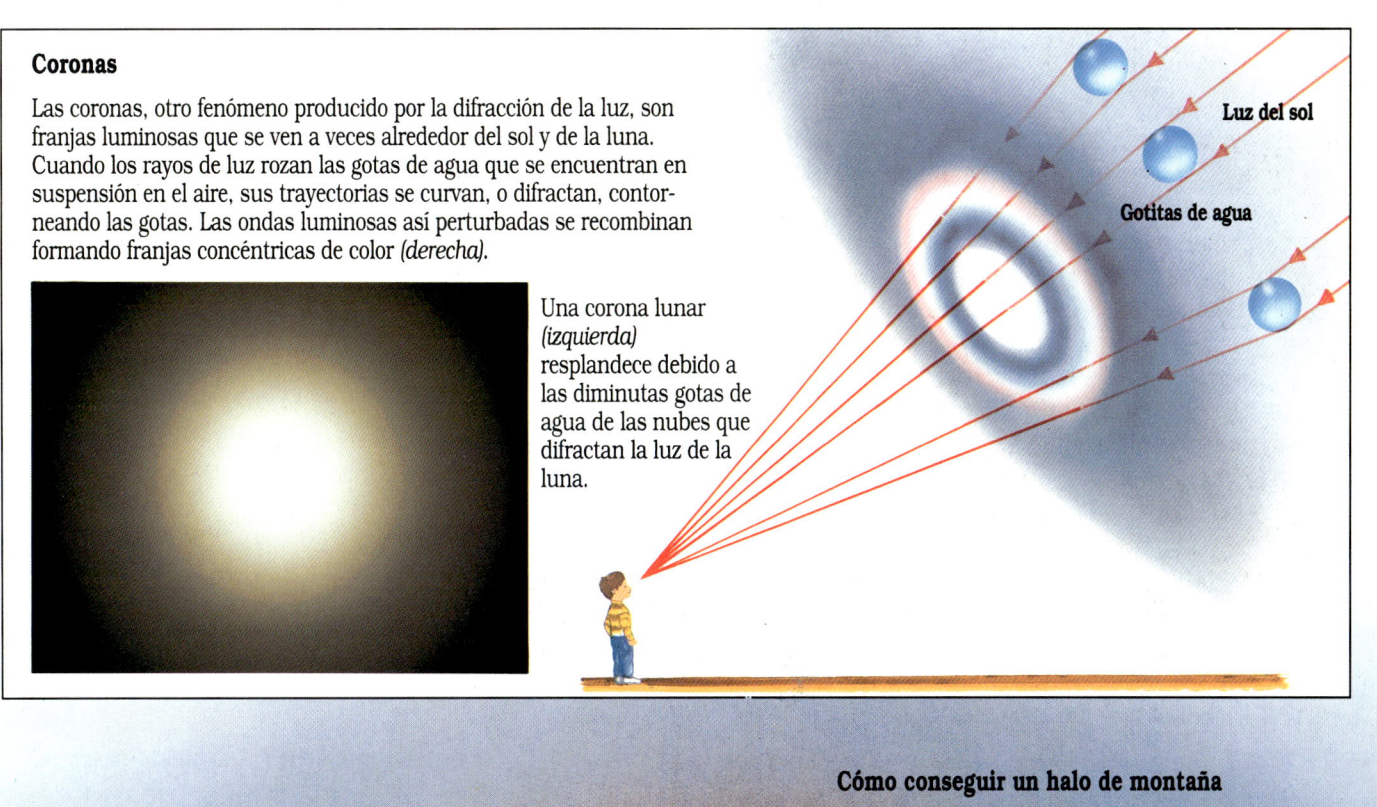

Luz del sol
Gotitas de agua

Cómo conseguir un halo de montaña

Un observador puede ver un halo de montaña, con su sombra en el centro, cuando el sol ilumina desde detrás suyo un banco de nubes o niebla que esté exactamente delante. Los círculos del halo se forman con la difracción de la luz solar, cuyos rayos contornean a la persona, curvándose y reflejándose en las nubes. Las ondas luminosas se recombinan entonces en un modelo de difracción circular compuesto de bandas oscuras y bandas brillantes; cada longitud de onda es de un color diferente.

La luz solar atraviesa una gota de agua
Los rayos de luz se reflejan en la gota
La luz coloreada retorna al observador

¿Qué son los relámpagos en forma de bola?

Uno de los fenómenos atmosféricos más curiosos que existen son los relámpagos en forma de bola. Mientras que las descargas eléctricas que ocurren en la atmósfera de ordinario producen rayos y relámpagos, los relámpagos en forma de bola se mueven cerca del suelo. Lo más normal es que desaparezcan después de seguir los cables eléctricos o del teléfono durante unos segundos. Según algunos informes, estas bolas de fuego también entran en casas. Se cuelan por los resquicios de puertas o ventanas, o bajan por la chimenea, se precipitan furiosamente por todas partes y salen después en un abrir y cerrar de ojos tras dejar chamusquina por doquier.

Durante siglos la gente ha afirmado que ha visto bolas de fuego, pero debido a que este fenómeno ocurre sólo en raras ocasiones —y de forma fugaz—, no ha sido hasta mediado de este siglo que la ciencia lo ha empezado a estudiar con detalle. Aún no existe una explicación satisfactoria sobre las bolas de fuego, pero los físicos barajan varias teorías prometedoras, algunas de las cuales ilustramos a continuación.

En esta fotografía de 1987 en Japón vemos una bola de fuego que cruza la vía del tren con su cola incandescente.

Características de los relámpagos en forma de bola

Resplandecientes y ardientes, las bolas de fuego oscilan entre los 15 y los 50 cm de diámetro, y pueden tener forma esférica, ovalada o como una escobilla. En general son blancas, aunque algunas veces tengan un tono azulado o naranja. Existe una gran variedad en su apariencia, y aun más en su forma de actuar. Con itinerarios que pueden ser completamente rectilíneos o increíblemente curvilíneos, las bolas de fuego pueden flotar perezosamente sobre el suelo durante minutos o ir a la carrera a miles de kilómetros por hora.

Dónde se han visto

Tienden a aparecer en lugares en los que el aire está estancado, por ejemplo, en valles y pantanos. En las ciudades acostumbran a formarse cerca de cables de alta tensión, cables telefónicos o en las esquinas de edificios de metal o torres. Casi la mitad de las bolas de fuego de las que ha habido noticia han aparecido dentro de una casa o de un edificio, en donde la bola de fuego penetró por una puerta o una ventana.

Cómo se forman las bolas de fuego

Tres teorías relacionan las bolas de fuego con los rayos y relámpagos. Según la teoría eléctrica, los rayos o relámpagos arrancarían átomos de hidrógeno de moléculas de agua formadas en el aire. El hidrógeno se une con moléculas de compuestos de carbono para formar una bola de moléculas de hidrocarburos que emiten luz al liberar el exceso de energía. Según la teoría del plasma aerosol, partículas con carga eléctrica, llamadas aerosoles, forman una esfera. Cuando la toca un rayo, la esfera se carga de energía y se pone incandescente. Según la teoría de onda electromagnética, los árboles y las nubes acumulan electricidad estática, originándose ondas electromagnéticas que rebotan en el suelo. En el punto en el que se encuentran las ondas, la energía electromagnética excita el aire formándose una bola de fuego.

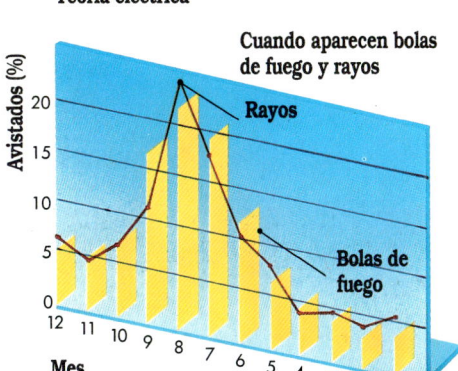

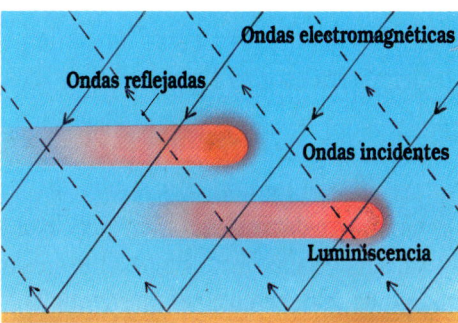

En el laboratorio

En uno de los experimentos para descubrir la verdadera naturaleza de las bolas de fuego, los investigadores desarrollaron un dispositivo *(abajo)* que, a través de una antena, emitía ondas electromagnéticas en una pieza llena de etano, produciendo una bola de fuego. El aparato estaba basado en la teoría *(izquierda)* de que las ondas electromagnéticas de un rayo a la larga pueden coincidir en un punto en el que su energía conjunta tome electrones de las moléculas del aire. Estas moléculas cargadas empiezan entonces a resplandecer, formando una bola de fuego.

Un relámpago en bola en el laboratorio.

En el experimento *(derecha)* se usó (1) una antena, (2) etano, (3) reflectores y (4) ondas eléctricas, produciendo (5) una bola de fuego.

6 La observación del tiempo

En las antiguas culturas, la gente pensaba que el tiempo era un acto impredecible de Dios, y se basaban en tradiciones populares y sus propias observaciones sagaces sobre las nubes y vientos para intentar predecir el tiempo. En el siglo XVII se inventó el barómetro de mercurio, y en el XVIII, los termómetros Celsius y Fahrenheit. Empezaron a establecerse estaciones meteorológicas alrededor del mundo y los pronósticos meteorológicos se pusieron al servicio de la humanidad.

Hay unas diez mil estaciones meteorológicas repartidas alrededor del globo. Cada pocas horas, estos observatorios recogen información sobre la temperatura, presión, humedad, cantidad y tipo de precipitación, etcétera, compilando los datos en mapas. Estos mapas, a su vez, permiten la preparación de los mapas de predicción del tiempo para el mismo día, el día siguiente, o incluso con semanas y meses de anticipación. Con la predicción a largo plazo, cuanto más tiempo tenga que ser válido el pronóstico, más difícil será prepararlo con precisión.

En las agencias meteorológicas y los centros de investigación más avanzados, los científicos utilizan potentes supercomputadoras para crear modelos del tiempo previsible. Millones de observaciones de toda la Tierra se pueden introducir en un modelo que incluye ecuaciones basadas en las leyes básicas de la física. Incluso una supercomputadora puede tardar más de cien horas en proporcionar un pronóstico utilizando estos modelos. Quizá con el tiempo aparezcan computadoras aún más rápidas y precisas que revolucionarán el campo de la predicción atmosférica.

Observadores meteorológicos suben hacia el observatorio de la cumbre. El observatorio está coronado con la típica cúpula blanca de una antena de radar meteorológica. Antes de volver a bajar, los observadores que trabajan en el observatorio permanecerán un turno de tres semanas.

¿Cómo funcionan los satélites de observación meteorológica?

Los satélites meteorológicos observan la Tierra de muchas formas distintas. Lejos de la superficie del planeta, sus instrumentos captan las radiaciones terrestres, tanto las visibles como las infrarrojas y las microondas. Aparte de proporcionar imágenes visuales, los satélites también son capaces de medir la temperatura del suelo, de la superficie del mar y de varios niveles de la atmósfera. También miden la fuerza y dirección de los vientos sobre los océanos y la humedad atmosférica.

Dos tipos de satélites observan el tiempo atmosférico desde el espacio exterior: los geoestacionarios y los de órbita polar. Los satélites geoestacionarios, a unos 35.900 kilómetros encima del ecuador, son sincrónicos con la Tierra, es decir, giran alrededor de ella con su misma velocidad angular, de forma que son inmóviles respecto al suelo. Esto les permite la observación continua de la misma región. Los satélites de órbita polar tienen sus órbitas mucho más bajas, de norte a sur, de forma que la Tierra gira debajo de ellos. Pueden observar casi todo el planeta, incluso las regiones polares, que no pueden ser observadas desde los satélites geoestacionarios.

Detector de luz
Espejo cóncavo
Espejo de observación
Antena
Datos procesados
Datos sin procesar
Oeste
Estación remota
Observatorio en una isla
Baliza remota
Estación de comunicación con satélites
Centro de información
Centro del satélite
Oficina meteorológica

Monitores de una estación terrestre muestran las imágenes de los satélites.

Los satélites transmiten datos

Un satélite transmite datos sin procesar *(azul)* a un centro de elaboración que envía los resultados de los cálculos a las estaciones meteorológicas. El satélite también retransmite imágenes procesadas *(naranja)* del suelo a observatorios remotos y recopila datos *(violeta)* de apartadas boyas baliza, barcos, aviones y observatorios en islas.

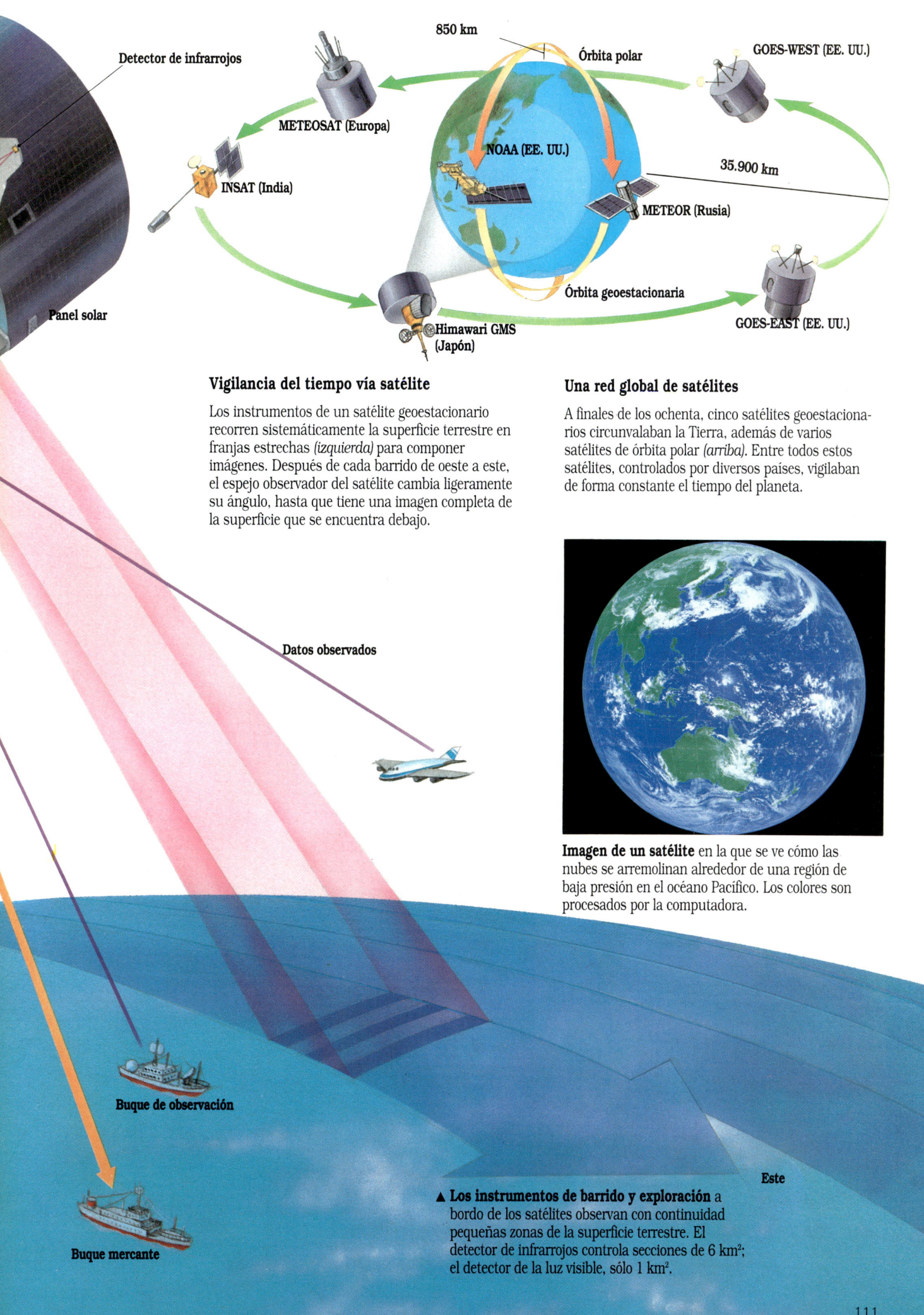

Vigilancia del tiempo vía satélite

Los instrumentos de un satélite geoestacionario recorren sistemáticamente la superficie terrestre en franjas estrechas *(izquierda)* para componer imágenes. Después de cada barrido de oeste a este, el espejo observador del satélite cambia ligeramente su ángulo, hasta que tiene una imagen completa de la superficie que se encuentra debajo.

Una red global de satélites

A finales de los ochenta, cinco satélites geoestacionarios circunvalaban la Tierra, además de varios satélites de órbita polar *(arriba)*. Entre todos estos satélites, controlados por diversos países, vigilaban de forma constante el tiempo del planeta.

Imagen de un satélite en la que se ve cómo las nubes se arremolinan alrededor de una región de baja presión en el océano Pacífico. Los colores son procesados por la computadora.

▲ **Los instrumentos de barrido y exploración** a bordo de los satélites observan con continuidad pequeñas zonas de la superficie terrestre. El detector de infrarrojos controla secciones de 6 km²; el detector de la luz visible, sólo 1 km².

¿Por qué hay que observar la atmósfera superior?

La mayor parte de los fenómenos atmosféricos tienen lugar en la troposfera, la capa inferior de la atmósfera. Sin embargo, la troposfera está influenciada por las capas superiores: la estratosfera, entre 15 y 50 kilómetros por encima de la superficie terrestre, y la mesosfera, de 50 a 80 kilómetros de altura. Por esta razón hay que estudiar las capas superiores de la atmósfera para entender qué pasa debajo de ellas.

En la estratosfera, por ejemplo, a veces la temperatura aumenta en docenas de grados durante varios días; y más o menos cada par de años los vientos que soplan en la estratosfera directamente encima del ecuador se invierten, soplando una época del este y dos años más tarde de nuevo del oeste.

Las condiciones atmosféricas de la estratosfera son importantes en la meteorología aeronáutica, puesto que a estas altitudes vuelan los aviones de reacción. Últimamente ha aparecido otra razón de peso para preocuparse de esta capa de la atmósfera: en la estratosfera se ubica la capa de ozono que protege la superficie terrestre de las nocivas radiaciones ultravioleta procedentes del espacio.

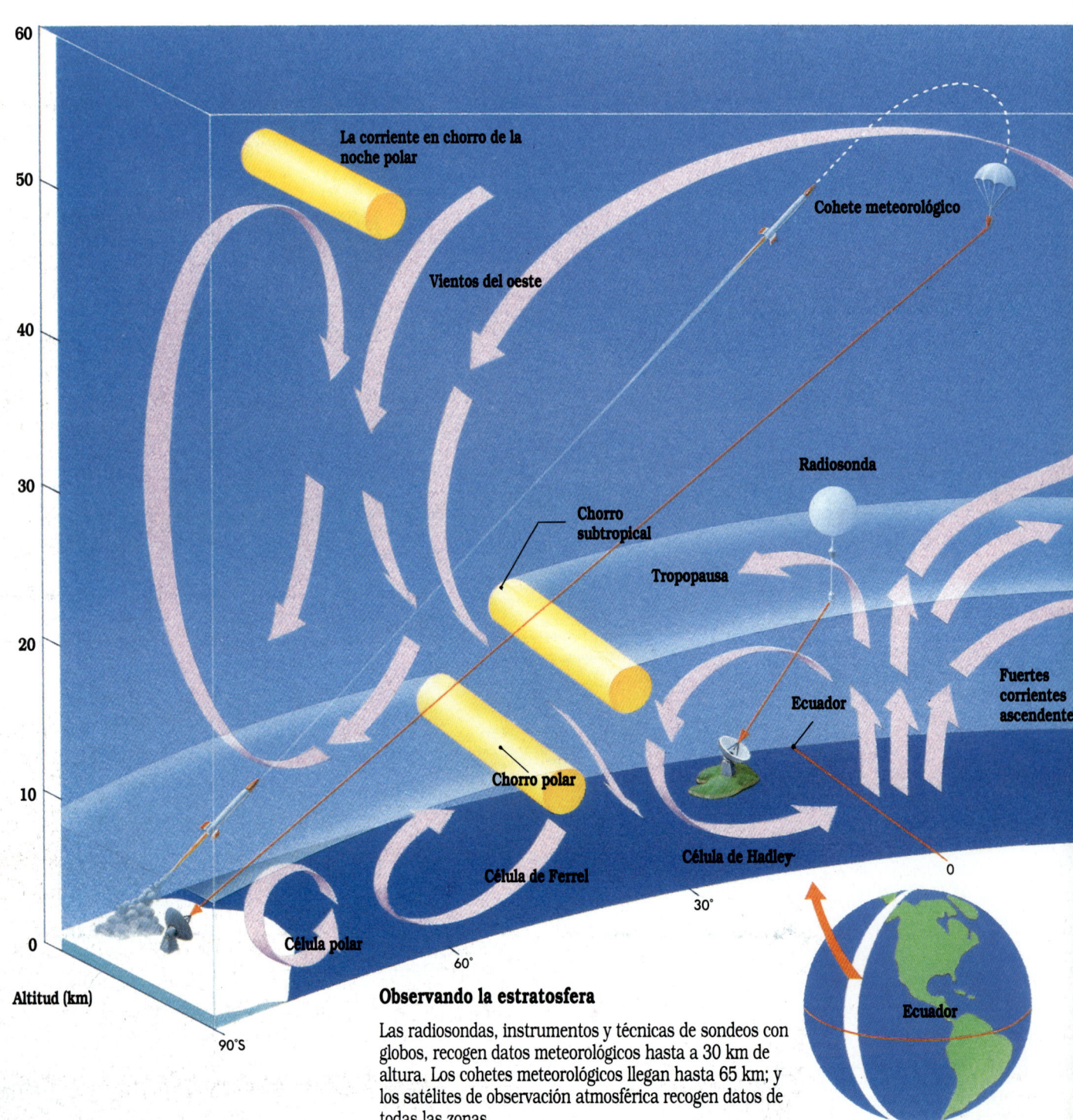

Observando la estratosfera

Las radiosondas, instrumentos y técnicas de sondeos con globos, recogen datos meteorológicos hasta a 30 km de altura. Los cohetes meteorológicos llegan hasta 65 km; y los satélites de observación atmosférica recogen datos de todas las zonas.

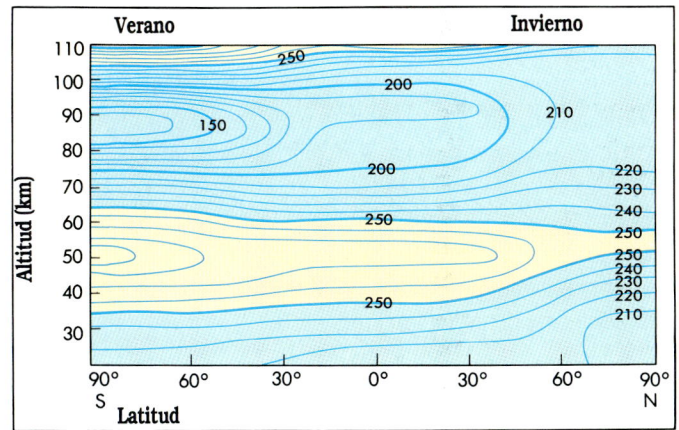

Temperaturas en lo alto

La temperatura de la atmósfera (en grados Kelvin) depende de la latitud y de la altitud. Por ejemplo, en el verano del hemisferio Sur, zonas cálidas rodean una región fría a 90 km de altura.

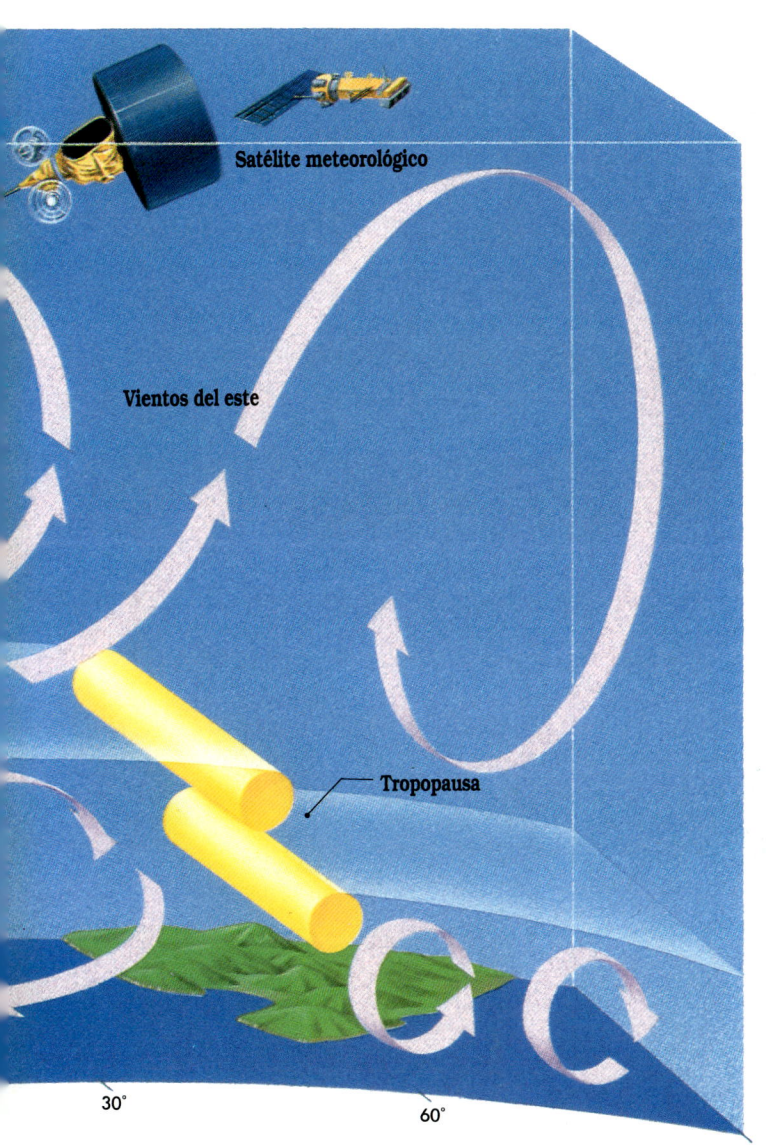

Vientos en la estratosfera

La circulación estratosférica *(arriba)*, responsable del desplazamiento del ozono *(págs. 12-13)*, es producto de corrientes de aire de la troposfera. Empezando por el ecuador, que calienta el ozono en gran medida, el aire se desplaza hacia los polos, en donde el ozono se calienta en menor grado. La rotación de la Tierra desvía la circulación en vientos del oeste en invierno y vientos del este en verano. A altas latitudes, la troposfera también tiene una circulación más débil en sentido opuesto. Las masas de aire que suben de la troposfera a la estratosfera se dividen en corrientes norte y sur.

Calor, frío y altitud

Mapas térmicos (en grados Kelvin) a distintas alturas de un día de febrero *(abajo)* muestran una compleja configuración de aire caliente y frío a cada nivel. En general, en la estratosfera la temperatura aumenta con la altura, mientras que en la mesosfera disminuye.

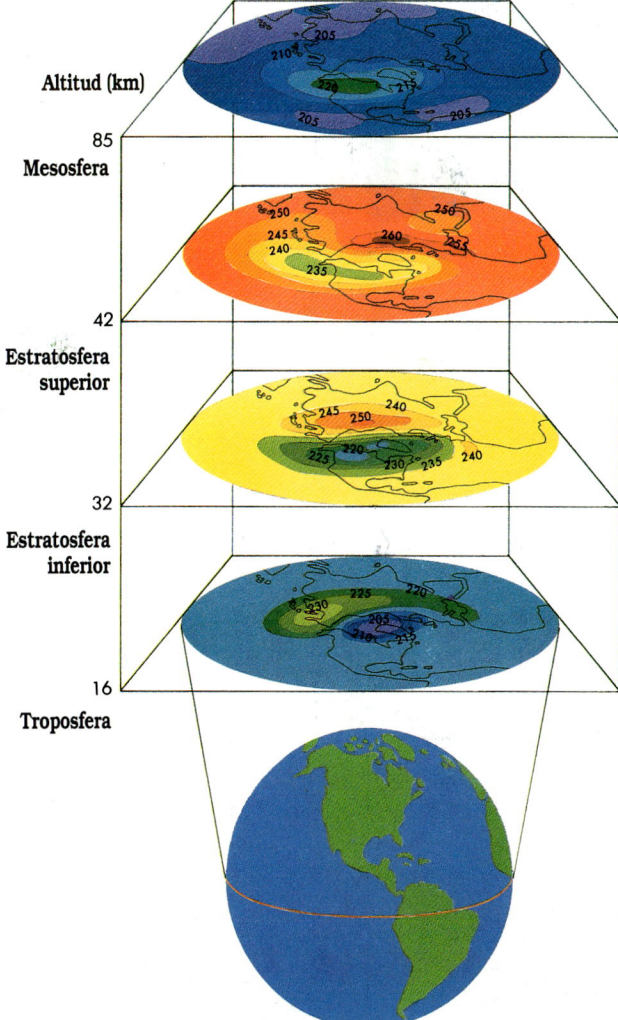

¿Cómo funciona el radar meteorológico?

El radar meteorológico utiliza ondas radioeléctricas para obtener información sobre precipitaciones como la lluvia, el granizo o la nieve. Cuando las ondas de radio emitidas por una antena de radar tropiezan con partículas de precipitación en el aire, rebotan, reflejadas, de vuelta hacia la antena. Una computadora calcula la distancia a la precipitación midiendo cuánto tiempo tarda en ir y volver el impulso emitido por el radar. El radar detecta no sólo la distancia a la precipitación sino también su dirección e intensidad de la fuerza del eco que se refleja.

El alcance máximo del radar meteorológico depende en parte de la fuerza de su haz y en parte de la altura de la antena. Las ondas radioeléctricas viajan en línea recta, por lo que se elevan de la superficie curva de la Tierra. Las ondas de un radar que esté al nivel del mar y cuyo alcance sea de 300 kilómetros rebasan una altura de 6 kilómetros, por encima de la mayor parte de precipitaciones.

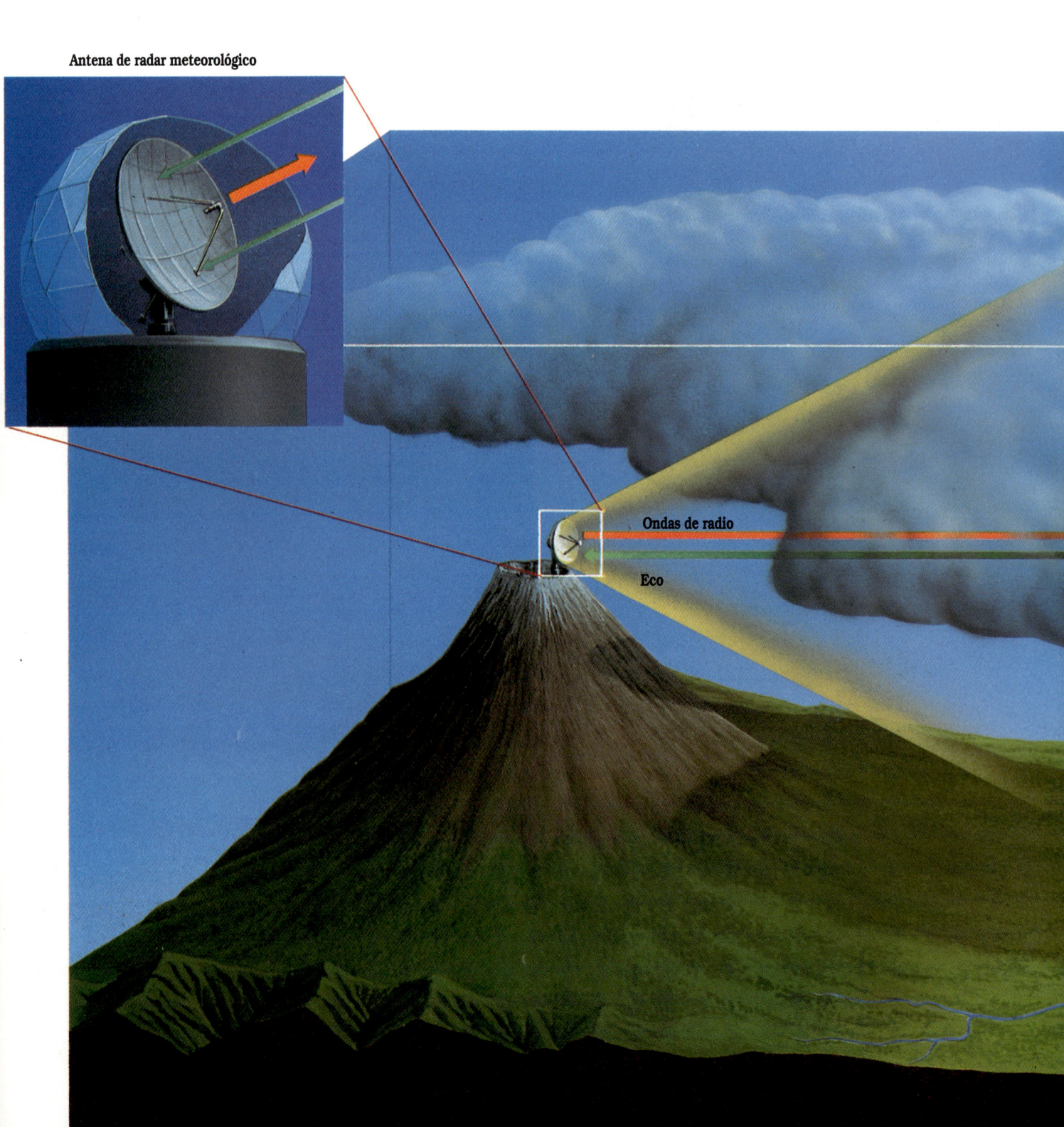

Antena de radar meteorológico

Ondas de radio

Eco

Alcance máximo del radar meteorológico

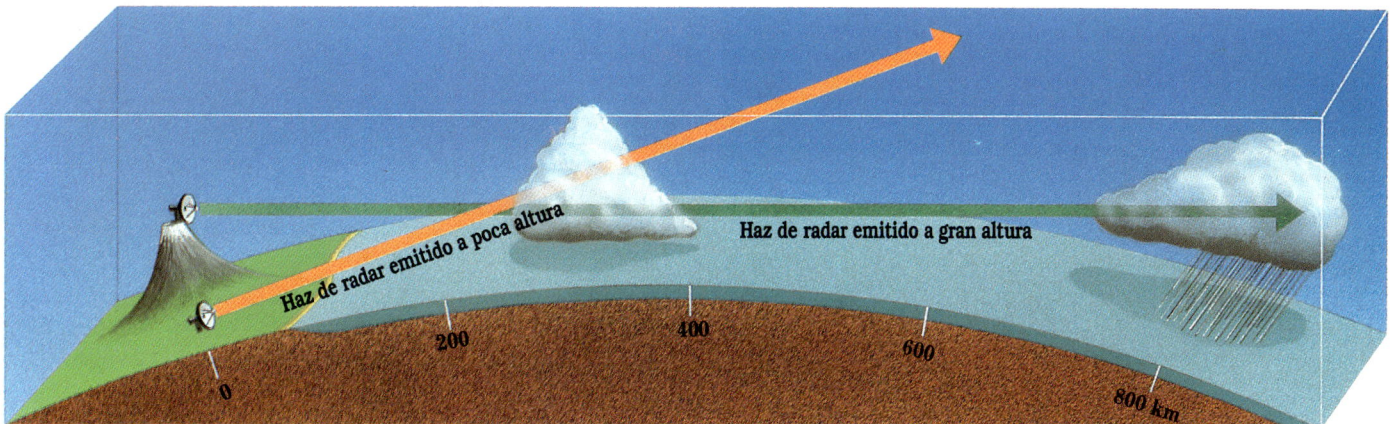

Los haces emitidos por los radares de las estaciones meteorológicas al nivel del mar se alejan rápidamente de la superficie terrestre debido al ángulo de emisión. Sin embargo, un radar en la cumbre de una montaña puede emitir su haz con un ángulo ligeramente descendente. El haz emitido por la antena emisora de un radar que esté a 3.800 m sobre el nivel del mar cruza el horizonte a unos 250 km de distancia.

Con un alcance de 550 km, el haz rebasa los 6 km de altitud, la altura máxima a que llegan la mayoría de las nubes que ocasionan precipitaciones. Los tifones y otras precipitaciones extremadamente violentas a menudo llegan bastante más arriba de los 6 km de altura, por lo que son visibles a un radar que esté a 800 km de distancia encima de la cumbre de una montaña.

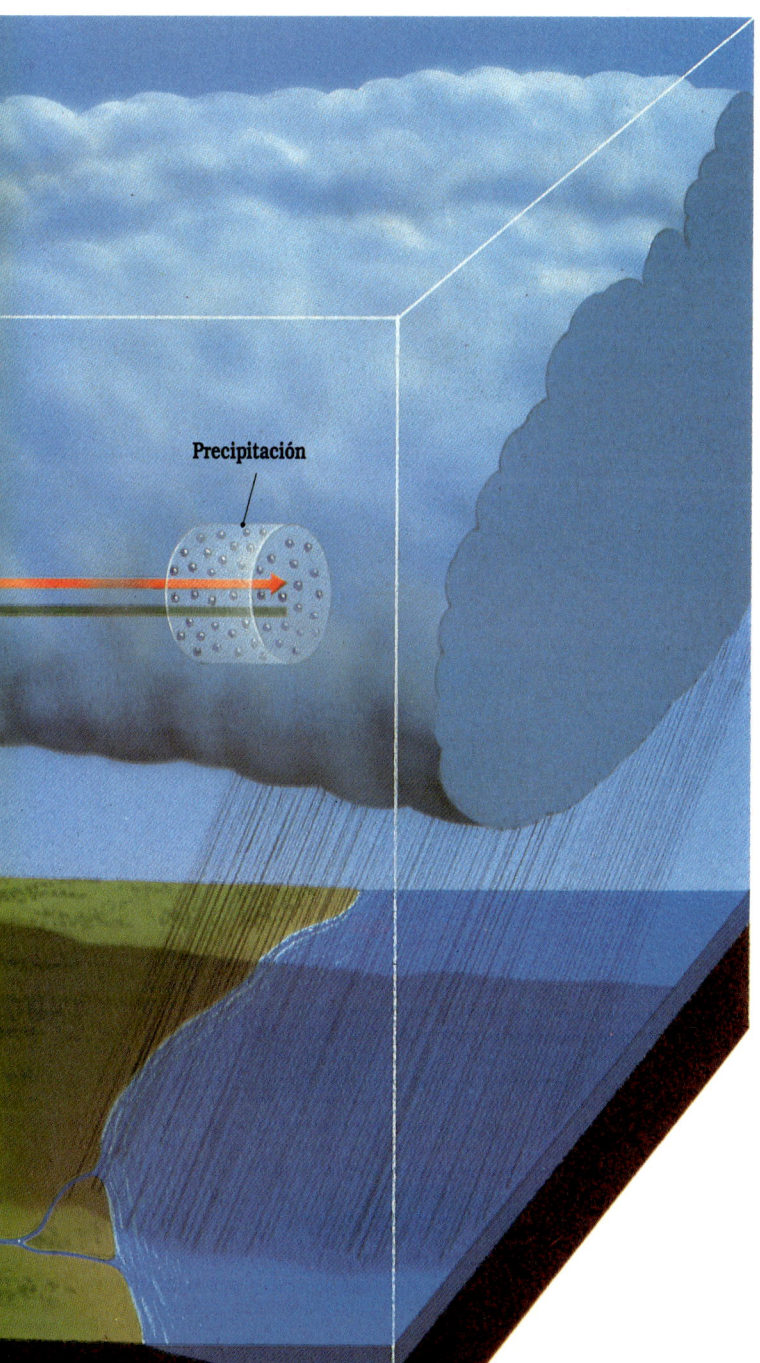

Precipitación

La antena parabólica de 5 m de ancho que está a 3.776 m de altura en la cumbre del monte Fuji, en Japón, está protegida por una cúpula. Su haz de radio tiene una potencia de 1.500 kilovatios.

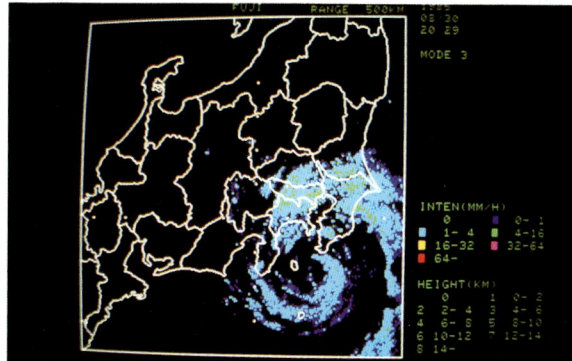

El eco de un tifón aparece en la pantalla de un radar, mostrando claramente el ojo de la tempestad en el centro de una espiral de nubes.

Los radares y la lluvia

El radar emite ondas de alta frecuencia, llamadas microondas, cuya longitud de onda típica está entre 0,1 y 10 cm. Estas ondas atraviesan nubes, niebla y neblina, pero rebotan en las gotas de agua o copos de nieve *(izquierda)*. La longitud de onda del eco del haz emitido cambia ligeramente dependiendo de que la precipitación se esté acercando o alejando del radar, pudiendo deducir de ello la dirección de la perturbación atmosférica. Las ondas de radio más cortas producen un fuerte eco de las nubes, mientras que ondas más largas lo producen más débil.

¿Cómo se recopilan los datos meteorológicos?

Globos y aviones

Los globos atmosféricos a la deriva, que pueden estar volando varios días, proporcionan datos sobre tendencias atmosféricas a largo plazo; en cambio, los aviones de reconocimiento pueden desplazarse rápidamente a zonas de interés inmediato como los centros de tempestades.

Radiosondas y cohetes

Las radiosondas, al elevarse un par de veces al día, sondean las condiciones atmosféricas hasta unos 30 km de altitud, mientras los cohetes meteorológicos, lanzados semanalmente, tienen un alcance de unos 65 km de altura.

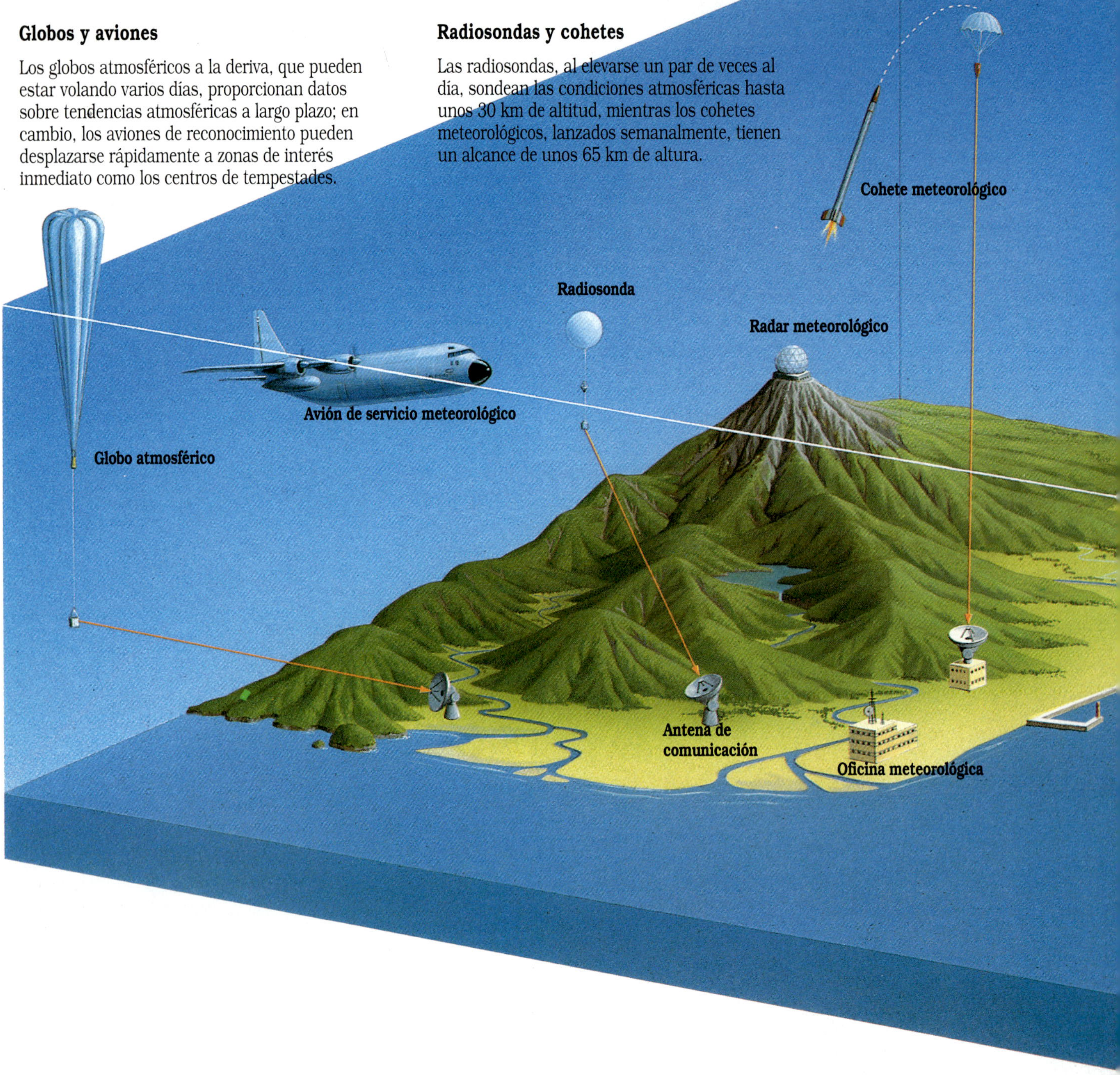

Los pronósticos del tiempo fiables se basan en recopilar información detallada de diversas fuentes. Desde tiempos inmemoriales, se han efectuado observaciones a nivel del suelo. Hoy en día, estas observaciones se hacen tanto con dispositivos automáticos de gran sensibilidad como por las personas que vigilan el tiempo desde miles de observatorios. Muchas estaciones también lanzan cohetes meteorológicos y radiosondas para efectuar mediciones en las capas superiores de la atmósfera. Tanto los barcos de observación meteorológica y boyas baliza automáticas como algunos buques mercantes proporcionan información de las condiciones atmosféricas en el mar. Organizaciones nacionales meteorológicas recopilan gran parte de estas informaciones, pero la red de observatorios alrededor del mundo intercambia datos para confeccionar mapas del tiempo y pronósticos a largo plazo con un máximo de fiabilidad.

Un cohete meteorológico es lanzado desde un observatorio junto al Pacífico. Sus instrumentos transmitirán información sobre las condiciones atmosféricas.

Observación espacial

Los satélites de órbita polar y los de órbita geoestacionaria ecuatorial observan y transmiten detalles sobre la temperatura de la superficie de los océanos y la formación de nubes alrededor del mundo.

● Observación desde el suelo

En los observatorios esparcidos por el planeta, las personas a su cargo toman nota cada hora de los datos observados. En las estaciones meteorológicas automatizadas, los dispositivos registradores también actualizan sus datos cada hora.

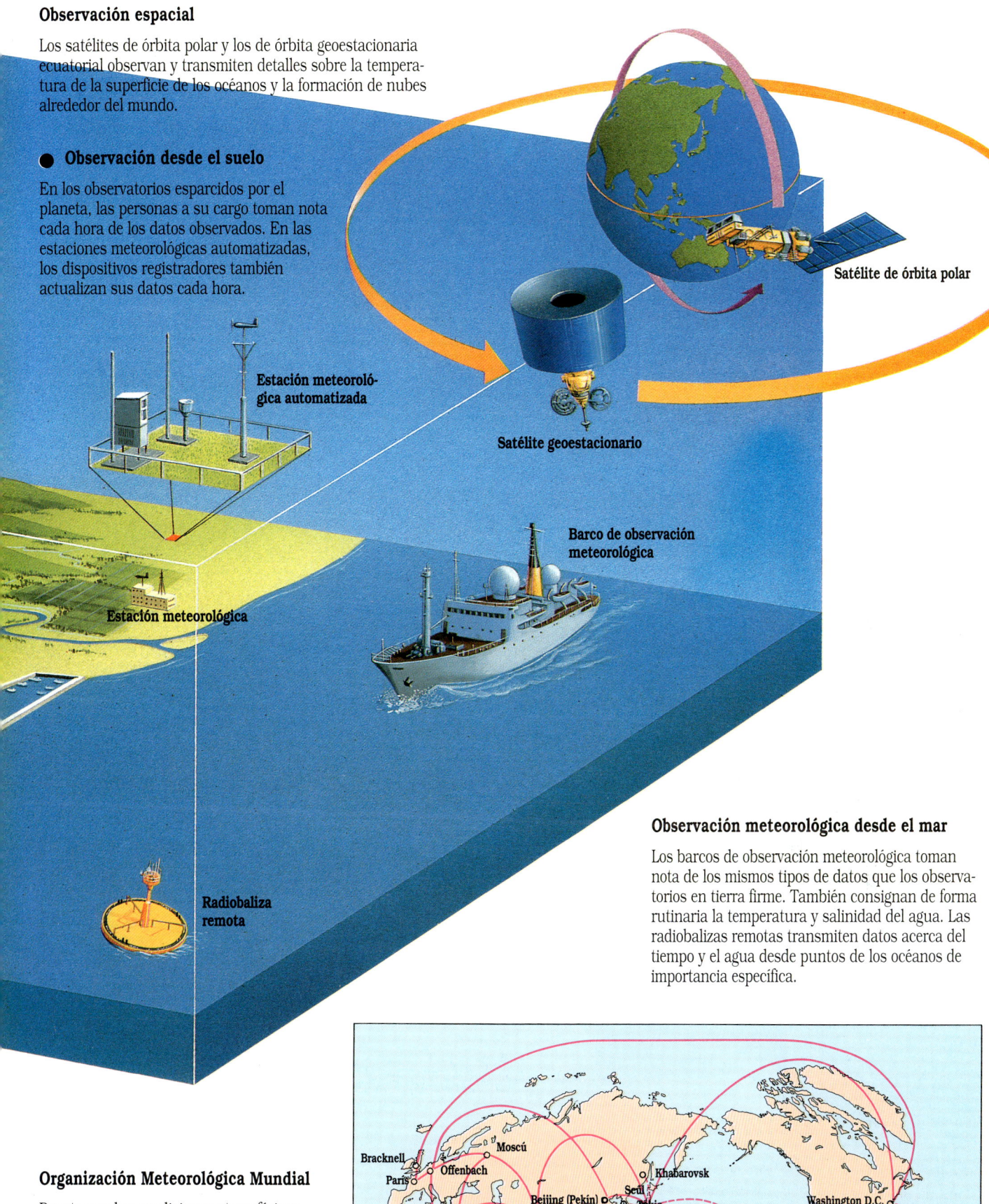

Satélite de órbita polar

Estación meteorológica automatizada

Satélite geoestacionario

Estación meteorológica

Barco de observación meteorológica

Radiobaliza remota

Observación meteorológica desde el mar

Los barcos de observación meteorológica toman nota de los mismos tipos de datos que los observatorios en tierra firme. También consignan de forma rutinaria la temperatura y salinidad del agua. Las radiobalizas remotas transmiten datos acerca del tiempo y el agua desde puntos de los océanos de importancia específica.

Organización Meteorológica Mundial

Puesto que las condiciones atmosféricas globales influyen sobre el tiempo local, para hacer un pronóstico meteorológico fiable hacen falta datos simultáneos de todo el mundo. Las estaciones meteorológicas internacionales intercambian una gran cantidad de información a través de sus redes especiales de comunicación, entre las que se cuentan los cables submarinos y los enlaces de telecomunicaciones vía satélite.

—— Red meteorológica principal
- - - Red meteorológica regional

¿Cómo se hacen los mapas del tiempo?

Cada hora unos diez mil observatorios transmisores de partes meteorológicos toman nota de la presión atmosférica local, temperatura, precipitación, viento y otros factores. Estos datos se transmiten entonces a los servicios meteorológicos nacionales, como por ejemplo al Real Observatorio en Hong Kong, o al Centro Nacional Meteorológico de Maryland, en Estados Unidos. A continuación, los meteorólogos añaden datos de las radiosondas, radares y satélites de observación meteorológica y pasan a confeccionar, por una parte, los mapas de superficie *(abajo, centro)*, con las condiciones atmosféricas a nivel del suelo, y por otra, los mapas de altura, con las condiciones de las capas de la atmósfera superior *(derecha)*.

Estos mapas, con las condiciones vigentes del momento, son los instrumentos básicos utilizados en meteorología para hacer el pronóstico del tiempo. Las estaciones meteorológicas esparcidas por todo el mundo confeccionan mapas similares, de esta forma los pueden compartir con otros países a través de la red internacional de observación meteorológica.

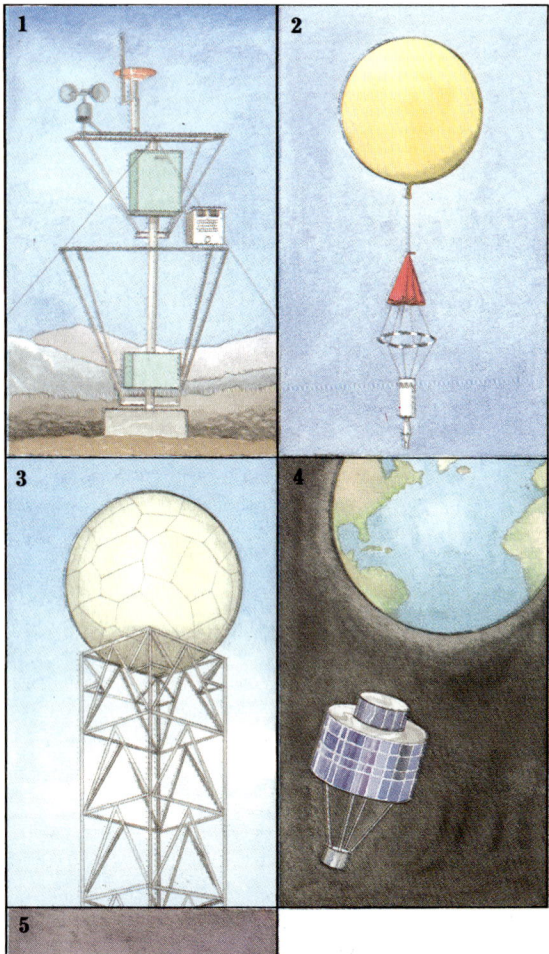

Para poder hacer un mapa del tiempo hay que recopilar los datos de los observatorios meteorológicos (1) y de las radiosondas (2). El radar (3) proporciona información sobre las tempestades y tormentas. Los satélites (4) transmiten datos e imágenes sobre nubosidad y temperatura. Los meteorólogos confeccionan el mapa del tiempo (5) con todas estas observaciones.

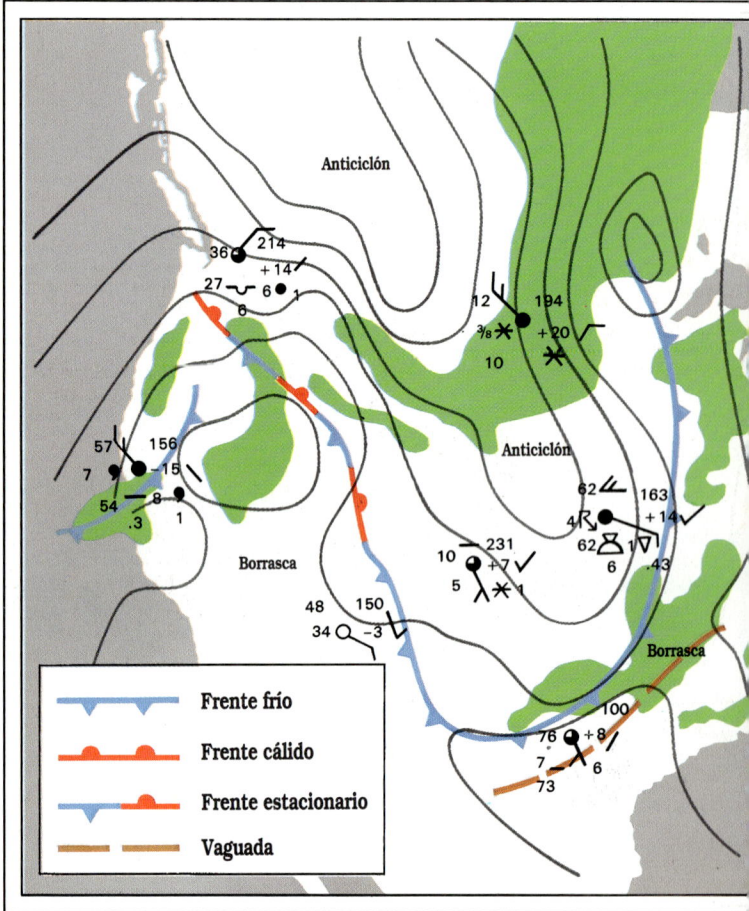

Mapa del tiempo de superficie del 29 de octubre en Norteamérica

Las personas que se dedican a hacer mapas traducen las observaciones de las estaciones meteorológicas en modelos como el de arriba. Estos modelos consisten en un círculo que señala la situación de cada estación y que está rodeado de símbolos con el tiempo en curso y reciente. (Para simplificar la figura, aquí sólo se muestran unas cuantas estaciones.) Después se completa el mapa añadiendo las isobaras *(trazos negros)*, los frentes *(trazos azules y rojos)* y las zonas con precipitación *(verde)*. Confeccionados cada hora, estos mapas permiten a los meteorólogos seguir los cambios del tiempo.

Un mapa del aire a gran altura

Dado que las condiciones atmosféricas de las capas superiores influyen en el tiempo que hace en la superficie, los científicos recogen información sobre las capas altas de la atmósfera por medio de radiosondas. Estas observaciones les permiten confeccionar mapas de presión constante *(derecha)*, en los que las líneas negras, líneas de nivel, representan la altura en la que el aire tiene una presión de 500 milibares. En estos mapas los términos de "baja" y "alta" indica altitud, no presión. Las flechas muestran la dirección y velocidad del viento, y las líneas rojas, la temperatura.

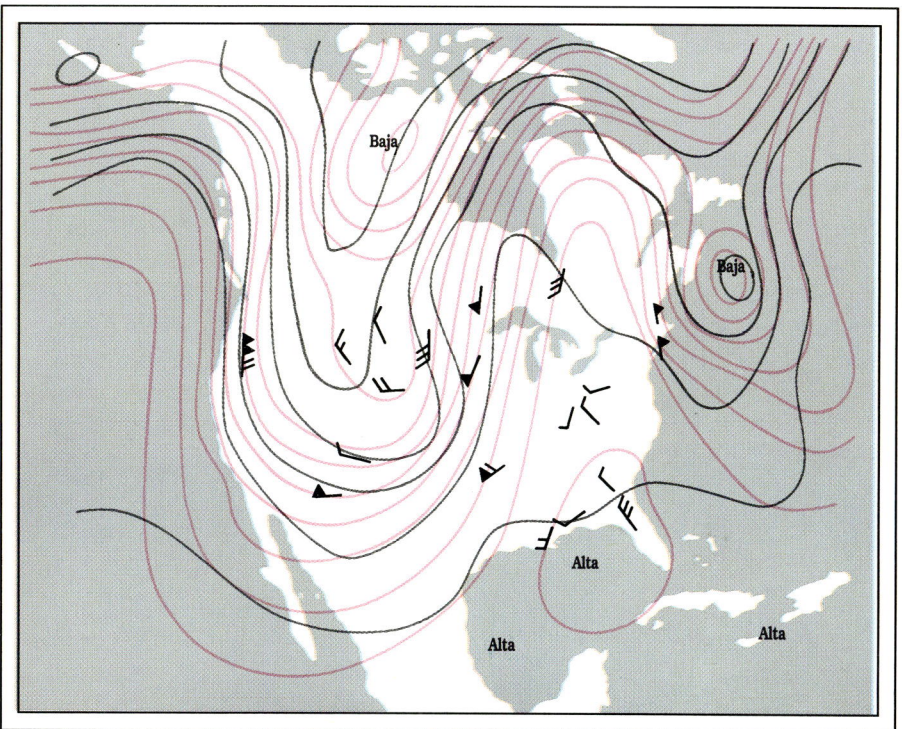

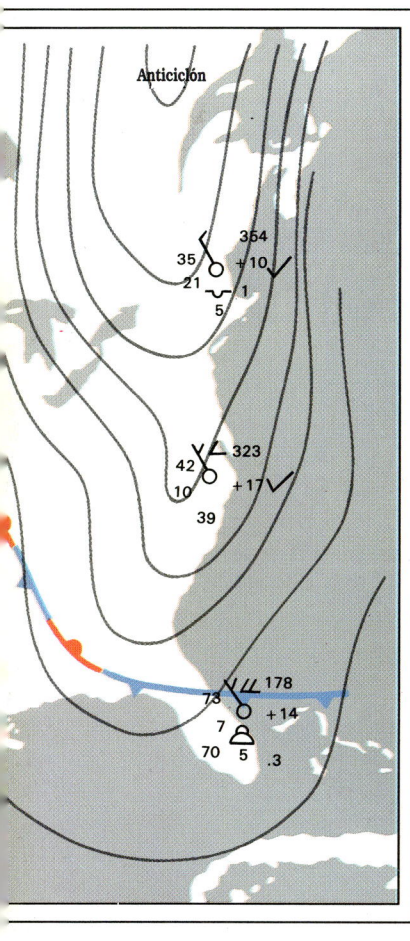

Los símbolos de la derecha son los utilizados en los mapas del tiempo. La nubosidad se indica por el número de octavas partes de cielo cubierto por nubes. Los símbolos del tiempo reinante muestran el tipo e intensidad de las precipitaciones. Los símbolos de presión indican la tendencia barométrica desde el último parte. Las nubes se agrupan en altas, medias y bajas. La dirección de la flecha señala la dirección del viento, mientras que el número de lengüetas o gallardetes indica su velocidad.

Colocación de símbolos en una estación

La disposición de los símbolos alrededor de una estación *(derecha)* describe el tiempo que hace en un lugar determinado. En la parte derecha del círculo aparece la presión a nivel del mar, sin las dos primeras cifras ni la coma de los decimales; en este caso, la presión es de 1.014,7 milibares. A la izquierda, la temperatura y la precipitación. Arriba se muestra las nubes medias y altas, mientras que abajo vemos las nubes bajas y la precipitación durante las últimas tres horas.

Cielo	Tiempo vigente		Presión	Nubes		Viento
○ Despejado	● Lluvia	∽• Aguanieve	— Estable	⌒ Estratos	⌐ Altoestratos	⌐ 5 nudos
◔ Nubes dispersas	' Llovizna	▽ Chubascos	\ Descenso	⌣ Estratocúmulos	⌣ Altocúmulos	⌐ 10 nudos
◐ Semicubierto	✳ Nieve	⊙ Pedrisco	/ Ascenso	⌐ Nimboestratos	⌒ Cirroestratos	⌐ 15 nudos
◕ Casi cubierto	▽ Granizo	≡ Niebla	∨ Descenso seguido de ascenso	⌒ Cúmulos	∾ Cirrocúmulos	⌐ 20 nudos
● Cubierto	⚡ Tormenta	✳▽ Chaparrón de nieve	∧ Ascenso seguido de descenso	⎕ Cumulonimbos	⌐ Cirros	◢ 50 nudos

¿Cómo se hace la previsión meteorológica diaria?

Tras analizar e interpretar los mapas del tiempo, es posible preparar el pronóstico diario del tiempo. En las estaciones meteorológicas locales y en las oficinas meteorológicas centrales, los científicos analizan los mapas de superficie y los de las capas altas de la atmósfera, las imágenes de las nubes de los satélites meteorológicos, los mapas de ecos de radar y mucha más información. Después de considerarlo todo, los meteorólogos dan los pronósticos a través de los diarios, noticiarios de televisión y otros medios (derecha).

Además de la predicción diaria del tiempo, muchas oficinas meteorológicas también proporcionan pronósticos de precipitaciones varias veces al día. De igual manera, diariamente se elabora una nueva predicción para la semana. También se elaboran regularmente predicciones a más largo plazo: para un mes, tres meses y seis meses. Asimismo, estas oficinas meteorológicas proporcionan partes especiales cuando hay aviso de tifones, tormentas, tornados, nevadas intensas, inundaciones u otros desastres naturales.

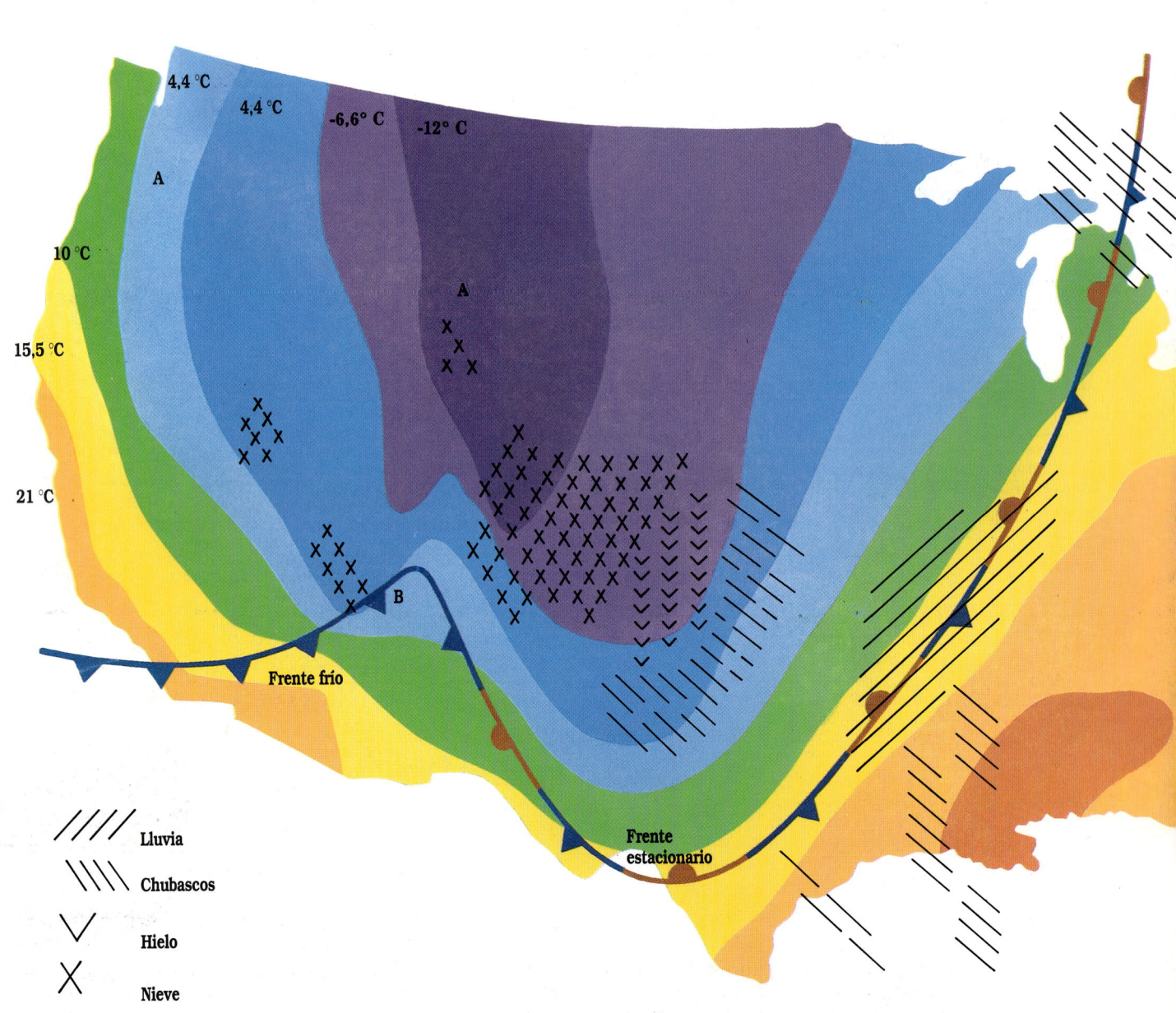

En un año cualquiera, en Estados Unidos, como promedio, hay 100.000 tormentas violentas, 5.000 inundaciones, 1.000 tornados y varios huracanes. Para avisar a la población, el Servicio Meteorológico Nacional hace llegar a todo el país la predicción del tiempo así como los avisos de temporales, perturbaciones violentas o inundaciones. Estas previsiones llegan a la población en general a través de los periódicos, teléfono, radio y televisión. El Servicio Meteorológico Nacional también proporciona una predicción del tiempo a las operaciones aéreas y marinas. Alrededor del mundo existen servicios y organizaciones semejantes que son cruciales para la seguridad de la población, sobre todo en zonas en las que catástrofes atmosféricas como los tifones son comunes cada verano, como en Asia suroccidental.

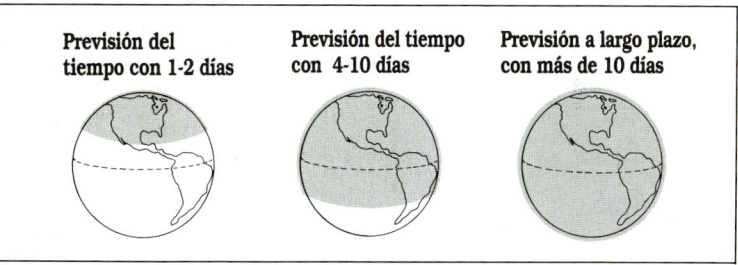

Cuanto mayor sea el período de tiempo que queramos predecir, mayor será la cantidad de información necesaria *(arriba)*, si queremos un pronóstico fiable. En Estados Unidos para hacer un pronóstico válido con 1 o 2 días, se precisa información de la mayor parte de Norteamérica así como de los océanos colindantes. Para poder predecir el tiempo que hará en los 4-10 días siguientes, se necesitan datos desde los 20° de latitud sur hasta el polo Norte. Las predicciones del tiempo a largo plazo, con más de 10 días, precisan información de todo el planeta.

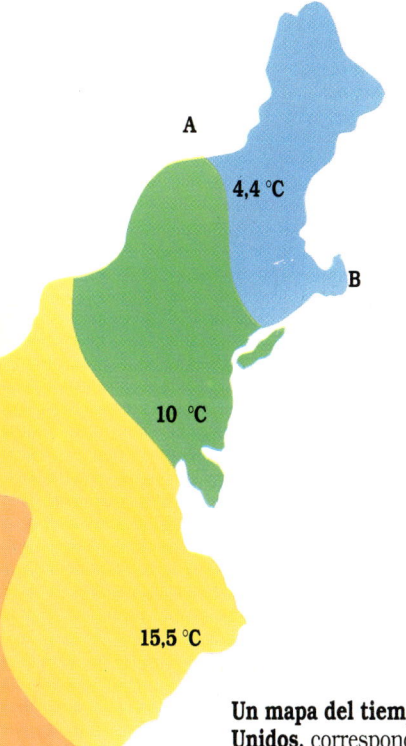

Un mapa del tiempo de Estados Unidos, correspondiente al 30 de octubre *(izquierda)*, muestra las temperaturas *(en códigos de colores)*, precipitación y la situación de anticiclones (A), depresiones o borrascas (B) y frentes. Un frente estacionario cargado de lluvia y nieve cruza el país desde los Grandes Lagos hasta Texas.

Las imágenes de satélite por infrarrojos *(derecha)* muestran el avance de una línea de tormentas en el sureste estadounidense. Las zonas blancas señalan las nubes más altas y peligrosas.

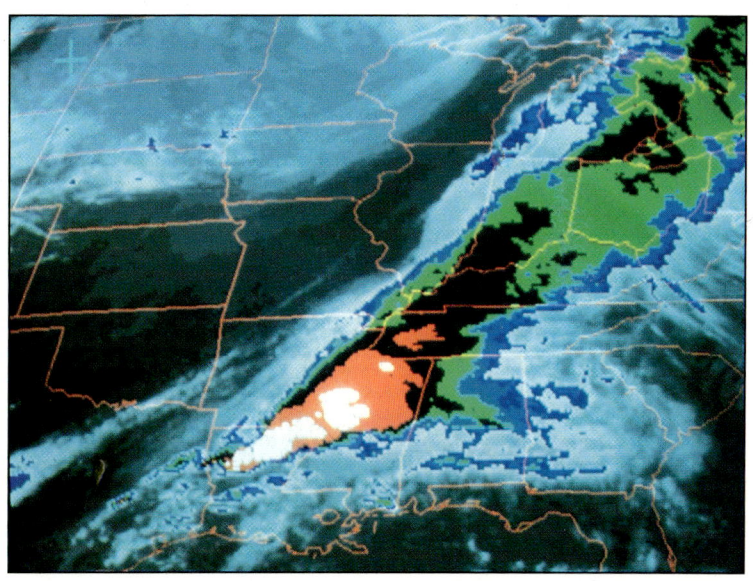

¿Cómo afecta la Antártida al tiempo atmosférico?

La Antártida, el continente más frío de la Tierra, juega un papel fundamental en el tiempo que hace en el planeta. Casi toda la Antártida está recubierta de hielo, con un espesor medio de 2.000 metros. Las bajas temperaturas se mantienen incluso cuando hace sol, puesto que la superficie blanca del hielo refleja la mayor parte de la energía solar de vuelta a la atmósfera.

Este continente helado actúa como una nevera para todo el planeta, refrigerando el aire más cálido que llega de latitudes más bajas. Este aire, al volver a regiones más cálidas, influye en el tiempo que hace lejos de la Antártida. De esta forma vemos que la información sobre el tiempo que hace en el polo Sur es importante tanto para la elaboración de los mapas meteorológicos de las distintas regiones del planeta, como para la investigación sobre el tiempo y el clima. Varias naciones mantienen un total de 48 estaciones meteorológicas en la Antártida, las cuales transmiten observaciones diarias del tiempo a todo el mundo.

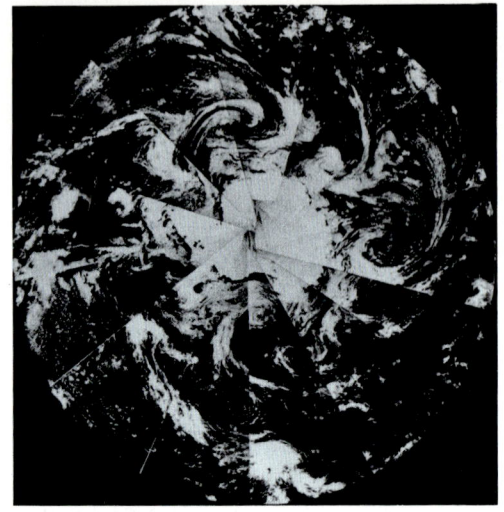

Estas formaciones de nubes en la Antártida indican regiones de baja presión sobre el continente.

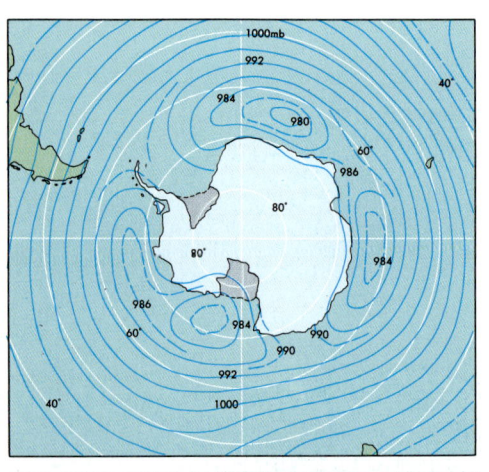

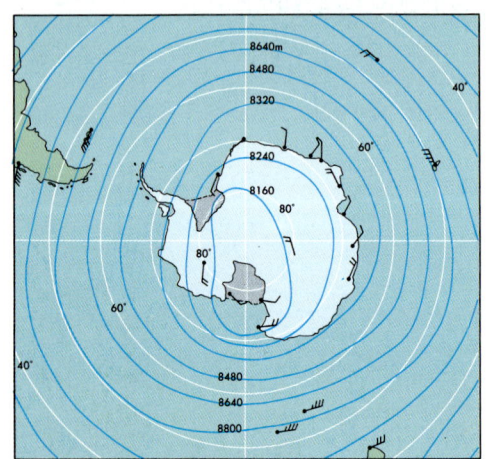

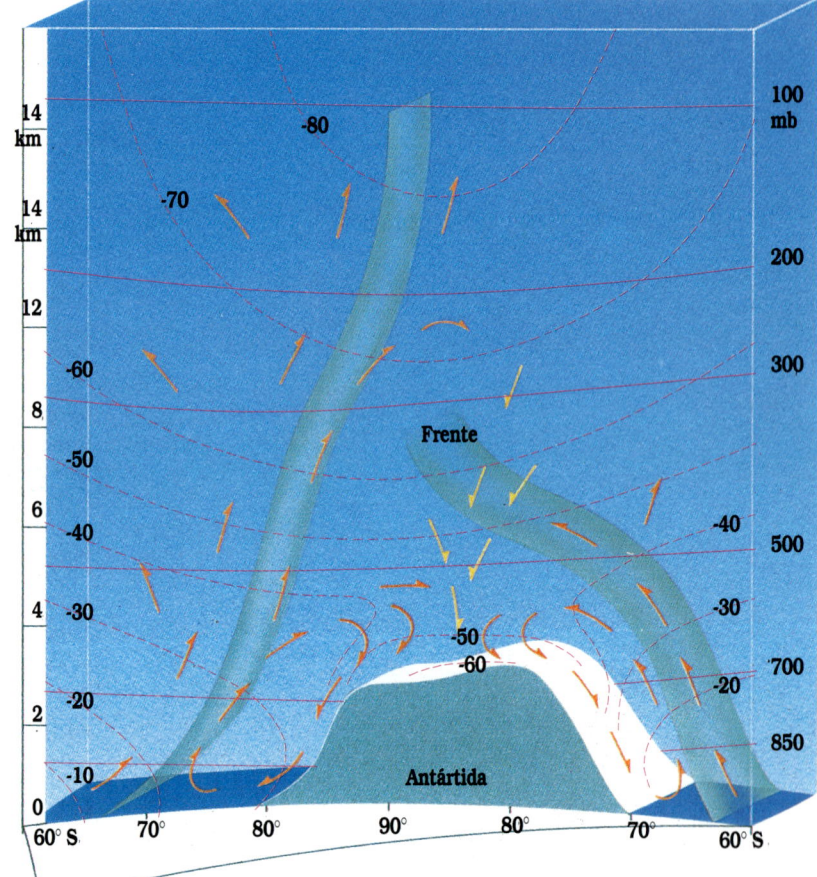

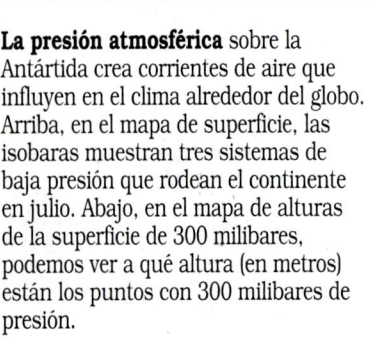

La presión atmosférica sobre la Antártida crea corrientes de aire que influyen en el clima alrededor del globo. Arriba, en el mapa de superficie, las isobaras muestran tres sistemas de baja presión que rodean el continente en julio. Abajo, en el mapa de alturas de la superficie de 300 milibares, podemos ver a qué altura (en metros) están los puntos con 300 milibares de presión.

El tiempo en la Antártida

Incluso en verano la temperatura de la Antártida permanece bajo cero; en el interior del continente se mantiene por debajo de los -29 °C. El aire más cálido de las latitudes más bajas se enfría a medida que es empujado hacia arriba por la masa continental, desciende hacia la región central y sigue descendiendo hacia las costas y más allá. La circulación continua de aire extiende el poder refrigerador de la Antártida mucho más allá de sus costas.

Reflectora de la energía solar

La Antártida refleja el 80 % de la energía solar que llega a su superficie. La podemos ver de azul oscuro en un mapa mundial del albedo (capacidad de reflejar la radiación solar). La masa continental absorbe muchísima menos energía que cualquier otra región de similar tamaño.

Observación meteorológica en el polo Sur

La observación meteorológica en la Antártida se lleva a cabo como en cualquier otro observatorio del mundo, aunque debido a las adversas condiciones del lugar, a menudo surgen trabas en las operaciones. Desde la superficie se registra la temperatura, presión atmosférica, humedad, dirección y velocidad del viento, concentración de ozono y cantidad de luz solar. Con globos, aviones y cohetes se obtiene información similar en distintos niveles de la atmósfera a la vez que se trata de detectar la presencia de partículas en suspensión. Los radares meteorológicos y los satélites detectan las nubes, y los satélites también observan el estado de la nieve y del hielo del océano. Los datos procedentes de todas estas fuentes se transmiten a los centros meteorológicos alrededor del mundo para que se puedan utilizar en la predicción del tiempo y en la investigación.

7
El clima de la Tierra

Una razón de peso para que haya distintos climas en la Tierra es el diferente ángulo de incidencia con que los rayos solares calientan el planeta: mientras el sol baña los trópicos con luz directamente vertical, los rayos que llegan a los polos lo hacen de forma oblicua, con muchísima menos fuerza. Este calentamiento desigual de la superficie del planeta pone en marcha las corrientes de aire y de agua que determinan y caracterizan las grandes zonas climáticas del mundo. Juntas, todas estas corrientes actúan como un gigantesco motor térmico, desplazando el calor solar del ecuador hacia los polos y transportando el aire y agua más fríos en la dirección opuesta.

A medida que el aire caliente ecuatorial fluye hacia las frías regiones polares, se desvía debido a la rotación de la Tierra. En el hemisferio Norte, las corrientes de aire se desvían hacia su derecha, y en el hemisferio Sur, hacia su izquierda. Esta desviación, conocida como efecto de Coriolis, es tan estable, que los mapas mundiales de la circulación general en la atmósfera superior y de los vientos dominantes en la superficie terrestre se han elaborado basándose en ella. Las corrientes de aire más veloces, llamadas corrientes en chorro, rodean la Tierra, alcanzando los 320 kilómetros por hora.

Desde tiempos inmemoriales, en todas las culturas se han hecho observaciones sobre los vientos, temperaturas y precipitaciones. La recopilación de las distintas observaciones muestra que el clima de la Tierra es muy dinámico. Desde las glaciaciones del pasado hasta el efecto invernadero actual, la única constante en el clima del planeta ha sido el cambio.

Imágenes sugerentes de un mundo extraño. Estas dunas arenosas esculpidas por el viento se extienden hacia el horizonte del Sáhara. Esta árida región, que recibe menos de 10 cm³ de precipitación anual, representa sólo uno de los muchos climas extremos presentes en la Tierra.

¿Cómo influyen en el clima las corrientes oceánicas?

Los océanos, que cubren el 72% de la superficie del planeta, son la forma más conveniente de almacenar el calor que tiene la Tierra: los 3 metros superiores de las aguas de los océanos contienen la misma cantidad de calor que toda la atmósfera. Lo que aún es más increíble es la capacidad que tienen los océanos de transmitir este calor. La corriente transatlántica del Golfo, por ejemplo, desplaza 130 millones de metros cúbicos por segundo de agua de mar calentada por el sol, transportando más energía hacia el norte cada hora que la que podríamos generar quemando 4.500 millones de toneladas métricas de carbón.

Esta transmisión de calor tiene un efecto moderador en el clima de las zonas adyacentes a las corrientes de agua caliente. Gran Bretaña, al final de la corriente del Golfo, tiene en invierno temperaturas entre 5 y 8 °C superiores a las de Canadá, comparando puntos con la misma latitud, debido a que la costa de Canadá queda fuera de la trayectoria de la corriente del Golfo. Y en Reikiavik, Islandia, los inviernos son más suaves que en Nueva York, a pesar de que esta ciudad de Estados Unidos se encuentre 3.850 kilómetros más al sur.

No todas las corrientes oceánicas influyen de manera positiva en el clima de las tierras vecinas. La corriente fría de California, que canaliza las aguas heladas del Pacífico Norte, provoca veranos extraordinariamente frescos a lo largo de la costa oeste de Norteamérica.

La relación corriente-clima

Las isotermas —líneas del mapa que unen puntos de igual temperatura— serpentean de forma desigual alrededor del globo, demostrando el efecto espectacular que tienen las corrientes oceánicas en el clima mundial.

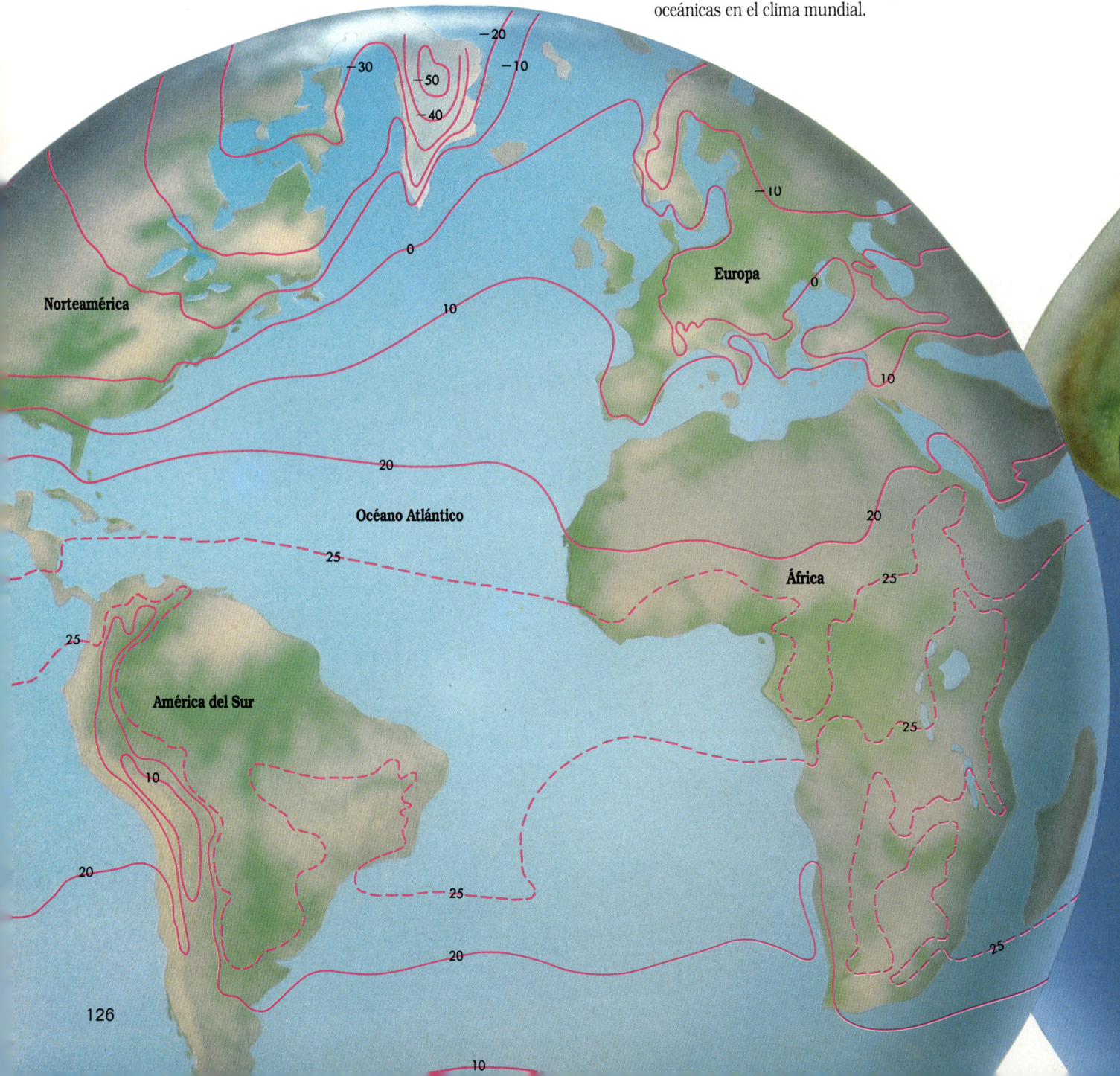

Corrientes en el Atlántico

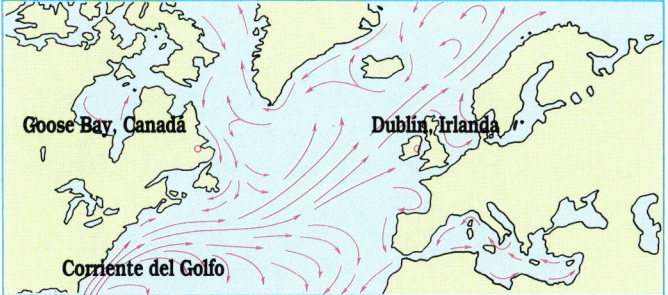

Corrientes en el Pacífico sur

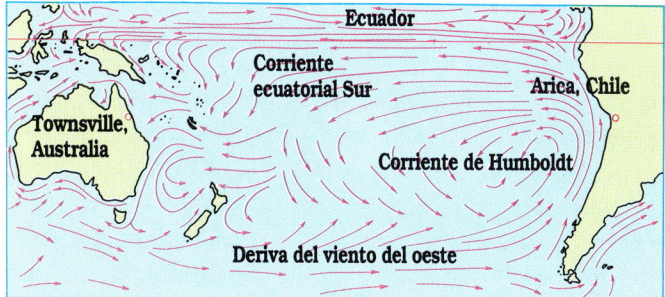

Arriba, los mapas muestran las corrientes principales de los océanos Atlántico y Pacífico. En Dublín, caldeada por la corriente del Golfo, las temperaturas en invierno son 25 °C más altas que las de Goose Bay. Townsville y Arica gozan de temperaturas similares, pero difieren de forma drástica en la cantidad de precipitación. Esto es debido a que la corriente de Humboldt enfría el aire impidiendo la evaporación, y en consecuencia la lluvia, y creando un desierto en la costa norteña de Chile.

Ríos en el mar

Las corrientes oceánicas, algunas de las cuales vemos a la izquierda, templan el clima del planeta al llevarse el agua caliente del ecuador hacia las altas latitudes y el agua fría de los polos hacia las latitudes bajas.

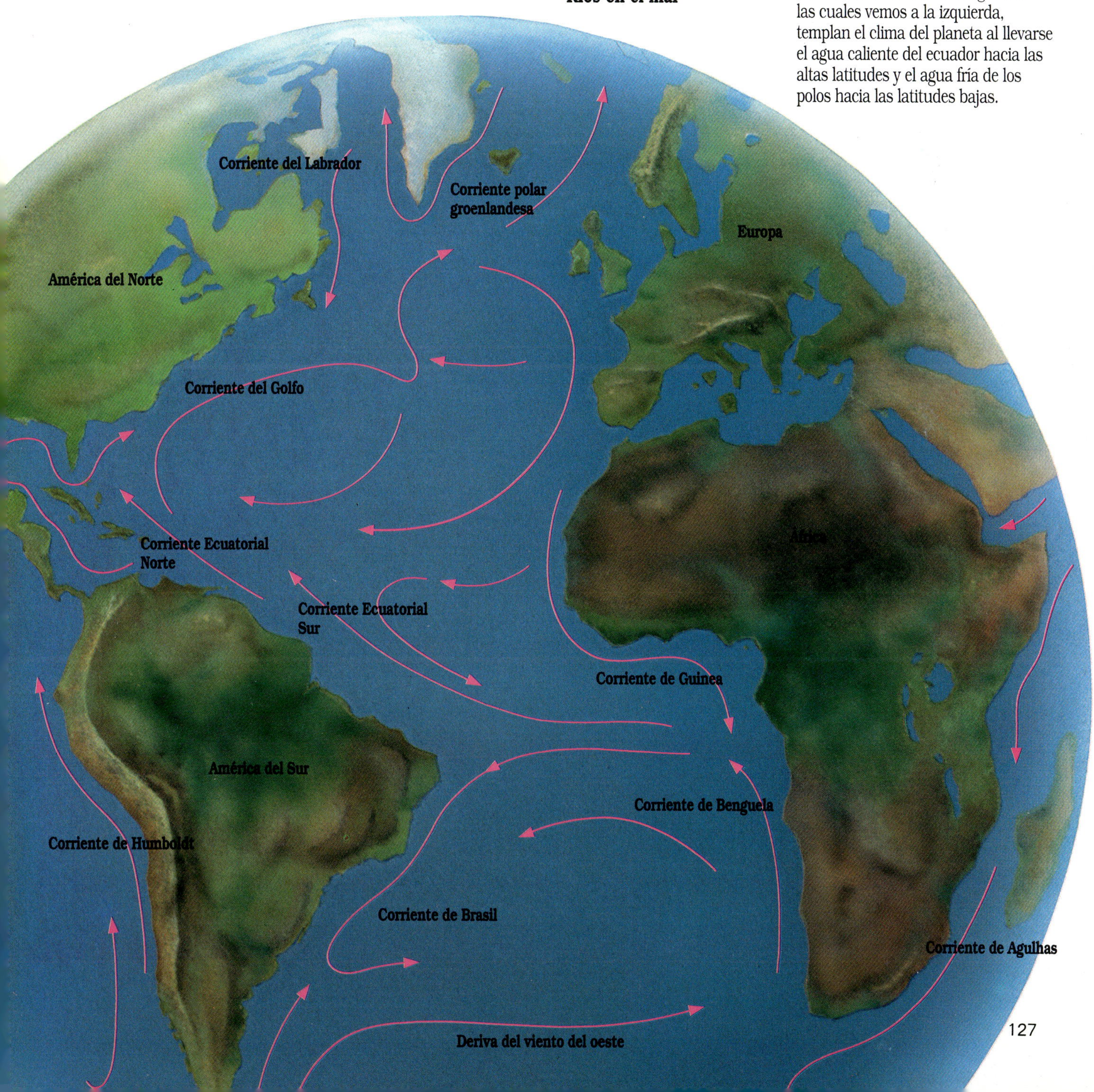

¿Qué son zonas climáticas?

Aunque no hay dos lugares en la Tierra con el mismo clima, ciertas similitudes climáticas hacen posible agrupar en la misma zona climática regiones extremadamente alejadas entre sí. En 1900 el climatólogo alemán Wladimir Köppen clasificó los climas del mundo en cinco grupos: climas tropicales lluviosos (A), secos (B), templados lluviosos (C), fríos de los bosques nevados (D) y polares (E). Esta agrupación, ilustrada abajo en el mapa, se conoce como el sistema Köppen.

Köppen basó su clasificación en las combinaciones de dos factores: la temperatura y la precipitación. En su zona climática A, la cual incluye tanto la pluviselva como la

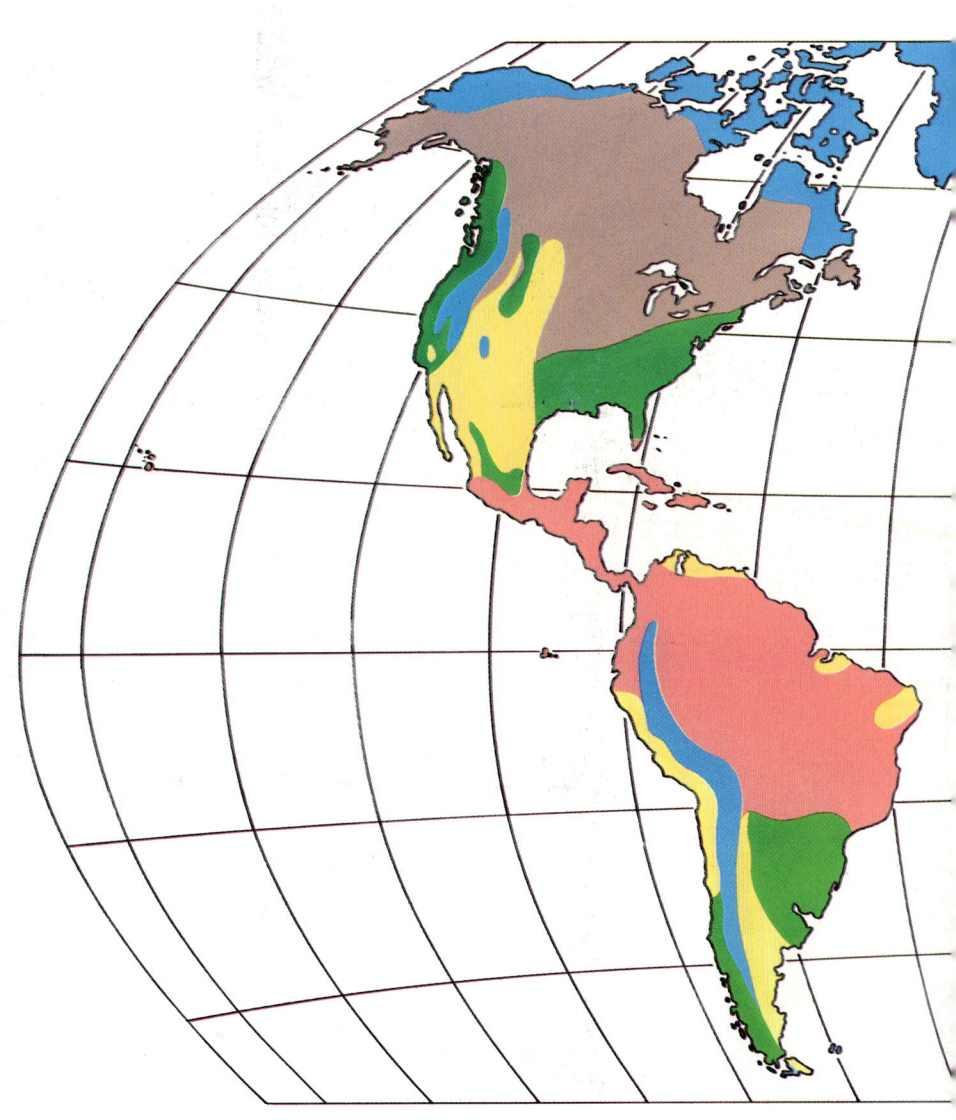

Tropical lluvioso   **Seco**

Receta para un clima

Abajo vemos los cinco factores principales que determinan el clima de una región. La latitud, de la que depende el ángulo con que los rayos de sol llegan a una zona, es quizá la más importante. Los vientos dominantes son otra influencia clave, pues llevan a las latitudes medias aire tropical durante el verano y polar en el invierno. Otros factores importantes son la influencia intensificante de las masas continentales cercanas, el efecto moderador de las corrientes templadas del océano en las zonas colindantes y la topografía del lugar.

El sistema Köppen

El sistema de clasificación Köppen, uno de los más viejos para hacer mapas climáticos, aún está en pleno vigor hoy día. Tal como vemos en el mapa coloreado de la derecha, Köppen sugirió que las pautas climáticas en el mundo se podían reducir a cinco grupos principales. Las zonas A y C tienen la mayor densidad de población. La zona B es la más seca, y la E, la más fría; ambas con climas tan severos que los árboles no pueden crecer en ninguna de las dos.

Latitud

Vientos dominantes

sabana, el mes más frío tiene una temperatura media diaria superior a los 18 °C. En la zona climática B, la evaporación excede a la precipitación, lo que resulta en estepas o desiertos. La zona C, la cual incluye el este de Estados Unidos y la Europa occidental, tiene un promedio de temperatura diaria entre -3 y 18 °C durante el mes más frío. Así como las otras zonas están presentes en ambos hemisferios, ése no es el caso en la zona D, cuyo clima sólo se da en el hemisferio Norte, en vastas regiones del norte de Norteamérica y Eurasia. Por último, en las zonas con clima E las temperaturas nunca superan los 10 °C.

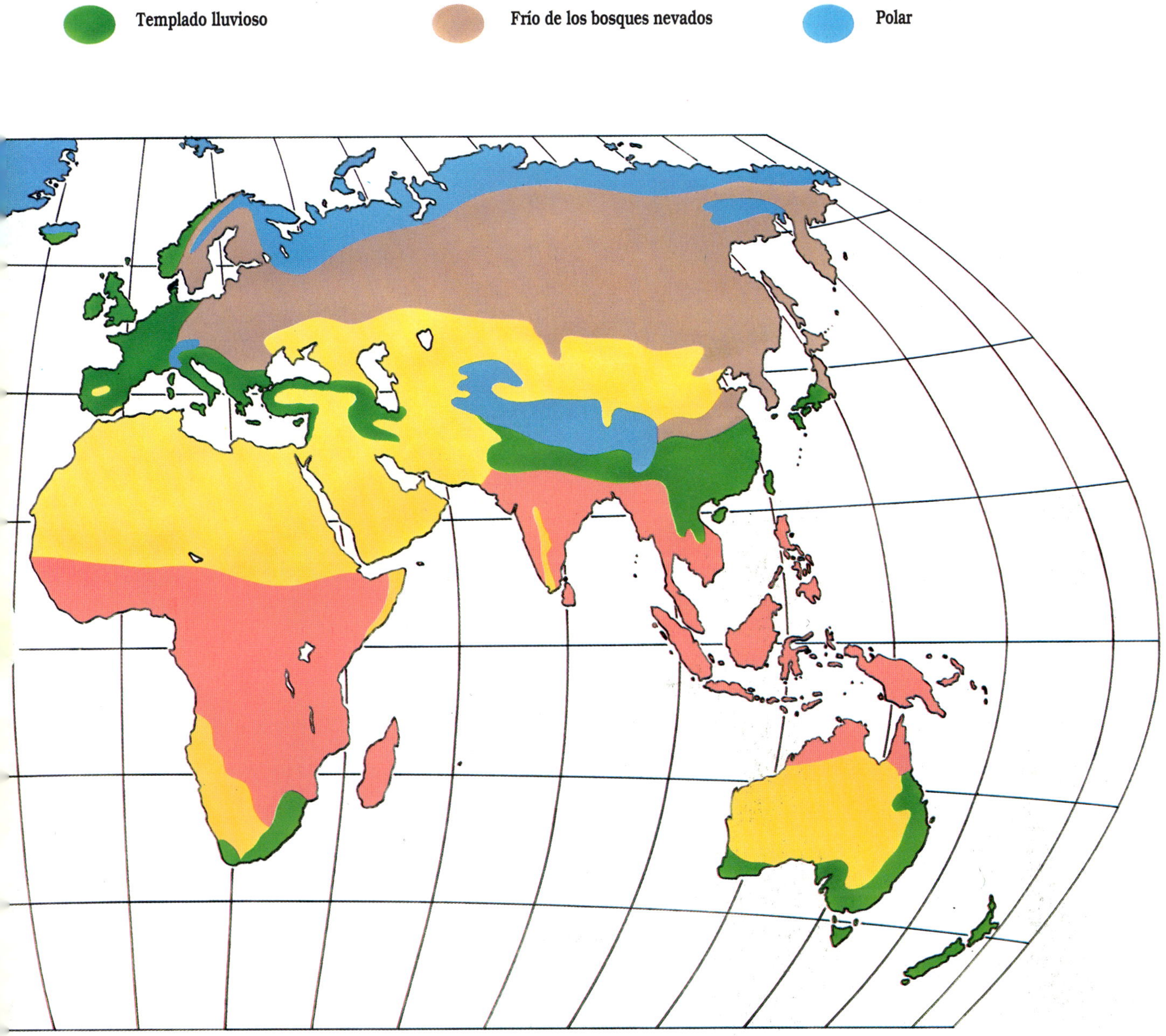

● Templado lluvioso   ● Frío de los bosques nevados   ● Polar

Distribución de continentes

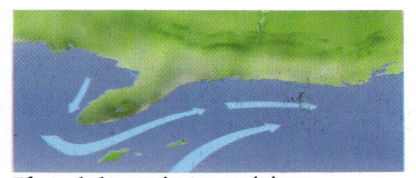
Efecto de las corrientes oceánicas

Topografía

¿Qué son los monzones?

Un monzón es un viento que cambia de dirección según la estación: sopla desde el mar en verano, llevando aire muy húmedo a la tierra, y sopla de la orilla al océano en invierno, llevando aire seco. A pesar de que regularmente hacen acto de presencia tanto en África como en Asia, donde realmente los monzones juegan un papel fundamental es en el subcontinente de la India; allí, entre los meses de junio y setiembre, los monzones de verano traen consigo grandes lluvias continuas que alimentan los arrozales y otras cosechas con las cuales subsiste una décima parte de la población del globo.

Debido a que la tierra se calienta con más rapidez que el agua, en mayo el continente asiático a menudo tiene una temperatura de unos 10 °C por encima de la del océano Índico. El aire caliente en contacto con el suelo del continente sube y se expande, creando una zona de baja presión que pone los monzones en marcha. Para equilibrar las presiones existentes, la masa de aire más frío y denso que hay encima del océano fluye hacia tierra. En su recorrido, recoge el agua de mar que se evapora. Cuando este monzón saturado de humedad llega a tierra, el aire caliente condensa el vapor de agua provocando grandes lluvias.

En invierno el ciclo se invierte. El continente se enfría más deprisa que el océano, de forma que el monzón sopla del interior del continente hacia el mar. Para la India, esto representa la época de las grandes sequías, que dura de octubre a mayo.

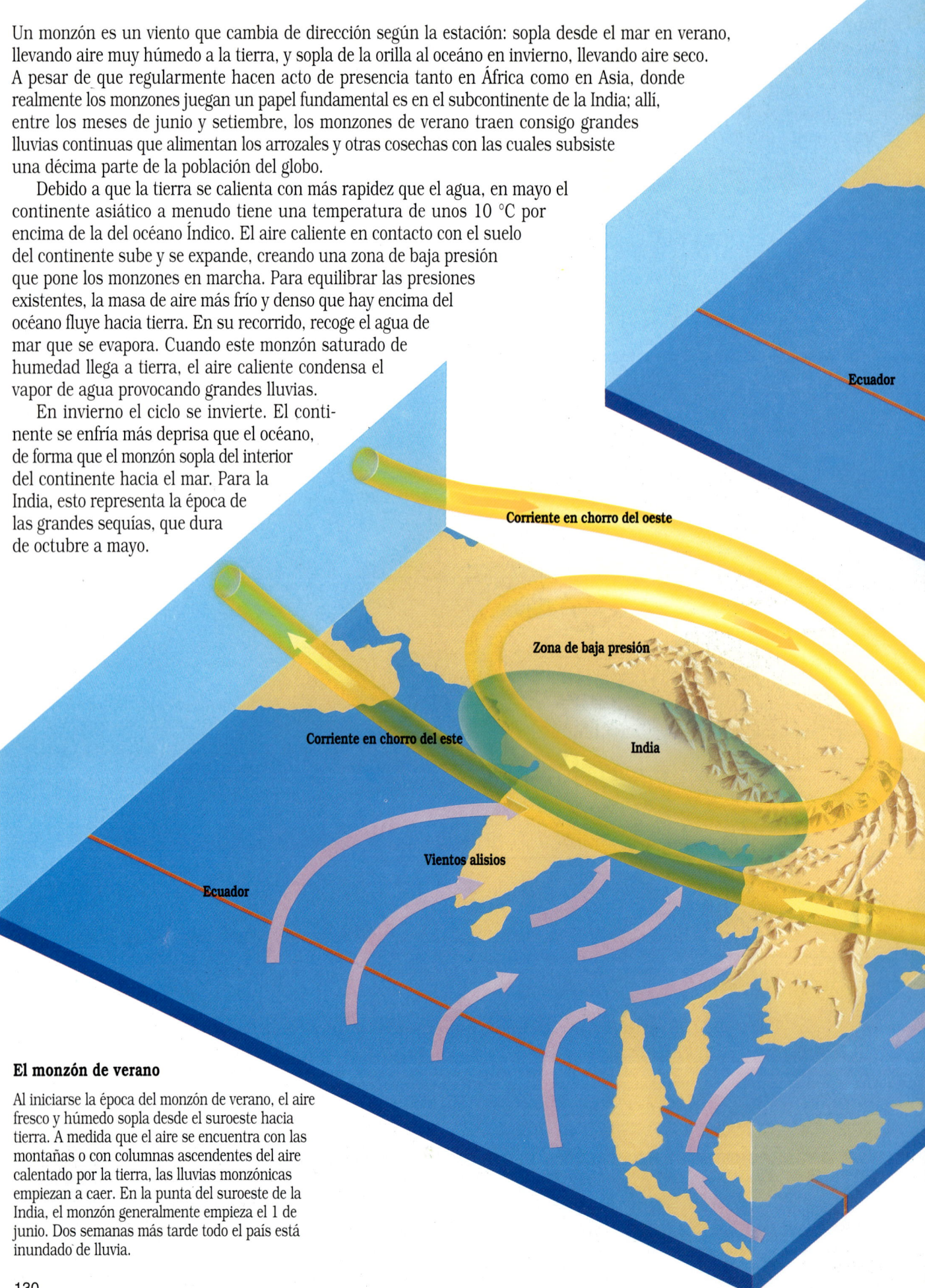

El monzón de verano

Al iniciarse la época del monzón de verano, el aire fresco y húmedo sopla desde el suroeste hacia tierra. A medida que el aire se encuentra con las montañas o con columnas ascendentes del aire calentado por la tierra, las lluvias monzónicas empiezan a caer. En la punta del suroeste de la India, el monzón generalmente empieza el 1 de junio. Dos semanas más tarde todo el país está inundado de lluvia.

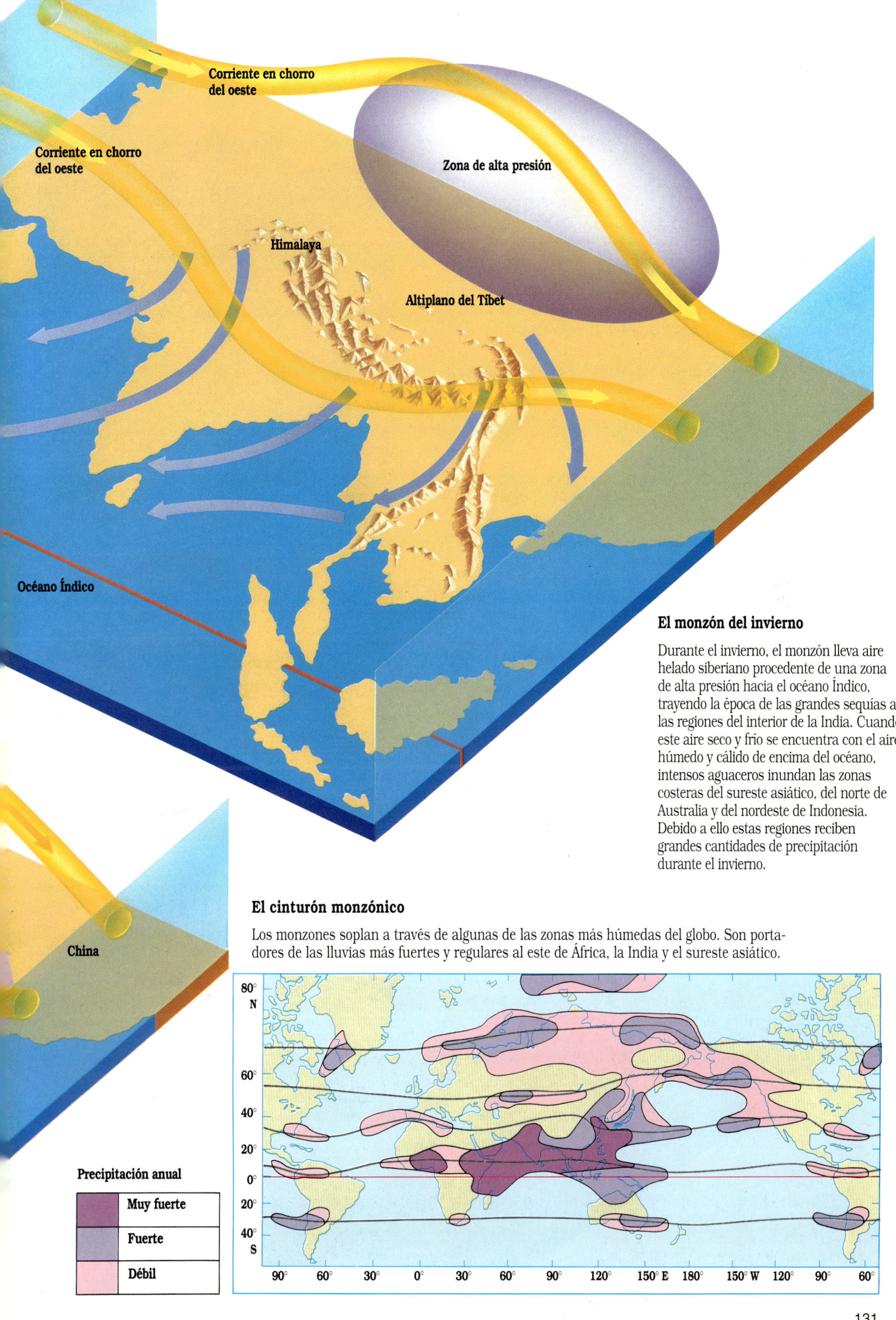

El monzón del invierno

Durante el invierno, el monzón lleva aire helado siberiano procedente de una zona de alta presión hacia el océano Índico, trayendo la época de las grandes sequías a las regiones del interior de la India. Cuando este aire seco y frío se encuentra con el aire húmedo y cálido de encima del océano, intensos aguaceros inundan las zonas costeras del sureste asiático, del norte de Australia y del nordeste de Indonesia. Debido a ello estas regiones reciben grandes cantidades de precipitación durante el invierno.

El cinturón monzónico

Los monzones soplan a través de algunas de las zonas más húmedas del globo. Son portadores de las lluvias más fuertes y regulares al este de África, la India y el sureste asiático.

¿Por qué hay épocas de lluvias en Asia?

El clima de Asia se caracteriza por la convergencia estacional de ciertos vientos dominantes. Estos encuentros atmosféricos hacen que haya una época de fuertes lluvias en las Filipinas, el sureste asiático, el norte de la India, el sur de China, Japón y en el extremo meridional de Corea. En la India, la época de lluvias por lo general coincide con la presencia del monzón, pero en el sur de China, aunque no se produce un cambio radical del viento, sí hay una diferenciada época de lluvias.

Cuando los alisios del nordeste que soplan hacia el ecuador se encuentran con los alisios del sureste, se forma una franja de corrientes ascendentes conocida como zona de convergencia ecuatorial. El aire ascendente se enfría y se condensa, formando primero nubes y lluvia después. Pero la zona de convergencia no es estacionaria, sino que va y viene de un lado al otro del ecuador, llevando tiempo lluvioso dondequiera que vaya, e incrementando las lluvias del monzón de verano.

Aunque la zona de convergencia nunca se aleja más de 25° del ecuador, ni hacia el norte ni hacia el sur, lugares más distantes pueden recibir aguaceros regulares. La estación lluviosa del Japón, por ejemplo, la origina el choque de masas de aire frío y aire caliente encima del océano cercano.

Durante la época lluviosa, dos habitantes de un pueblo de Tailandia cruzan un río crecido por los aguaceros. Muchas casas están construidas encima de zancos para evitar las inundaciones.

Un banco de nubes migratorio

En mayo, la zona de convergencia ecuatorial —en la que los alisios del norte chocan con los del sureste— migra hacia el norte, estableciéndose encima del extremo meridional de Asia. Tal como está ilustrado abajo, se forman extensas masas de nubes de gran espesor, llamadas ondas ecuatoriales, y empieza la estación de lluvias.

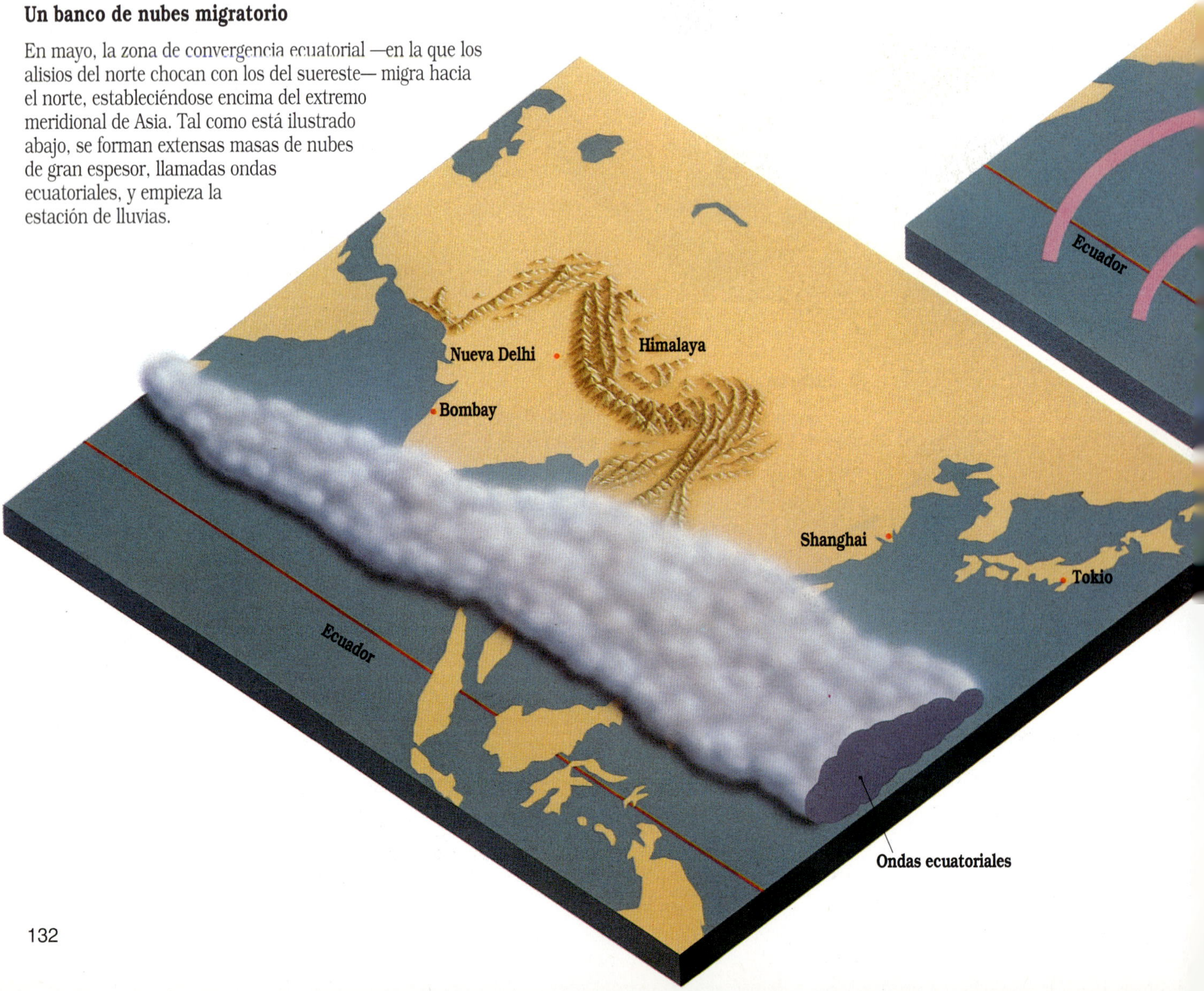

Ondas ecuatoriales

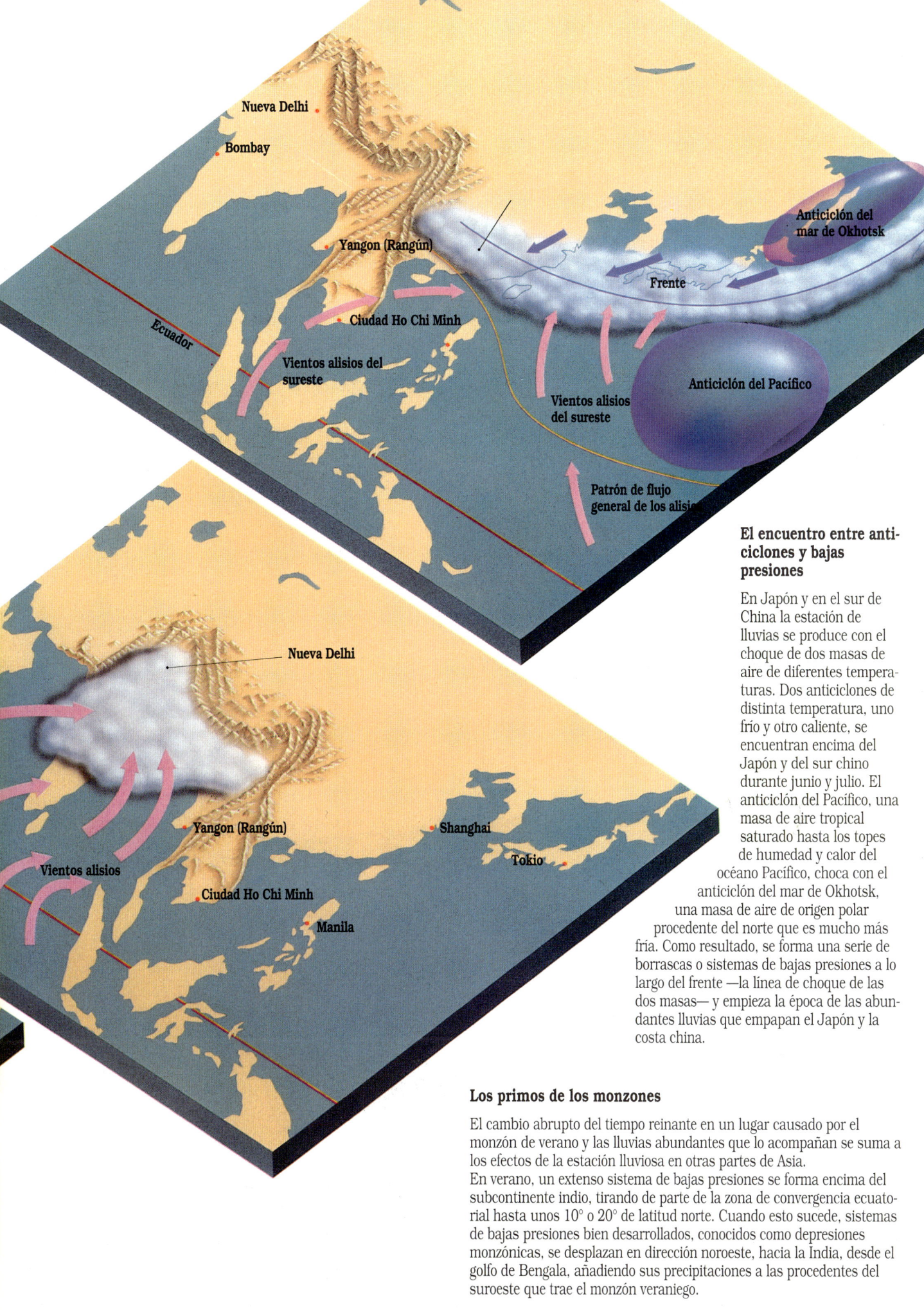

El encuentro entre anticiclones y bajas presiones

En Japón y en el sur de China la estación de lluvias se produce con el choque de dos masas de aire de diferentes temperaturas. Dos anticiclones de distinta temperatura, uno frío y otro caliente, se encuentran encima del Japón y del sur chino durante junio y julio. El anticiclón del Pacífico, una masa de aire tropical saturado hasta los topes de humedad y calor del océano Pacífico, choca con el anticiclón del mar de Okhotsk, una masa de aire de origen polar procedente del norte que es mucho más fría. Como resultado, se forma una serie de borrascas o sistemas de bajas presiones a lo largo del frente —la línea de choque de las dos masas— y empieza la época de las abundantes lluvias que empapan el Japón y la costa china.

Los primos de los monzones

El cambio abrupto del tiempo reinante en un lugar causado por el monzón de verano y las lluvias abundantes que lo acompañan se suma a los efectos de la estación lluviosa en otras partes de Asia.
En verano, un extenso sistema de bajas presiones se forma encima del subcontinente indio, tirando de parte de la zona de convergencia ecuatorial hasta unos 10° o 20° de latitud norte. Cuando esto sucede, sistemas de bajas presiones bien desarrollados, conocidos como depresiones monzónicas, se desplazan en dirección noroeste, hacia la India, desde el golfo de Bengala, añadiendo sus precipitaciones a las procedentes del suroeste que trae el monzón veraniego.

¿Por qué son tan áridos los desiertos?

Todos los desiertos son áridos —reciben menos de 10 centímetros cúbicos de precipitación anual—, pero las razones de su aridez difieren notablemente. Los desiertos subtropicales —entre los 15° y 35° de latitud, norte o sur— ocupan zonas en donde las masas de aire de altas presiones descienden constantemente sobre la superficie de la Tierra. A medida que estas pesadas columnas de aire bajan, se van comprimiendo. La compresión produce un aumento de temperatura en la masa de aire, por lo cual ésta tiende a absorber más humedad del suelo en vez de producir lluvias. La presencia de montañas también puede favorecer la formación de desiertos. Cuando una masa de aire húmedo se encuentra con las laderas de una cordillera, está forzada a ascender; el aire se enfría, se condensa y cae en forma de lluvia, nieve o granizo. Privado de estas precipitaciones, el lado de sotavento de la cordillera se vuelve desértico. Incluso un océano puede crear desiertos. Los vientos húmedos que se enfrían al pasar por encima de una corriente oceánica fría alcanzan el punto de saturación y pierden su humedad en forma de lluvia en el mar antes de llegar a la costa.

Desiertos de sombra pluviométrica

En zonas templadas, las tierras a barlovento de las montañas reciben abundantes precipitaciones. Los vientos dominantes hacen que los vientos suban cargados de humedad por las laderas de las montañas, provocando que el aire suelte su carga de lluvia o nieve. Después, el aire seco sigue su camino, dejando caer poquísima agua en las tierras a sotavento. El resultado son los desiertos de sombra pluviométrica, como el Gobi, en Mongolia y China, en el centro de Asia.

Puntos secos

Los desiertos subtropicales se encuentran en zonas que constantemente tienen anticiclones o corrientes descendentes de aire seco. (Una corriente ascendente, en cambio, produce lluvias.) A cada lado del ecuador, entre 15° y 35° de latitud, hay un cinturón o franja anticiclónica *(izquierda)*. Precisamente en estas zonas se encuentran los mayores desiertos del planeta: Sáhara, Arabia y Australia.

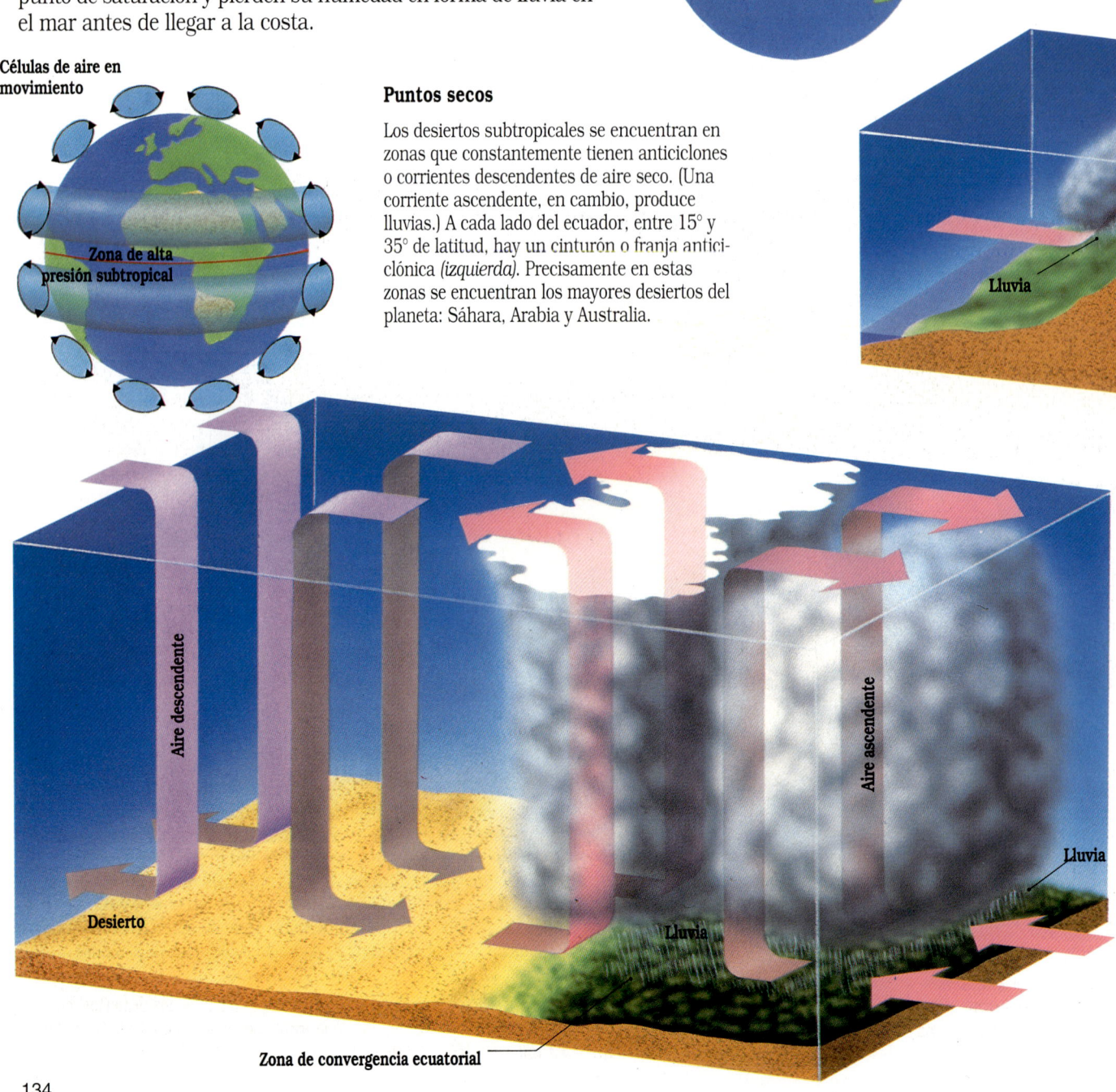

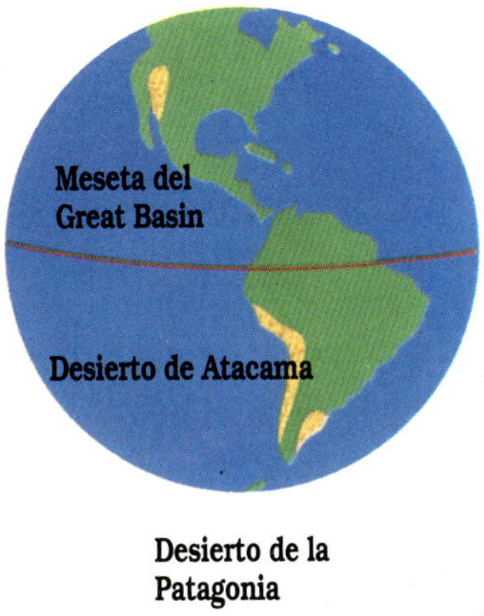

Desiertos al lado del mar

Cuando un viento constante sopla a lo largo de la costa oeste de un continente, empuja la superficie de la corriente oceánica mar adentro, y es reemplazada por agua fría del fondo del océano. Cualquier masa de aire que pase por encima de esta franja de agua de mar helada se enfría y suelta su humedad antes de llegar a la orilla. Esto propicia que se formen densas nieblas que a menudo cubren los desiertos costeros.

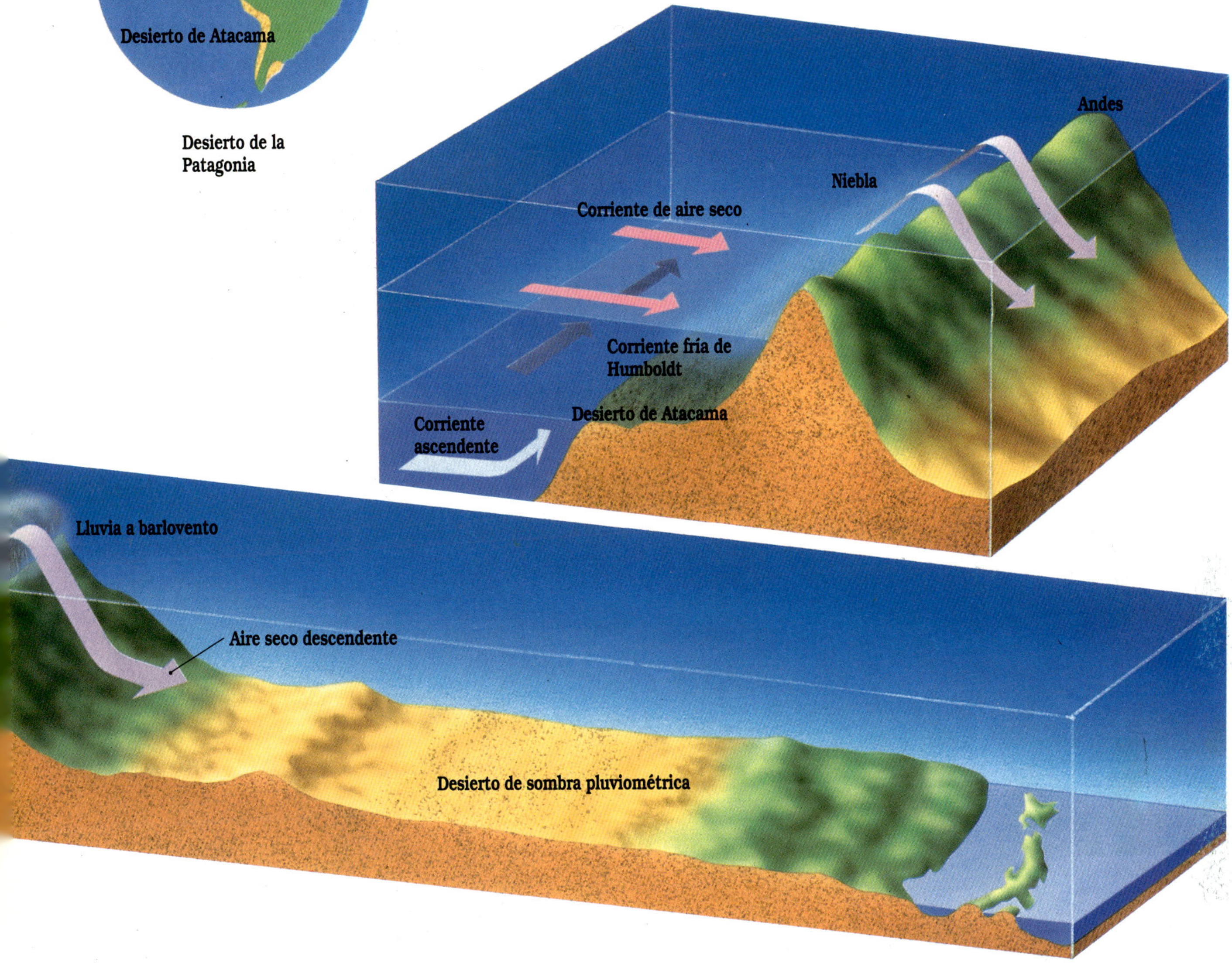

Una caravana de camellos cruza el Sáhara, lleno de piedras y guijarros. Sólo el 12% de las zonas áridas están cubiertas por dunas arenosas.

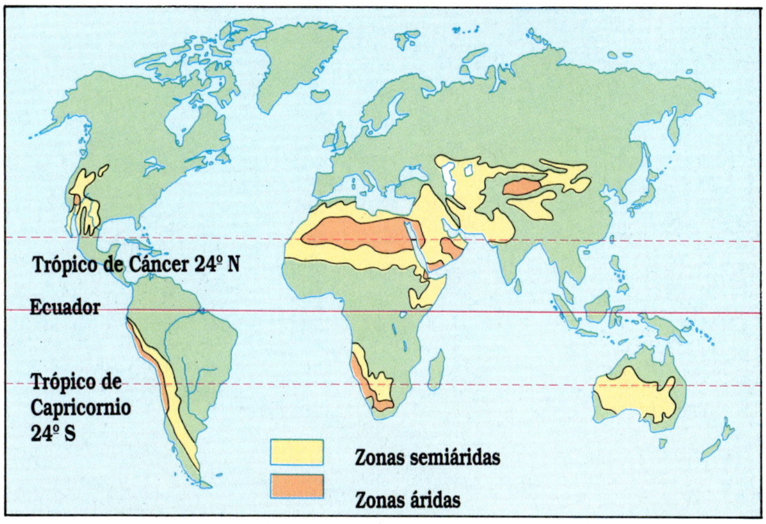

Tal como se ve arriba en el mapa, las regiones áridas cubren una séptima parte de la superficie sólida del planeta. La mayor parte de los desiertos, con alta probabilidad de que se formen en la franja oeste de un continente, están ubicados entre los 10° y 50° de latitud.

¿Qué es el efecto invernadero?

Desde mitades del siglo pasado la humanidad ha incrementado en gran medida su dependencia de la quema de combustibles fósiles —carbón, petróleo y gas— para producir energía. Sin embargo, durante los años setenta, los científicos descubrieron que la combustión de estas sustancias puede ser desastrosa para el futuro de la Tierra.

El problema es el dióxido de carbono, un gas emitido al quemar combustibles fósiles. En la atmósfera, el dióxido de carbono permite que la energía solar llegue a la Tierra, pero impide que estas radiaciones vuelvan al espacio. Esto resulta en un incremento de la temperatura media mundial, lo que se conoce como el efecto invernadero.

Muchos científicos predicen que el aumento de dióxido de carbono en la atmósfera causará el calentamiento global del planeta: un aumento significativo de la temperatura media en la superficie terrestre. Ésta podría incrementarse unos grados durante los próximos siglos, y provocar la fusión de los casquetes de hielo polares, lo que a su vez aumentaría la profundidad de mares y océanos, dejando sumergidas muchas zonas costeras, y con ellas gran parte de las ciudades a orillas del mar. Para reducir esta posibilidad, muchos países están bajando el consumo de sus automóviles a la vez que toman medidas adicionales para reducir la cantidad de gases liberados a la atmósfera y que son los causantes del efecto invernadero.

Cómo funciona el efecto invernadero

La energía solar que llega a la Tierra *(flechas amarillas)* está formada por ondas cortas y atraviesa fácilmente la atmósfera terrestre. A medida que esta energía calienta el planeta, irradia gran parte de la energía de vuelta a la atmósfera en forma de radiación infrarroja de onda larga. Pero la energía infrarroja *(flechas naranjas)* no puede pasar a través del dióxido de carbono, y una buena parte queda atrapada en la atmósfera. El resultado del proceso es un aumento gradual de la temperatura media del planeta.

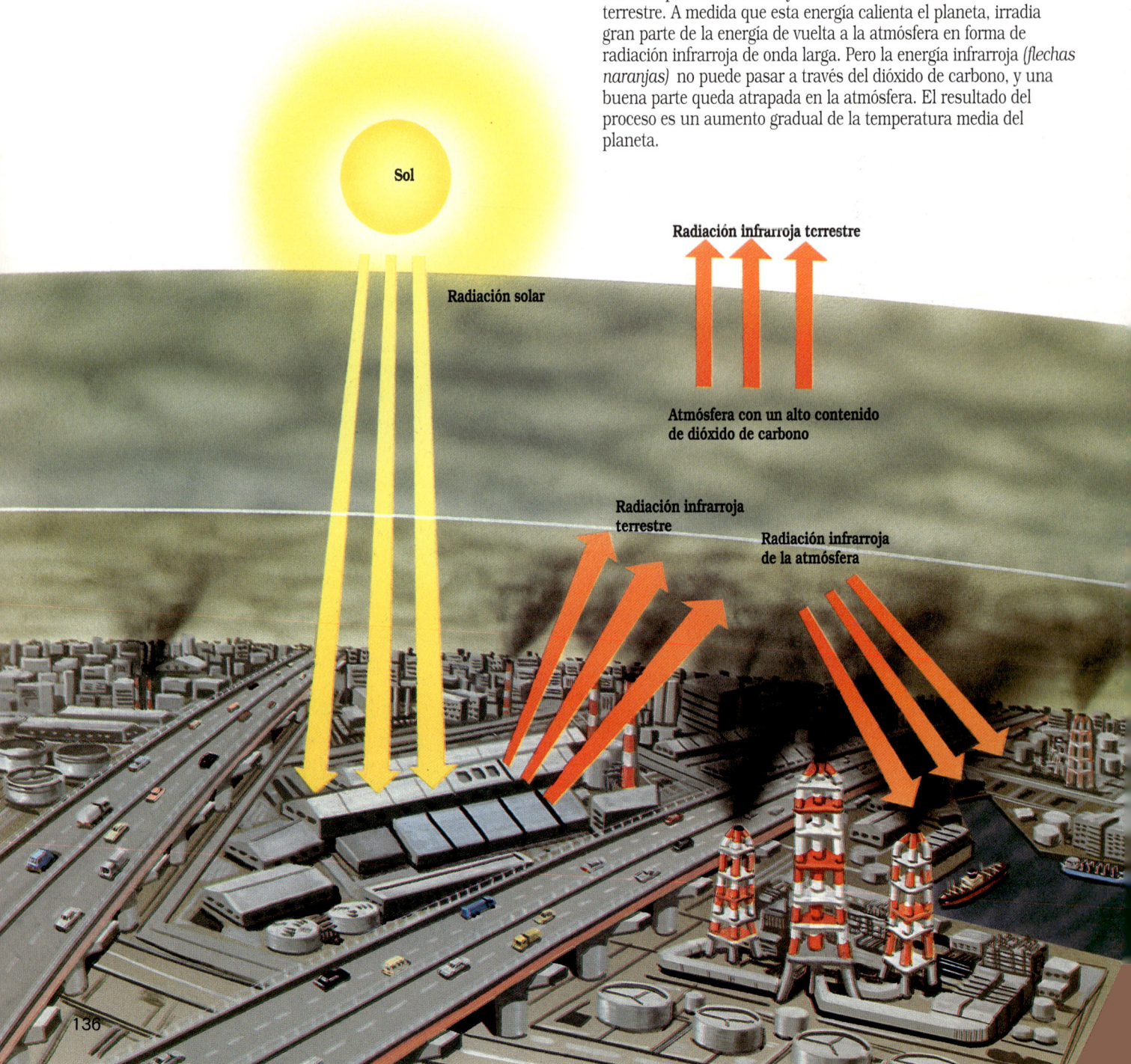

Relación con el CO$_2$

Se puede medir la cantidad de dióxido de carbono presente en la atmósfera en distintas épocas analizando las burbujas de aire atrapadas en el hielo de la Antártida. Los resultados del estudio de las últimas décadas *(izquierda, arriba)* revelan cómo las concentraciones de dióxido de carbono en la atmósfera se han incrementado de forma espectacular. En el gráfico que muestra la variación de la temperatura media mundial *(izquierda, abajo)*, vemos cómo en el mismo período de tiempo la temperatura global del planeta ha aumentado 1°C desde 1880.

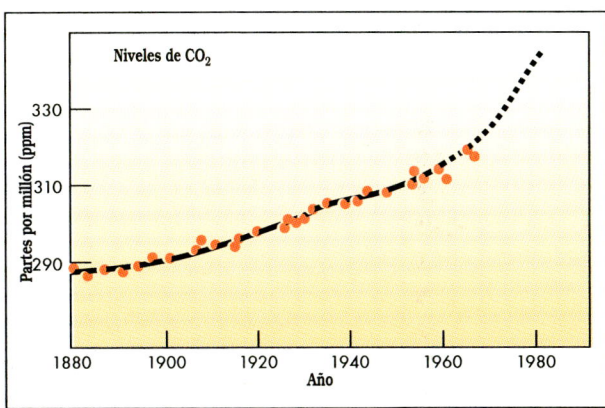

Cambios en la concentración de dióxido de carbono

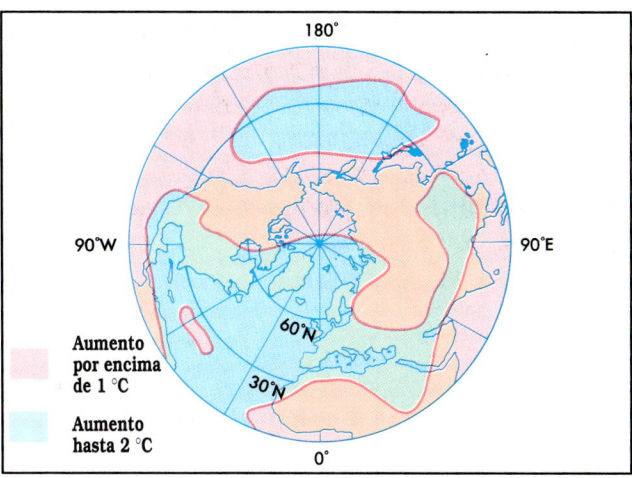

Cambio de la temperatura media del hemisferio Norte, 1947-1986

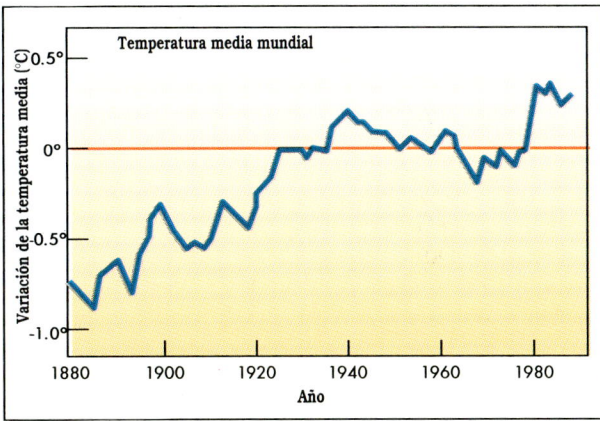

Variación de la temperatura media mundial

Sin el efecto invernadero

Aunque el efecto invernadero puede ser nocivo si prosigue un aumento descontrolado, en realidad resulta esencial para la vida en la Tierra. Si no hubiera dióxido de carbono en la atmósfera, toda la energía calorífica infrarroja iría irradiada hacia ella, dejando un planeta demasiado frío para la existencia de la vida.

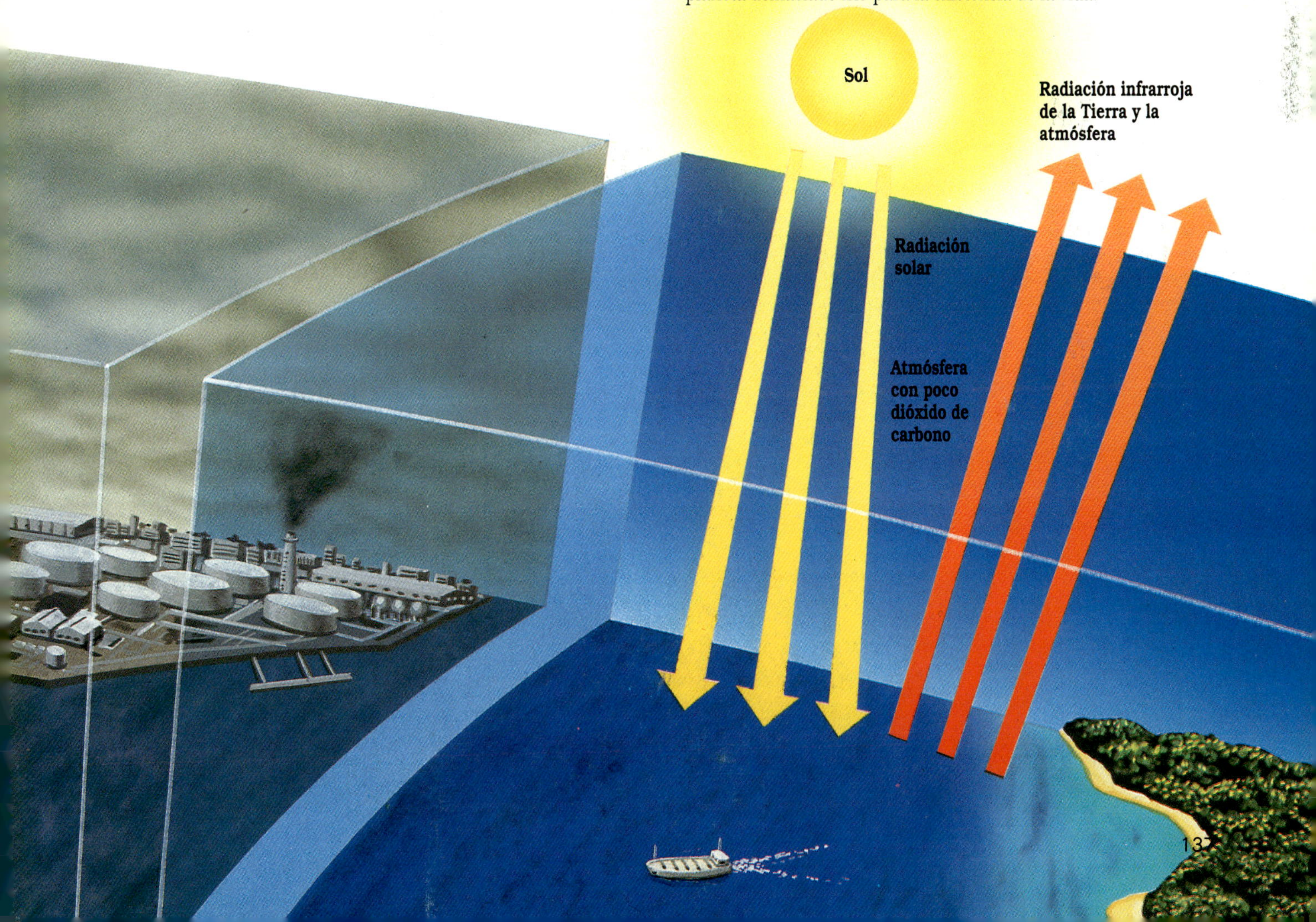

¿Por qué el centro de la ciudad es menos frío que un suburbio?

Las ciudades, núcleos urbanos con alta densidad de población, calles asfaltadas, cemento y a menudo llenas de rascacielos, interaccionan con la atmósfera de forma distinta a como lo hacen los suburbios. Las ciudades obstaculizan la circulación atmosférica y dificultan la evaporación del agua de lluvia. Las emisiones del tráfico rodado, las calefacciones de los edificios y el funcionamiento de fábricas liberan tremendas cantidades de calor a la atmósfera. Debido a ello, una zona de inversión térmica, o isla de calor, acostumbra a rodear las ciudades. El aire que está encima de la ciudad es en general unos 5 °C más caliente que el aire sobre los suburbios colindantes; entre una ciudad grande y sus alrededores la diferencia de temperatura puede superar los 8 °C.

A medida que las ciudades se hacen cada vez más grandes, las zonas de inversión que las rodean podrían alterar de forma drástica la atmósfera terrestre. Algunos científicos creen que las zonas de inversión térmicas combinadas con el efecto invernadero aceleran el calentamiento global del planeta.

Un punto caliente El efecto de la inversión de temperaturas crea una capa de aire caliente sobre las ciudades. A gran altura, sobre la ciudad, este aire fluye hacia fuera, en dirección a los suburbios; a poca altura, el aire más frío de los suburbios fluye hacia el centro de la ciudad. Una vez dentro de la ciudad este aire más frío se calienta y sube de nuevo, perpetuando la zona de inversión.

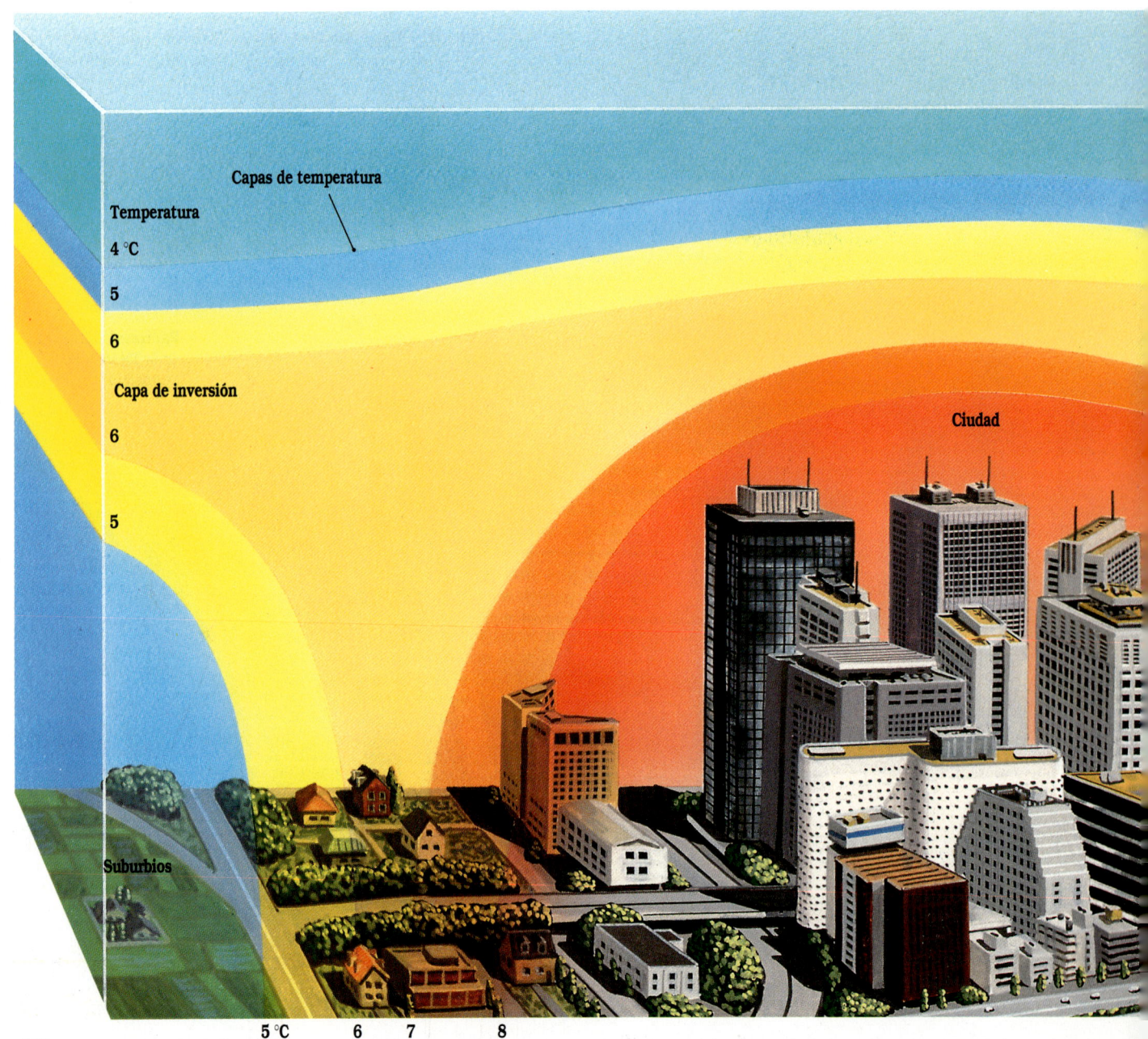

La inversión térmica en Tokio

Las líneas rojas, llamadas isotermas, unen los puntos que tienen la misma temperatura en Tokio, Japón, y sus alrededores. Las temperaturas más altas corresponden al centro de la ciudad. Las líneas azules representan vientos que fluyen a poca altura desde los suburbios hacia el centro de la ciudad.

Proceso de una capa de inversión térmica

Son cinco los factores que entran en juego para formar una capa de inversión térmica: 1) El calor generado en los edificios sube hacia la atmósfera. 2) Las fábricas y el transporte emiten dióxido de carbono y otros gases que facilitan el efecto invernadero sobre la ciudad. 3) Los edificios altos dificultan la circulación del aire frío y aire caliente. 4) Los materiales de construcción, como el cemento, el asfalto y el acero, almacenan el calor durante el día y lo emiten por la noche. 5) Los sistemas de alcantarillado impiden o dificultan la evaporación de agua, lo que mantendría fresca la ciudad.

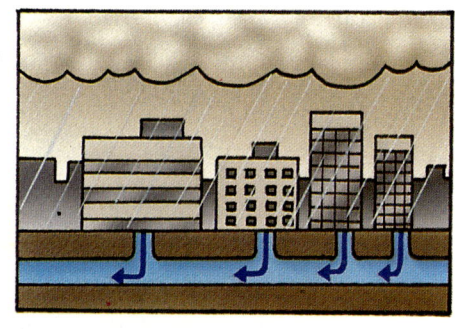

¿Qué es "El Niño"?

Entre períodos de dos a diez años, el tiempo de todo el Pacífico Sur cambia de forma drástica. El este de Asia, generalmente inundado por las lluvias, se vuelve seco, mientras que las áridas costas del oeste de América Latina reciben grandes cantidades de lluvia, lo que origina los llamados "años de abundancia", debido a la influencia positiva que estas lluvias tienen en la agricultura de aquellos países. Dado que este fenómeno ocurre en diciembre, alrededor de Navidad, se le llama "El Niño".

Aún no se ha podido encontrar una teoría que explique de forma completamente satisfactoria las sutiles interacciones entre el océano y la atmósfera que provocan este fenómeno, pero se sabe que "El Niño" aparece tras una debilitación de los alisios del sureste, que normalmente determinan el clima de esa zona, y con la correspondiente redistribución de agua caliente a través del océano Pacífico.

Tiempo usual de la región

Los vientos del este empujan el agua caliente de la superficie del océano a través del Pacífico, haciendo que su franja oeste tenga 2 °C más de temperatura y 40 cm más de altura. Al este, agua fría reemplaza al agua caliente desplazada por el viento. Esto crea la circulación que vemos abajo: el aire húmedo y caliente que asciende en el oeste forma nubes y lluvias al condensarse; el aire frío y seco que desciende al este reseca la costa de América del Sur.

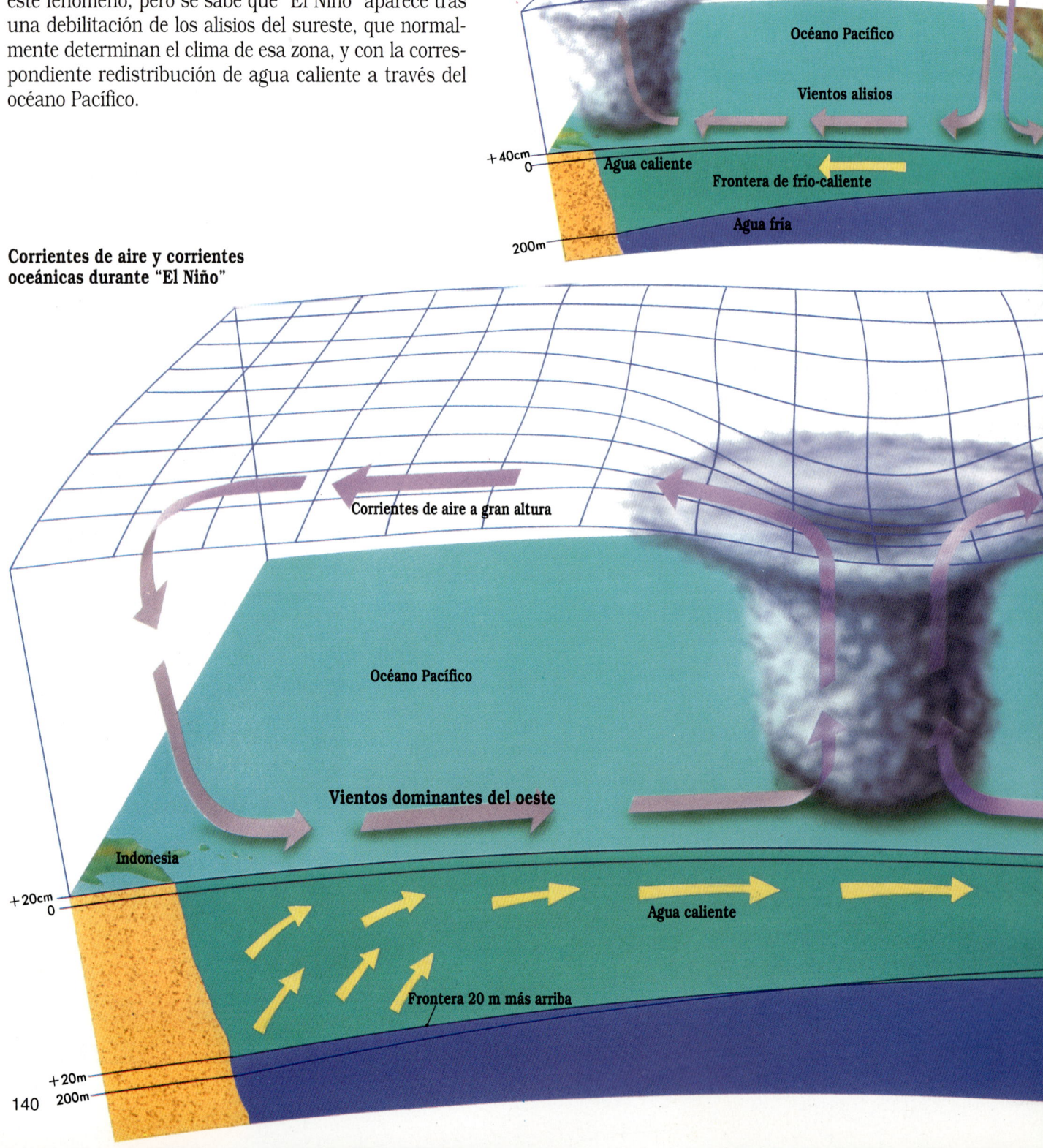

Corrientes de aire y corrientes oceánicas durante "El Niño"

Los vientos cambian

Debido a la interacción entre el viento y el agua, los alisios del sureste oscilan entre fuertes y débiles, en períodos de dos a diez años. Aún no se ha encontrado la razón de esta oscilación, por lo que se hace difícil predecir los ciclos con exactitud.

Mientras "El Niño" representa un extremo de la oscilación meridional, el otro extremo —llamado "La Niña"— aparece cuando las corrientes de agua y de aire se refuerzan mutuamente produciendo alisios de una violencia inusitada. Tal como se ve abajo, cantidades aún mayores de agua son empujadas a través del Pacífico, lo cual produce abundantes lluvias torrenciales en Asia y causa severas sequías en América del Sur.

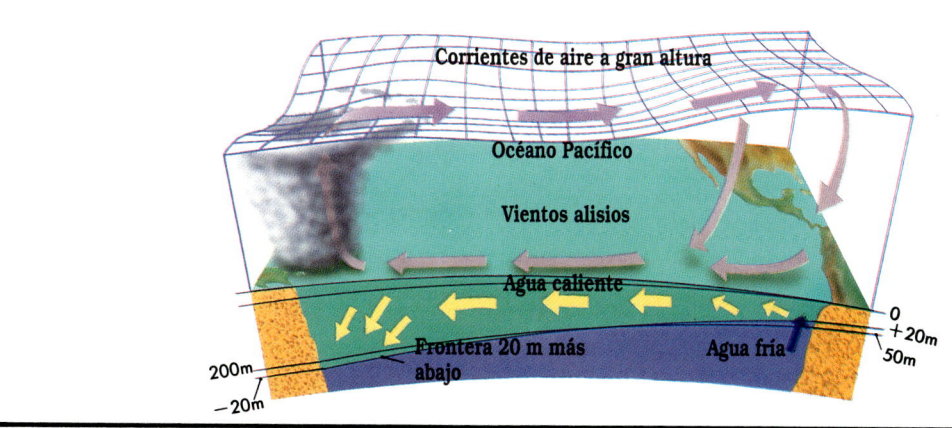

La aparición de "El Niño" causa una variación del tiempo *(izquierda)*. Los alisios del sureste flojean, permitiendo que gran parte del agua, que en general cae en el lado oeste del Pacífico, vuelva al este. El aire fluye por los mismos caminos pero en sentido inverso, moviendo grandes grupos de nubes a través del Pacífico hacia la costa oriental. Esto priva a Asia de sus habituales lluvias abundantes, y las precipitaciones tienen lugar en la costa occidental de América del Sur. Aunque la lluvia se agradece en estas tierras generalmente áridas, "El Niño", fuerte y violento, puede ocasionar destrucción y ruina al traer inundaciones y desprendimientos de tierras a los desiertos suramericanos. De la misma manera, puede causar o intensificar las condiciones de sequía en Asia, Australia y África.

¿Cómo ha cambiado el clima de la Tierra?

De los 4.600 millones de años que tiene la Tierra, se ha podido reconstruir el clima del planeta durante los últimos 600 millones de años utilizando pruebas geológicas, tales como los fósiles. Durante todo este tiempo, la temperatura media del planeta ha aumentado y disminuido de forma periódica, ocasionando deshielos cálidos y gélidas glaciaciones. Hoy en día, la temperatura media de la Tierra es más baja que su media histórica, lo que nos recuerda que el planeta emergió de su última era glacial hace sólo unos 20.000 años. Algunos científicos han sugerido que las pequeñas variaciones del ángulo de inclinación del eje de la Tierra *(pág. 144)* pueden ser la causa de estas fluctuaciones de temperatura. Sea cual sea su causa, los cambios climáticos han representado un papel fundamental en la evolución de la vida en la Tierra. Por ejemplo, a medida que cantidades descomunales de agua se congelaban durante las glaciaciones del pasado, el nivel de las aguas del mar bajaba, dejando al descubierto puentes o pasarelas de tierra entre continentes, y permitiendo que muchas especies se esparcieran por el mundo. Los antropólogos creen que la raza humana llegó a América del Norte desde Asia durante la última era glacial, cruzando por el estrecho de Bering, que estaba entonces sobre el nivel del mar.

El tiempo del pasado

La deriva continental

Según la teoría de la deriva continental, hace unos 500 millones de años los continentes actuales formaban una única masa continental. Desplazándose a la deriva en un mar de rocas fundidas, se fueron separando lentamente, originando la distribución actual de tierra y agua.

Formación de la Tierra hace unos 4.600 millones de años

Hace 550 millones de años

— Temperatura media de la Tierra (°C)
| Diferencia con la temperatura actual de la Tierra
○--- Variaciones de temperatura ocasionadas por al aumento de CO_2

Promedio de la temperatura de la superficie terrestre (°C)

Millones de años: 600, 550, 500, 450, 400, 350

Período Cámbrico | Período Ordovícico | Período Silúrico | Período Devónico | Período Carbonífero

Era Paleozoica

El clima paleozoico

Todas las especies aquí ilustradas aparecieron en la era Paleozoica, un período cálido que duró desde hace unos 600 millones de años hasta hace unos 225 millones de años. Fósiles de plantas que se han encontrado en la Antártida sugieren que el hielo del casquete polar antártico se derritió en algún momento del Paleozoico. Sin embargo, al final de esta era, la Tierra sufrió un gran descenso de su temperatura media, dando paso a la glaciación Pérmica.

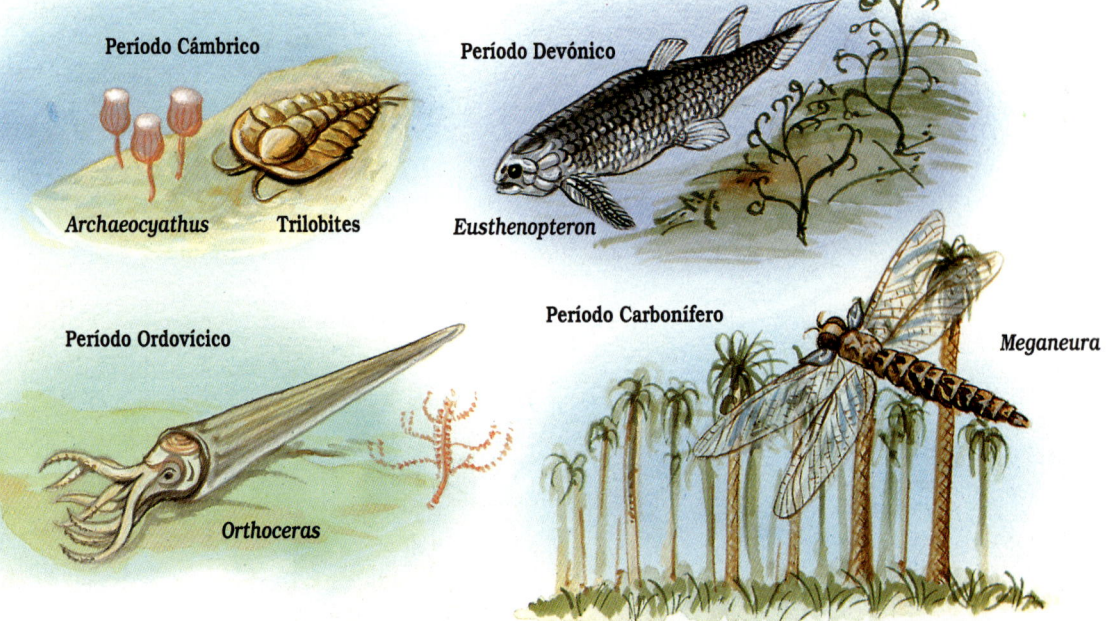

Período Cámbrico: *Archaeocyathus*, *Trilobites*

Período Ordovícico: *Orthoceras*

Período Devónico: *Eusthenopteron*

Período Carbonífero: *Meganeura*

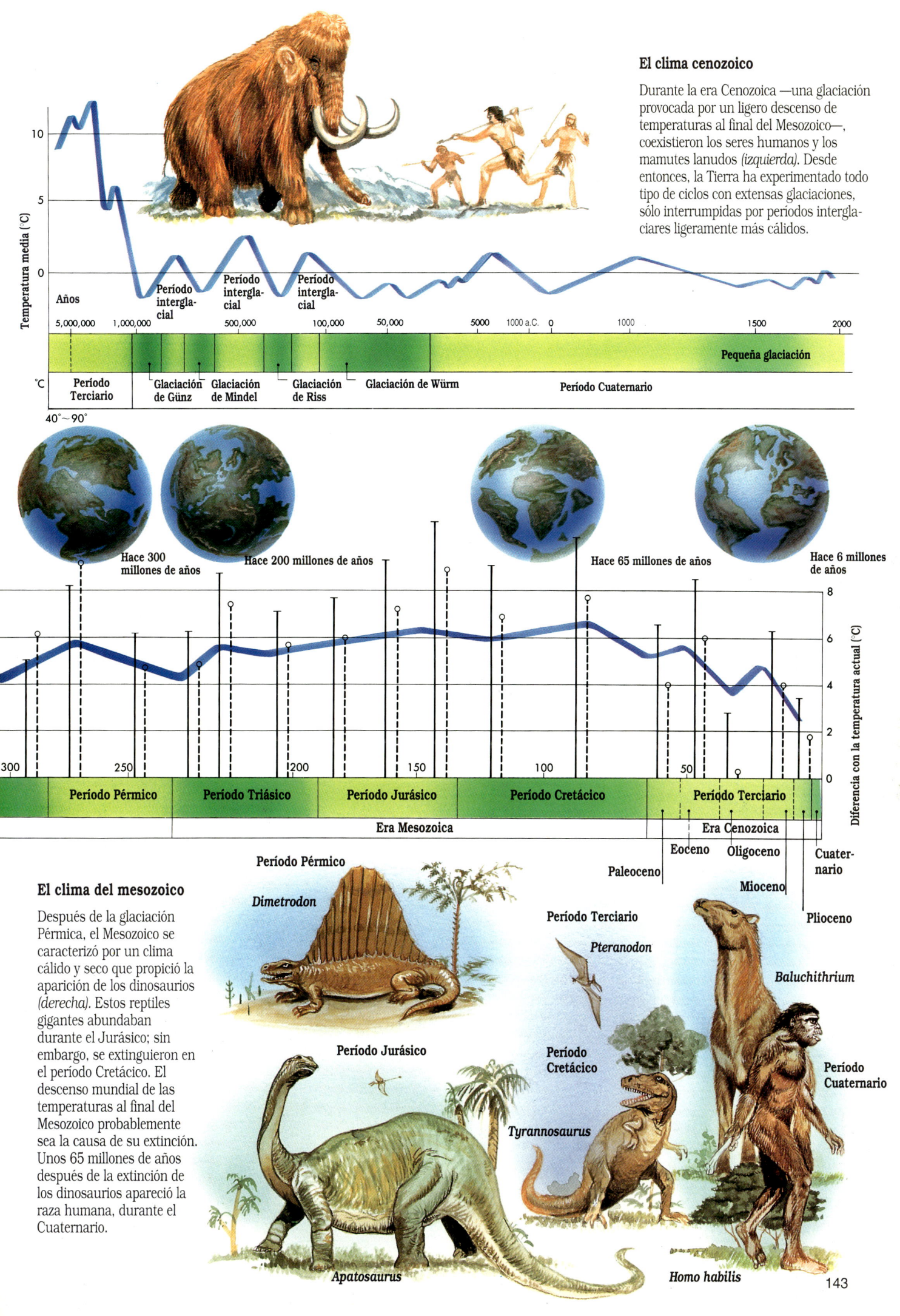

El clima cenozoico

Durante la era Cenozoica —una glaciación provocada por un ligero descenso de temperaturas al final del Mesozoico—, coexistieron los seres humanos y los mamutes lanudos *(izquierda)*. Desde entonces, la Tierra ha experimentado todo tipo de ciclos con extensas glaciaciones, sólo interrumpidas por períodos interglaciares ligeramente más cálidos.

El clima del mesozoico

Después de la glaciación Pérmica, el Mesozoico se caracterizó por un clima cálido y seco que propició la aparición de los dinosaurios *(derecha)*. Estos reptiles gigantes abundaban durante el Jurásico; sin embargo, se extinguieron en el período Cretácico. El descenso mundial de las temperaturas al final del Mesozoico probablemente sea la causa de su extinción. Unos 65 millones de años después de la extinción de los dinosaurios apareció la raza humana, durante el Cuaternario.

¿Por qué hay glaciaciones?

La ciencia trabaja continuamente para identificar las razones que determinan los ciclos climáticos que hacen que vayan reapareciendo eras glaciales. La teoría más famosa, presentada en 1920 por Milutin Milankovitch, un matemático yugoslavo, argumenta que el clima de la Tierra depende de la cantidad de energía que recibe del sol. Según Milankovitch, esta insolación, o radiación procedente del sol, depende a su vez de tres factores.

El primer factor es la irregularidad de la órbita terrestre alrededor del sol. En 100.000 años la órbita de la Tierra pasó de ser casi perfectamente circular a ligeramente ovalada. A medida que aumenta la excentricidad de la órbita también aumenta el perihelio terrestre, o distancia mínima al sol, disminuyendo así la insolación y las temperaturas. El segundo factor es el ángulo de inclinación del eje de rotación de la Tierra, que varía de 21,8° a 24,4° cada 40.000 años. A mayor ángulo de inclinación, menor insolación y temperaturas. El tercer factor de Milankovitch es conocido como precesión, y describe la manera en que la Tierra oscila irregularmente alrededor de su eje, como si fuera una peonza, bamboleándose. Cada 21.000 años esto influye en el ángulo de inclinación del planeta, causando un descenso de las temperaturas. Cuando los tres factores se refuerzan mutuamente, provocan una glaciación en la Tierra.

A pesar de que Milankovitch demostró que los períodos de insolación mínima coincidieron con las glaciaciones del pasado, posteriormente se ha visto que es imposible que las temperaturas desciendan tanto debido sólo a factores astronómicos, aunque estos factores sí podrían ser los catalizadores que ponen en marcha una cadena de fenómenos climáticos capaces de llevarnos a la próxima glaciación. De hecho, simulaciones por computadora han demostrado que la Tierra podría pasar del período interglacial actual a una completa glaciación en sólo 60.000 años; y lo que es más, para que esto suceda el descenso de temperatura sólo tiene que ser de 6 °C.

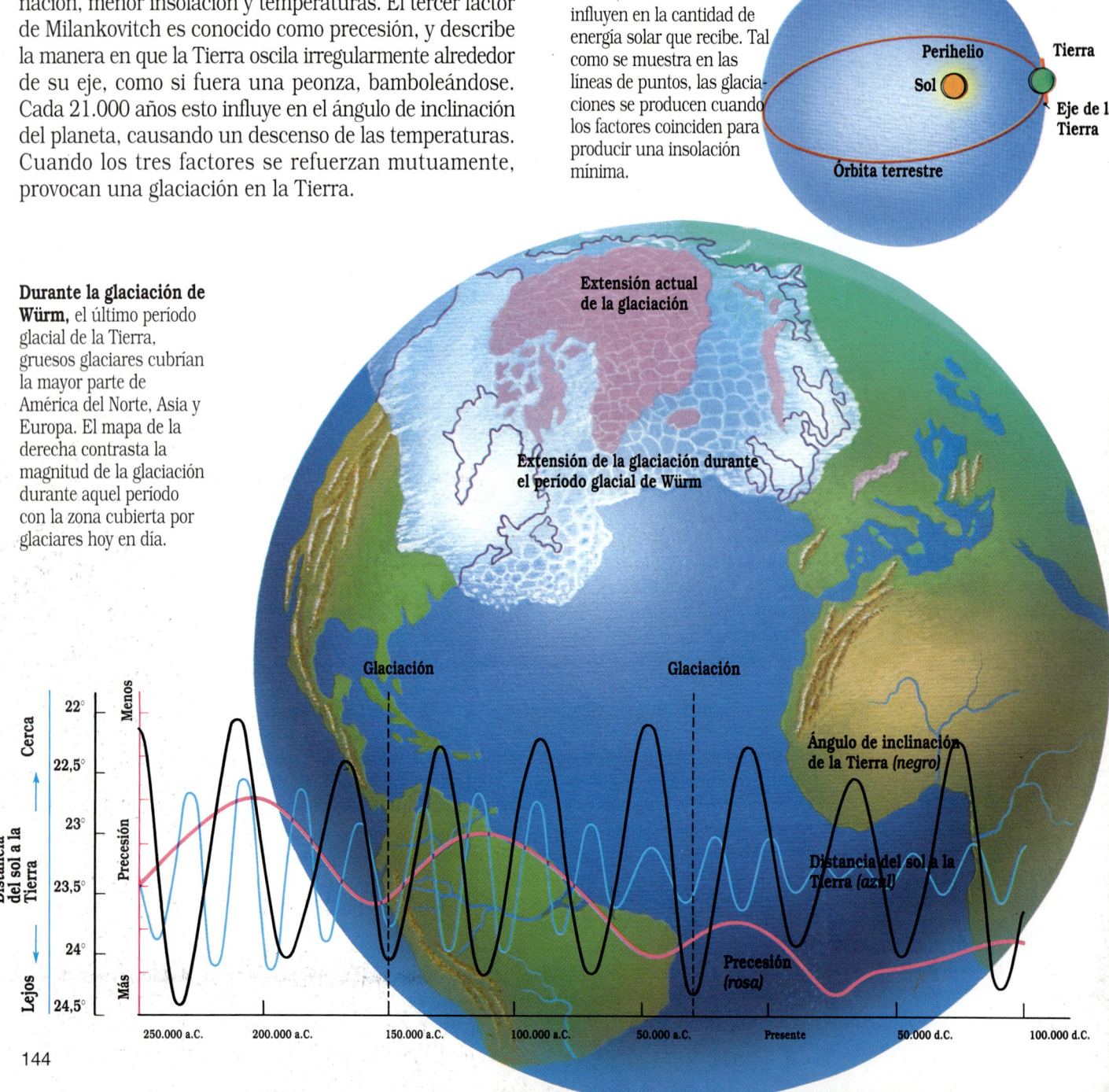

A medida que la Tierra sigue su órbita alrededor del sol, tres factores influyen en la cantidad de energía solar que recibe. Tal como se muestra en las líneas de puntos, las glaciaciones se producen cuando los factores coinciden para producir una insolación mínima.

Durante la glaciación de Würm, el último período glacial de la Tierra, gruesos glaciares cubrían la mayor parte de América del Norte, Asia y Europa. El mapa de la derecha contrasta la magnitud de la glaciación durante aquel período con la zona cubierta por glaciares hoy en día.

Glosario

Alisios: Vientos estables que a 30° de latitud soplan del este. También se les conoce como *vientos dominantes del este*. Los alisios son los vientos de superficie de las células de Hadley.

Altoestratos: Capa de aspecto laminar de finas nubes azuladas o grisáceas que se encuentran en las capas medias de la atmósfera.

Atmósfera: Masa gaseosa que rodea un planeta u otros cuerpos celestes. La atmósfera terrestre está dividida en cinco capas. La más exterior es la *exosfera*, a unos 500 kilómetros de altitud, y siguiendo en dirección al suelo están la *termosfera*, la *mesosfera*, la *estratosfera* y la *troposfera*, en la que tienen lugar los fenómenos atmosféricos. A menudo, a cualquier nivel superior a la troposfera se le encuadra en la *atmósfera superior*.

Atmósfera superior: Capas y niveles de la atmósfera que hay encima de la troposfera y de la tropopausa.

Aurora: Espectacular fenómeno atmosférico causado por la colisión entre partículas cargadas eléctricamente y moléculas de la ionosfera.

Barlovento: Lado de donde procede el viento, parte expuesta al viento.

Bora: Viento frío, seco y violento que sopla en invierno sobre los Alpes Dináricos y desciende hacia la costa adriática, influyendo de forma drástica sobre el clima de esta zona del Mediterráneo.

Caloría: Cantidad de calor necesaria para aumentar un grado centígrado la temperatura de un gramo de agua.

Campo magnético: Zona alrededor de un objeto que está gobernada por su magnetismo. El campo magnético de la Tierra es similar al de una barra magnética, con un polo norte y un polo sur unidos por líneas cuya dirección y fuerza magnética son variables.

Capa de ozono: Zona ubicada a unos 25 kilómetros de la superficie terrestre, en la estratosfera, que absorbe los rayos nocivos ultravioletas procedentes del sol y evita que lleguen a la Tierra.

Célula: En meteorología, una parte de la atmósfera que actúa conjuntamente, como una unidad.

Células de Ferrel: Anchos cinturones de circulación de aire que se extienden entre 30° y 60° de latitud en los dos hemisferios. En una célula de Ferrel el aire se desplaza a ras de suelo hacia uno de los polos, sube al llegar a los 60° de latitud y vuelve por arriba hacia el ecuador.

Células de Hadley: Anchos cinturones de circulación de aire que se extienden entre el ecuador y 30° de latitud norte y sur. En una célula de Hadley el aire sube en el ecuador, se desplaza hacia uno de los polos, se enfría al llegar a los 30° de latitud, desciende y vuelve hacia el ecuador.

Ciclón: Sistema de bajas presiones que puede llegar a convertirse en una tempestad, por ejemplo: un tifón. Debido a la aceleración de Coriolis, los ciclones soplan en el sentido de las agujas del reloj en el hemisferio Sur, y en el sentido contrario en el hemisferio Norte.

Cinturones de Van Allen: Dos regiones de intensas radiaciones que se extienden desde los 1.000 kilómetros de la superficie terrestre hasta los 40.000. Tienen forma de anillo o cinturón, y están constituidos por partículas de alta energía procedentes de rayos cósmicos atrapadas por el campo magnético terrestre.

Cirroestratos: Capas delgadas de nubes altas.

Cirros: Nubes altas de apariencia filamentosa, a modo de pluma, conocidas como "nubes cirrosas".

Cizalla: Viento transversal, o cambio de tipo laminar que experimenta el viento, como el incremento gradual de la fuerza a medida que aumenta su altura.

Clima: Las características globales del tiempo en un lugar determinado.

Combustibles fósiles: Carbón, petróleo y gas natural. Llamados así por obtenerse de los restos fósiles de lo que una vez fue materia orgánica.

Conducción: Transmisión de calor por el choque de moléculas. El calor fluye de una sustancia caliente a una fría.

Convección: Transmisión de calor por medio de corrientes de un fluido, aire o líquido. En meteorología, la convección se refiere a movimientos verticales de aire.

Convergencia: Flujo conjunto de corrientes de aire.

Corriente ascendente: Columna de aire que se desplaza hacia arriba.

Corriente descendente: Columna de aire que se desplaza hacia abajo.

Corriente en chorro, o chorro: Estrecha franja de viento que circula a gran velocidad en la troposfera superior.

Cumulonimbos: Nubes bajas con fuertes corrientes ascendentes en su interior, que dominan en el cielo y a veces aparecen en forma de yunque en su parte superior.

Cúmulos: Nubes aisladas que se desarrollan verticalmente, formadas por corrientes ascendentes de aire

Chinook: Viento caliente y seco que sopla en la ladera de sotavento de las Montañas Rocosas, en el oeste de Canadá y Estados Unidos.

Difracción: Curvamiento de los rayos de luz al rozar los bordes de un objeto o al pasar a través de ranuras estrechas.

Divergencia: División de corrientes de aire en dos o más trayectorias.

Enfriamiento y calentamiento adiabáticos: Variación de temperatura de un gas, como el aire, provocada por un cambio de presión, no por un intercambio de calor con el exterior. En meteorología el cambio de presión es producido en general por masas de aire ascendentes o descendentes.

Envoltura magnética: Región que actúa de freno del viento solar y que lo desvía alrededor de la magnetosfera de un planeta. La envoltura magnética está ubicada entre el frente de choque y la magnetopausa.

Espectro electromagnético: Gama de radiaciones emitidas por el sol y otras estrellas. Va desde las ondas largas de *radio*, *infrarrojos* y radiación *visible* hasta las ondas cortas de las radiaciones *ultravioleta*, *rayos X* y *rayos gamma*.

Estratos: Nubes con aspecto de capas laminares o pisos horizontales, sin movimiento vertical. También capas uniformes de nubes bajas.

Foehn: Viento cálido y seco que desciende por la ladera de sotavento de una montaña o cordillera, tras haber precipitado la humedad que contenía mientras subía por la ladera de barlovento. Se le llama *foehn* en los Alpes y *chinook* en el oeste de Estados Unidos y Canadá.

Frente: Zona en la que se encuentran dos masas de aire de distinta temperatura y nivel de humedad.

Frente ocluido: Tipo de frente que se forma cuando un frente frío alcanza uno cálido.

Fuerza centrífuga: Fuerza imaginaria que parece empujar a un objeto hacia fuera de una trayectoria curvilínea.

Fuerza centrípeta: Fuerza imaginaria que parece succionar a un objeto hacia dentro de una trayectoria curvilínea.

Fuerza de Coriolis: Fuerza aparente, producto de la rotación de la Tierra, que desvía la trayectoria de un objeto en movimiento rectilíneo. Esta fuerza desvía los vientos del hemisferio Norte hacia la derecha, y los del hemisferio Sur, hacia la izquierda.

Fuerza del gradiente barométrico o de presión: Fuerza resultante de las diferencias de presión entre los dos lados de una masa de aire, originando un desplazamiento horizontal del aire, de las zonas de alta presión a las zonas de baja presión.

Garúa: Niebla húmeda y transparente que se forma en las costas de Chile y Perú.

Huracán: véase *tifón*.

Ion: Átomo o grupo de átomos cargados eléctricamente por haber perdido o ganado uno o varios electrones.

Ionosfera: Región de la atmósfera terrestre que contiene gran cantidad de iones. Empieza a unos 65 kilómetros de altura sobre la superficie del suelo.

Isobara: Línea en un mapa del tiempo que une todos los puntos de igual presión atmosférica.

Isoterma: Línea en un mapa del tiempo que une todos los puntos de igual temperatura.

Latitud: Distancia de un lugar al ecuador medida en grados norte o sur. En el ecuador, la latitud es de 0°, y se mide en el hemisferio Norte hacia el polo Norte, a 90° de latitud norte, y en el hemisferio Sur hacia el polo Sur, a 90° de latitud sur.

Línea de turbonada: Serie de tormentas que avanza rápidamente, en general precediendo al frente frío.

Líneas de fuerza magnética: Líneas imaginarias que representan el campo magnético de un objeto. Estas líneas van de un polo al otro, paralelas a la dirección del campo magnético.

Lluvia ácida: Lluvia que contiene altas concentraciones de contaminantes, tales como el dióxido de azufre y los óxidos de nitrógeno, liberados a la atmósfera en la quema de combustibles fósiles.

Magnetopausa: Zona limítrofe entre la envoltura magnética del planeta y su magnetosfera.

Magnetosfera: Extensa región alrededor de un planeta gobernada por su campo magnético.

Mapa de la superficie de 500 milibares: Mapa de alturas a presión constante en el que las curvas de nivel muestran la altura sobre el nivel del mar de los puntos cuya presión atmosférica es de 500 mb. La altura estándar de 500 mb es de unos 5.500 metros, pero puede variar entre los 5.000 y los 6.000 metros.

Masa de aire: Conjunto homogéneo de aire con similares características de temperatura y humedad. A menudo, una masa de aire cubre zonas de miles de kilómetros cuadrados.

Meteorología: Ciencia que estudia la atmósfera y los fenómenos que ocurren en ella. Incluye la predicción del tiempo.

Milibares: Unidades usadas para medir la presión. Se basan en la dina, unidad de fuerza de aceleración. Un milibar es igual a 1.000 dinas por centímetro cuadrado o a 0,75 milímetros de mercurio.

Monzón: Viento estacional que sopla sobre todo en el sureste de Asia, cambiando de dirección, del mar hacia la tierra en verano o al revés en invierno, y a menudo acompañado de abundantes lluvias en el caso del monzón del verano.

Nébula solar: Nube gaseosa de cuya condensación se originó el sol, los planetas y otros cuerpos del Sistema Solar.

Nimboestratos: Nubes de lluvia de gran espesor y extensión capaces de bloquear el sol.

Nimbos: Nubes de lluvia.

Nubes madreperla: Nubes delgadas y brillantes que se forman en la estratosfera. Son comunes en las altas latitudes, como en la Antártida.

Nubes noctilucentes: Las nubes más altas que se conocen, observables sólo de noche y en latitudes superiores a los 50°. Las nubes noctilucentes aparecen a alturas de 80 kilómetros y se desplazan hacia el este a altas velocidades.

Ozono: Una forma de oxígeno en la que las moléculas están formadas por tres átomos de oxígeno en vez de dos.

Perihelio: Punto más cercano al sol de la órbita de un planeta.

Plasma: Gas que consiste en igual número de partículas con carga positiva que con carga negativa.

Población: Término estadístico que se aplica al conjunto total de elementos o personas —por ejemplo, el conjunto de habitantes de un país, región, ciudad o todo el universo— del cual se escogen muestras para hacer un estudio.

Precesión: El movimiento de un objeto —por ejemplo, un planeta— que al girar oscila irregularmente alrededor de su eje, bamboleándose como si fuera una peonza.

Radiosonda: Globo con un conjunto de instrumentos automáticos que miden la temperatura, la presión y el vapor de agua que hay en el aire.

Radiosonda arrojada: Radiosonda con paracaídas, arrojada desde un avión, con los instrumentos necesarios para sondear y transmitir a tierra los resultados de las observaciones meteorológicas efectuadas.

Rayos cósmicos: Partículas con carga eléctrica que viajan con velocidad semejante a la de la luz, y que se supone que son subproductos de actividades violentas en el espacio ultraterrestre.

Reacción fotoquímica: Reacción química en la que interviene la luz.

Reflexión: Rebote de los rayos luminosos al llegar a una superficie.

Refracción: Cambio de dirección de la luz al pasar de un medio a otro; por ejemplo, al pasar del aire a una gota de lluvia o a un cristal de hielo. Los rayos luminosos con diferentes longitudes de onda tienen distintos ángulos de refracción: la luz roja es la que se desvía menos, y los rayos violetas, los que más. Esta diferencia es la causa de la descomposición de la luz blanca en los siete colores del arco iris.

Relámpago en forma de bola: Una forma inusual y errática de descarga eléctrica que se desplaza rápidamente cerca del suelo. También conocido como *bola de fuego* o *relámpago en globo*.

Remolino: Ligera perturbación en el flujo de una corriente de aire.

Siroco: Viento caluroso y lleno de arena que sopla desde el desierto del Sáhara hacia el litoral mediterráneo; muy seco en su origen, pero cargado de humedad después de cruzar el mar.

Sistema: Fenómeno atmosférico que actúa como una unidad, por ejemplo, un sistema de alta presión.

Sotavento: Parte contraria a aquella de donde viene el viento.

Superficie o frente de choque: La capa alrededor de un planeta en la cual la magnetosfera desvía el viento solar.

Tifón: Violento sistema de vientos circulares cuyas velocidades sobrepasan los 120 kilómetros por hora, producido por las desigualdades térmicas sobre el Pacífico. Cuando este sistema se forma sobre el Atlántico, se denomina huracán.

Tiempo: Estado de la atmósfera en función de los seis elementos meteorológicos: temperatura, humedad, presión, precipitación, nubes y viento.

Tifón: *véase* Huracán.

Tornado: Remolino de vientos violentos que giran en espiral alrededor de una nube en forma de embudo, producto de las inestabilidades atmosféricas existentes. Los tornados resultan de la combinación de violentas tormentas con fuertes vientos transversales.

Tropopausa: Zona limítrofe entre la troposfera y la estratosfera atmosféricas.

Viento: Movimiento del aire en relación con la superficie terrestre. Los vientos se denominan dependiendo de la dirección de donde soplen: el viento del norte procede del norte, una brisa marina sopla del mar a la tierra.

Vientos dominantes del oeste: Son los vientos de superficie de las células de Ferrel. Soplan del oeste al este, y hacia los polos.

Vientos polares del este: Vientos de superficie de las latitudes altas de las células de circulación polar. Los vientos polares del este soplan de este a oeste.

Viento solar: Fuerte vendaval de partículas con carga eléctrica emitidas por el sol y que se mueven a gran velocidad, influyendo sobre el campo magnético de la Tierra.

Zona de convergencia ecuatorial: Franja próxima al ecuador en la que los alisios del nordeste se encuentran con los alisios del sureste.

Publicado por:
TIME LIFE, LATINOAMÉRICA

Vicepresidente Time Life Inc.: Trevor E. Lunn
Vicepresidente de marketing y operaciones: Fernando A. Pargas

Time-Life Warner España, S.A.
Directora general: Angela Reynolds
Adjunta a dirección: Jeanine Beck

Versión en español:
Dirección editorial: Joaquín Gasca
Producción: GSC Gestión, servicios y comunicación Barcelona (España)
Equipo editorial: Antón Gasca Gil, Jesús Villanueva Oria, Alejandro Recasens, Dolores Hernández
Traducción: Josep-Lluís Melero i Nogués, Joaquín Lacueva, Maite Melero Nogués, Misericòrdia Ramon Joanpere, Joana Maria Seguí Aznar, Teresa Riera Madurell, Mercè Rafols Seagues
Asesoramiento científico: Doctora Teresa Riera Madurell, licenciada en Matemáticas, doctora en Informática, vicerrectora asociada de la Universidad de las Islas Baleares
Doctor Santiago Alcoba Rueda, catedrático de Filología Española, Universidad Autónoma de Barcelona
Doctor Ángel Remacha, doctor en Medicina, Hospital de la Santa Cruz y San Pablo
Doctora Misericòrdia Ramon Joanpere, doctora en Biología, profesora de la Universidad de las Islas Baleares, decana de la Facultad de Ciencias
Josep-Lluís Melero i Nogués, biólogo, Zoológico de Barcelona
Joaquín Lacueva, biólogo, Zoológico de Barcelona

Time Life Inc. es una filial propiedad de THE TIME INC. BOOK COMPANY

TIME-LIFE es una marca registrada de Time Warner Inc. U.S.A.

Asesor científico: Doctor Ronald Gird, meteorólogo del National Weather Service, National Oceanic and Atmospheric Administration (NOAA)

© 1994 Time Life, Latinoamérica

Título original: *Weather & climate*
ISBN: 0-8094-9683-6 (Edición en inglés)
ISBN: 0-7835-3366-7 (Edición en español)

Ninguna parte de este libro puede ser reproducida de ninguna forma o por ningún medio electrónico, incluidos los dispositivos o sistemas de almacenamiento o recuperación de información, sin previa autorización escrita del editor, con la excepción de que se permiten citar breves pasajes para revistas.